공간 속의 시간
시간 속의 공간
그리고 우리

이형철 지음

 북스힐

과학은 새로운 문제 10개를 만들지 않고는 어떤 문제도
해결할 수 없다.

- 버나드 쇼

머리말

　지칠 줄 모르는 지적 호기심은 인간을 지구상의 평범한 생명체에 머물지 않고 만물의 영장으로 이끈 요인이다. 호기심의 대상은 우리 주위를 둘러싸고 있는 삼라만상에 머무르지 않고 자아自我까지 포괄한다. "상상력이 미치는 가장 큰 공간인 우주는 어떤 모습을 하고 있으며 우주를 구성하는 기본입자는 무엇인가? 나는 누구이고, 또 어디로 갈 것인가?"와 같은 근본적인 질문은 인류의 역사와 함께했다. 이런 궁극의 질문인 Urfrage에 대한 시원한 답을 얻을 수는 없겠지만, 현대물리학이 다루는 중요한 연구대상인 시간과 공간을 이야기하면서 과학적 관점에서 궁극의 질문에 접근하고자 했다.

　'공간, 시간, 그리고 우리'는 대학에서 물리학을 가르치며 30여 년간 거시적 양자 현상인 초전도 물성연구에 몰두하는 물리학자가 다루기에는 너무나 벅찬 주제다. 평범한 물리학자가 다룰 수 있는 수준으로 논지를 좁히기 위해 제1장에서는 '물리학이란 무엇인가? 와 물리학자의 임무'에 대해 눈높이를 맞춘 후, '물리학은 진리를 탐구하는 학문이냐?'라고 하는 화두를 던졌다. 제2장과 제3장에서는 인류 지성들이 이룩한 공간과 시간에 대한 놀라운 학문적 성취를 알아보고, 또 조금이나마 그들의 고민에 동참하려 했다. 제4장은 현대물리학적 관점에서 바라본 시공간을 논했다. 현대물리학의 양대 축인 상대성이론과 양자물리학은 공간과 시간을 완전히 다른 방식으로 해석한다. 공간은 텅 비어있지 않고 물질은 공간을 가득 채우지도 못한다. 시간이 실존하는 물리량인지 불분명하고, 또 시간이 흐르고 있는지도 확실치 않다. 지연된 양자 지우개 실험을 논하는 과정에서는 '사건의 원인인 과거가 그 결과인 현재보다 앞서야 한다'는 우리의 직관마저 흔들리고 만다.

　과학사와 과학철학은 비판적 사고 없이 과학의 발전은 불가능하다고 역설한다. 과학도 불완전한 인간의 지적 활동이므로 약점을 지닐 수밖에 없다. 비판적 사고는 과학자가 항상 기억해야 할 책무일 뿐만 아니라, 평범한 삶을 살아가는 보통 인간도 반드시 명심해야 할 덕목이라는 점을 지적하고 싶다. 제5장에서는 '선의로 이룩한 과학적 업적이 인류에 지대한 악영향을 끼친 사례와 비판적 사고를 하지 않은 평범한 사람이 인류사에 남긴 만행'을 사례로 들며 우리를 성찰했다. 비판적 사고는 기존의 패러다임과 기득권이 이끌어가는 대세에 대한 저항이어야 한다.

21세기 인류는 과감하게 영생과 인간의 지능을 뛰어넘는 인공지능이라는 소위 특이점을 이야기하기 시작했다. 하지만 지구 온난화, 핵무기와 원전 사고의 위협, 심화하는 빈부 격차 그리고 2020년 전 세계적 팬데믹을 초래한 COVID-19 공포의 엄습도 우리가 직면한 엄연한 현실이다. 급변하는 시대에 사는 우리에게 필요한 덕목으로 공감을 꼽고 싶다. 타인에 대한 공감, 다른 생명체에 대한 공감, 자연에 대한 공감, 그리고 자신에 대한 공감이 절실히 요구된다. 로맹가리는 그로칼랭이라는 소설[1]에서 "희망을 품지 않으면 확실히 죽도록 무서울 일도 없다. 희망과 공포는 늘 붙어 다닌다"라고 했다. 이 책에서 우리를 돌아보고자 한 이유도 미래에 대한 희망이다. '공간 속의 시간, 시간 속의 공간, 그리고 우리의 이야기'로 핵심적인 물리학적 질문을 다루는 동시에 우리 삶을 관통하는 화두를 던지고자 했다. 저자의 짧은 지식과 편협된 사고의 틀 때문에 조그마한 실마리도 찾지 못하고 미완으로 끝을 맺게 되어 아쉬움이 짙게 묻어난다.

나치 수용소 생존자이자 레지스탕트 구성원이었고 훗날 프랑스 외교관을 역임했던 스테판 에셀이 노년에 남긴 역작 '분노하라'의 마지막 문장으로 이 책의 머리말을 장식하고자 한다.

"21세기를 만들어 나갈 당신들에게 우리는 애정을 다해 말한다.

'창조, 그것은 저항이며,

저항 그것은 창조다'라고".

마지막으로 이 책의 출판에 도움을 준 모든 분께 감사드린다. 최종 교정 단계에서 도움을 준 김영경님과 어려운 여건에서도 기꺼이 출판을 맡아주신 북스힐의 조승식 사장께도 감사드린다.

2020. 11. 산격동 연구실에서
저자 이형철

* ─────────────────

1. 「로맹가리」, 그로칼랭(2010) 문학동네.

차 례

제1장

물리학이란?

1.1 │ 물리학이란? 그리고 물리학자의 임무

물리학자의 임무는 '자연 현상의 이종동체인 물리학 체계를 구축하는 것'이라 할 수 있다.

물리학자에게 "물리학이 무엇이냐?"라고 물어보아도 시원한 대답을 듣기는 힘들다. 우스갯소리로 "물리학은 '사람을 물리'게 만드는 학문이다"라는 농담이 있을 정도니, 물리학은 일반인이 쉽게 접근하기 힘든 어렵고 또 많은 사람의 머리를 아프게 하는 학문인 것이 분명하다. 물리학 物理學이라고 이름을 잘못 붙여 생긴 문제인 것 같다. '재미학이나 흥미학'이면 좀 더 재미있고 흥미롭게 물리학을 공부하지 않았을까? 누군가에게 "만유인력의 법칙을 들어본 적이 있습니까?"라고 물어보면, "물론이지, 학교 다닐 때 뉴턴의 만유인력 법칙 정도는 배웠잖아"라는 대답을 듣는다. 학창시절 배웠던(최소한 한 번쯤은 들어보았다고 기억하는) 만유인력의 법칙을 예로 들어 '물리학이란 무엇이고, 물리학자의 임무는 무엇인가?'에 답해보자.

인간은 '시각, 청각, 촉각, 후각, 미각'의 오감으로 정보를 얻고, 습득한 정보를 체계적으로 분류하고 정리해 뇌에 저장하면서 경험을 축적한다. 원시시대 인류 조상은 '태양은 붉게 빛나고, 호수에 던진 돌은 물속으로 가라앉는다'와 같이 일상생활에서 반복되는 경험을 축적했다. 반복적인 경험을 확신하게 되면, 다른 사람과 대화하면서 자신의 경험을 나누기도 한다. 추운 극지방에서 내려온 사람이 더운 열대지방에 사는 사람에게 "겨울이 되면 하늘에서 흰 가루 모양의 눈이 내린다"라는 신기한 이야기를 들려준다. 우리는 비록 자신이 직접 듣고 보지는 못했지만, 다른 사람의 경험을 받아들여 간접적으로 경험(겨울 하늘에서 눈이 내림)의 폭을 넓혀 나간다. 호기심의 동물인 인간은 우연히 일어나는 사건을 경험하는데 머무르지 않고, 한 걸음 더 나아가 다양한 보조도구(돌 망치와 같은 원시 도구에서 시작하여 최첨단 과학 장비인 천체망원경 그리고 대형강입자가속기 Large Hadron Collider, LHC에 이르기까지)를 제작하여 자신이 의도하는 사건을 만드는 능력도 보유하게 되었다. 보조도구를 이용해서 의도한 경험을 만드는 과정을 '실험'이라 부른다. 인류는 우연히 습득하였거나 아니면 실험을 통해 의도적으로 축적한 경험을 정리하고, 이를 바탕으로 특정한 경험들 사이에 존재하는 논리 구조를 찾아내려고 노력했다. 원시시대 사람은 '돌이 위에서 아래로 떨어지는 경험'을 반복적으로 쌓았다. 축적된 경험을 체계화하고, 또 다른 사람과 공유하는 과정에서 "자연에는 객관화할 수 있는 경험이 존재한다"라는 사실을 인지했다. 여기서 '객관화할 수 있는 경험'이란 자신뿐만 아니라 다른 사람에게, 나아가 동서고금을 가리지 않고 언제 어디서든지 재연再演되는 경험을 의미한다. '돌이 위에서 아래로 떨어지는 현상'은 나뿐만 아니라 우리 선조도 그리고 아프리카에 사는 사람도 공통으로 경험했다. '돌이 떨어지는 현상'은 전형적인 객관적 경험에 포함된다.

역사가 발전함에 따라 인류 공동체는 '어떤 경험이 우연히 일어나고, 어떤 경험이 규칙적으로 발생'하는지 구분하게 되었다. 규칙적인 경험을 정리하는 과정에서 상위 개념의 경험과 하위 개념의 경험을 분류하고, 이들 사이에 존재하는 논리 체계를 만들어 나갔다. 예를 들어 원시인이 계곡을 지나다가 우연히 바위가 굴러떨어지는 장면을 목격했다고 하자. 그는 이미 나뭇잎과 빗방울도 위에서 아래로 떨어지는 장면도 반복적으로 보아왔기 때문에, "아하, 나뭇잎과 빗방울뿐만 아니라 바위도 떨어지네. 그렇다면 모든 물체가 위에서 아래로 떨어지는구나!"라는 결론을 내린다. '모든 물체는 위에서 아래로 떨어진다'라는 일반화된 진술은 '돌은 위에서 아래로 떨어진다'라는 개별적 경험의 상위 법칙에 해당한다. 우리는 이런 방식으로 "돌이 위에서 아래로 떨어진다. 왜냐하면, 모든 물체는 위에서 아래로 떨어지니까!"라고 "왜냐하면..."의 문장으로 자연을 기술할 수 있게 되었다. 인간은 경험을 단순히 축적하는 데 만족하지 않고, 두뇌활동을 통해 축적한 경험을 정리하면서 '논리적으로 추론하는 능력'까지 습득했다. 여기서 말하는 '논리'는 '경험과 경험을 연결하는 법칙'이라 이해해도 무방하다. 보편타당성을 가지고 있으며 경험보다 우선하는 소위 '선험적 a priori인 것'을 '법칙'이라 칭한다.

시간이 흘러 17세기 뉴턴 Issac Newton[1]이 물리학을 주도하는 시기에 이르렀다. 뉴턴은 '모든 물체는 위에서 아래로 떨어진다'라는 진술을 '질량을 가진 물체들 사이에는 서로 끌어당기는 힘이 작용한다'라는 만유인력의 법칙으로 일반화시켰다. 뉴턴의 운동법칙을 기초로 한 고전역학 classical mechanics이라는 물리체계가 구축된 이후, 우리는 뉴턴의 운동방정식[2]을 풀어 하늘로 던진 공이 '언제' '어디'에 위치하게 되는지 정확히 예측하는 능력을 확보했다. 20세기 인류는 수십 년 아니 백 년을 주기로 태양 주위를 공전하는 혜성의 궤도를 놀랄만한 정도로 정확하게 계산할 수도 있고, 심지어 보이저 1호와 2호[3]와 같은 우주 탐사선을 쏘아 올려 태양계 탐사를 무사히 마치고 태양계를 벗어나 성간 물질까지 연구하는 수준에 이르렀다. 특수한 사실이나 개별적 경험에서 일반화된 결론을 도출해내는 귀납적 사고활동을 통해 물리학자들은 성공적인 물리체계를 만들었고, 독립적인 상황을 일반론으로 설명할 수 있게 되었다. 이런 맥락에서 '물리학은 경험학문'의 범주에 속한다. 물리학은 개별 경험을 축적하여 일반적인 논리 체계를 구성하는 '경험적 귀납주의 형식'을 충실히 따르고 있다.

"인류 최고의 과학자는 누구라고 생각합니까?"라는 질문을 받으면, '뉴턴, 아인슈타인 Albert Einstein, 다윈 Charles Darwin, 볼츠만 Ludwig Boltzmann, 맥스웰 James Clerk Maxwell'과 같은 과학자의 이름이 떠오를 텐데, 그 중에서도 많은 사람이 물리학자를 가장 위대한 과학자라고 꼽는다. 물리학을 자연과학의 꽃이라 부르지만, 물리학은 충분히 겸손할 줄 알아서, '인간이 접하는 모든 경험을 물리학의 탐구대상으로 삼으려는 허세'를 부리지 않는다. 물리학은 추상적이거나 객관화할 수 없는 경험까지 다루려 하지 않는다. 많은 사람에게 아니 아마도 모든 사람에게 '포물체 운동을 관찰'하는 것보다 '가슴을 설레게 만든 첫사랑'이 훨씬 소중한 경험이다. 우리 삶의 중심에 있는 '사랑'이라는 경험은 물리학의 탐구대상일 수는 없다. 물리 교과서에서 '제5장 사랑, 제6장 희망'과 같은 단원을 찾아볼 수 없지 않은가? 지난밤 사랑하는 사람으로부터 "그동안 너무 힘들었어. 이제 우리 그만 헤어져야겠다"라는 이별 통보를 받은 사람에게는 '사랑은 눈물의 씨앗'일 것이고, 밤잠을 설쳐가며 아픈 자식을 간호하는 어머니에게는 '사랑은 헌신'일 것이다. 또 '사랑은 쾌락'이고 '사랑은 기쁨'이며 '사랑은 나눔'이다. 이렇게 다양한 모습으로 다가오는 사랑은 객관화할 수 없는 지극히 주관적인 경험이다. 그래서 "물리학은 경험학문이다"라고 정의하면, 2% 부족하다는 느낌이 든다. "물리학은 객관화된 경험을 기술하는 학문이다"라고 말하는 것이 더 적절하다.

과학 문명이 엄청나게 발전한 21세기에 사는 우리는 '아리스토텔레스식 고전적 귀납적 논리'뿐만 아니라 '연역법, 모순율, 다치논리학, 명제논리학 그리고 기호논리학'과 같은 다양한 종류의 논리학이 존재한다는 것을 알고 있다. "주어진 직선 밖에 있는 한 점

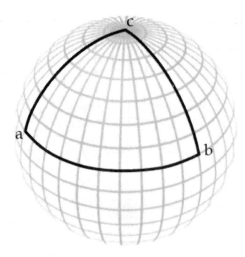

그림 1.1 지구 표면과 같이 휘어진 공간에서는 유클리드 기하학이 성립하지 않는다. 적도에서 평행한 경도선들은 북극점과 남극점에서 서로 만나고, 삼각형 abc의 내각의 합은 180°보다 크고 360°보다는 작다.

을 지나면서 그 직선과 만나지 않는 직선은 오직 하나만 존재한다"라는 유클리드 기하학4의 평행선 공리를 오랜 기간 선험적으로 받아들였다. 그러나 최근 유클리드 기하학뿐만 아니라 미분기하학 differential geometry(리만기하학 Riemann geometry 등)과 대수기하학 algebraic geometry과 같은 다양한 종류의 기하학도 활발히 연구된다. 휘어진 공간에서는 평행한 두 직선이 서로 만날 수 있고 삼각형의 내각內角의 합도 180°가 아니다. 그림 1.1의 지구본의 예를 살펴보자. 적도에서 보면 남극점과 북극점을 연결하는 경도선은 서로 평행하다. 하지만 평행한 경도선은 모두 북극점과 남극점에서 만난다. 이처럼 휘어진 2차원 공간인 지구 표면에서 유클리드 기하학의 평행선 공리는 성립하지 않는다. 우리는 초등학교에 다닐 때 삼각형의 내각의 합은 180°라고 배웠다. 이제 그림 1.1의 굵은 실선으로 그려진 삼각형 abc의 내각의 합을 계산해 보자. 점 a에서 출발하여 동쪽으로 적도를 따라 이동한 후 점 b에 도착해서 반시계방향으로 90° 회전하고 경도선을 따라 북극점 c로 향한다. 북극점 c에 도착하면 다시 반시계방향으로 90° 회전하여 경도선을 따라 적도의 점 a에 도착하는 경로를 그려보면 삼각형 abc가 만들어진다. 이 경로에 해당하는 삼각형 abc의 내각의 합은 270°이다. 만약 북극점에서 90°보다 작은 임의의 각도 α만큼 회전하면 삼각형의 내각의 합은 $180° + \alpha$가 된다. 지구 표면과 같이 양의 곡률을 가지는 볼록한 공간에서 삼각형의 내각의 합은 180°보다는 크고 360°보다는 작다. 반대로 말안장과 같이 음의 곡률5을 가지는 오목한 공간에서는 평행한 두 직선 사이의 거리는 점점 멀어지고 또 삼각형의 내각의 합은 180°보다 작다. 철석같이 믿고 또 학창시절 머리 싸매며 배웠던 지식인 유클리드 기하학은 특정한 경우(곡률이 0인 평면에서만)에만 정합성을 가지기 때문에 일반화할 필요가 있다.

물리학을 연구하는 방법도 점차 다양해지고 있다. 실험을 통해 경험을 쌓아가는 과정도 점차 복잡해지고 세분되는 경향이어서, 일상생활에서 사용하는 언어만으로 자연 현상을 기술하는 것은 불가능하다. 그래서 물리학자는 논리 법칙을 만족하는 수학을 도구로 사용해 자연 현상을 기술하기 시작했다. 선형대수학, 기하학, 해석학 그리고 위상수학과 같은 다양한 종류의 수학 분야가 물리학에 활용된다. 수학자는 단지 '수학적 모델이나 공리 시스템들이 그 자체로 모순을 가지는지?'에 관심을 기울이지만, 물리학자들은 조금 과장하면 모순이 없는 사고 체계를 개발하는 것보다 훨씬 더 어려운 과제와 씨름하고 있다. 물리학자의 임무는 '자연 현상의 이종동체異種同體isomorph인 물리학 체계를 구축하는 것'이라 할 수 있다. 여기서 말하는 이종동체란 '물리이론이 이론 그 자체로만 존재하는 데에 머무르지 않고, 자연 현상을 있는 그대로 표현하는 제2의 구조인 동일체'를 의미한다. 만약 물리학자가 자연 현상의 정확한 이종동체의 구축에 성공하면, 그 이종동체의 특성을 연구함으로써 과거에 일어난 사건을 기술할 수 있고 또 미래에 일어날 사건을 예측할 수 있다. 예를 들어 뉴턴 운동방정식을 풀면, 하늘로 쏘아 올린 로켓이 10분 후에 어디에 위치하는지 정확히 계산할 수 있다. 2016년 노벨물리학상을 받은 타울리스David J. Thouless, 코스털리츠J. Michael Kosterlitz 그리고 할데인F. Duncan M. Haldane의 연구업적에 주목해 볼 필요가 있다.[6] 그들은 첨단 수학 분야인 위상수학topology을 이용하여 '저차원계 양자 현상의 이종동체'를 구축하였고, 이를 기반으로 최신 실험 결과를 훌륭하게 해석했다. 자신들의 저차원계 이론을 바탕으로 새로운 물리현상도 정확히 예측했다. 수학이 물리학의 새로운 영역을 개발하고 발전시키는 중요한 역할을 한 좋은 사례이다.

하지만 물리학자와 수학자의 관계는 극히 이중적일 수밖에 없다. 물리학자는 새로 발견한 물리현상을 이해하기 위해 다양한 종류의 최신 수학 이론을 꿰뚫어 보고 있어야 한다. 그러나 아무리 기발한 수학적 아이디어라도 자연 현상을 잘못 해석하거나 불완전한 정보를 제공한다면 과감하게 버릴 줄 아는 용기도 가져야 한다. 물리학자가 이런 비판적 입장을 견지하려면 당연히 수학자들과 일정한 거리를 유지해야 한다.

우리는 유감스럽게도 중·고등학교뿐만 아니라 심지어 대학에 다니면서까지도 강의 시간에 '실패한 물리이론'을 접해보지 못했고, 물리학계가 정설로 인정하는 확립된 이론

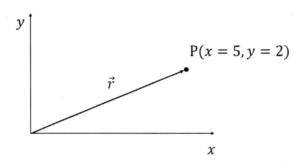

그림 1.2 직교좌표계에서 좌표 x와 y가 정해지면 점 P 또는 벡터 $\vec{r}$가 정해진다.

체계만을 배웠다. 상대론, 우주론, 입자물리학, 응집물리학 등과 같은 첨단 연구 분야에서 계속 새로운 이론이 제시되고 있으며, 새로운 이론 모델은 실험을 통해 검증된다. 첨단 연구 과정에서 많은 이론 모델은 폐기되고 또 우리의 기억에서 사라진다. 오직 자연만이 '어떤 이론이 폐기되어야 하고 어떤 것이 궁극적인 승리를 쟁취하는지' 판단해 준다. 이와 관련하여 아인슈타인은 "물리학에서 최종 판결을 내리는 대법관은 자연이다"라는 유명한 말을 남겼다. 과학이 비약적으로 발전한 21세기의 인류도 여전히 완벽한 물리체계를 확립하지 못했다. 아마도 완벽한 물리체계를 구축하는 것은 영원히 불가능할지도 모른다.

종종 외견상으로 완전히 다르게 보이는 수학 분야가 자연 현상을 기술하는데 같은 결과를 제공하기도 한다. 물론 이 경우에 다른 수학적 기법이 서로 이종동체여야 한다는 조건이 전제된다. 서로 다른 수학적 접근법이 똑같은 결과를 도출하는 사례를 살펴보자. 중학교에 다니면서 연립방정식을 풀었던 기억을 떠올려 보자(이 책을 읽고 있는 일부 독자에게는 떠올리기 싫은 끔찍한 기억일 수도 있겠지만). 미지수 x와 y를 결정하기 위해서는 선형독립적 linear independent인 방정식 2개

$$2x + 3y = 16 \tag{1}$$

$$5x + 7y = 39 \tag{2}$$

가 필요하다. 여기서 방정식 (1)과 (2)가 서로 선형독립적이라는 의미는 방정식 (1)에 어떤 임의의 상수를 곱하더라도 방정식 (2)를 얻을 수 없다는 뜻이다. 연립방정식 (1)과 (2)를 풀어서 원하는 해를 구하면

$$\begin{aligned} x &= 5 \\ y &= 2 \end{aligned} \tag{3}$$

이 되고, 식 (3)과 같이 답안을 작성하면 만점을 받는다. 이제 조금 더 머리 아픈 행렬식을 살펴보자. 식 (1)과 (2)와 같은 의미의 행렬식은

$$\begin{pmatrix} 2 & 3 \\ 5 & 7 \end{pmatrix} \begin{pmatrix} x \\ y \end{pmatrix} = \begin{pmatrix} 16 \\ 39 \end{pmatrix} \tag{4}$$

이다. 이 행렬식에서 대각 diagnonal 성분은 1이 되고 비대각 off diagonal 성분은 '0'이 되도록 대각화시키면

$$\begin{pmatrix} 1 & 0 \\ 0 & 1 \end{pmatrix} \begin{pmatrix} x \\ y \end{pmatrix} = \begin{pmatrix} 5 \\ 2 \end{pmatrix} \tag{5}$$

가 되는데, 식 (5)는 (3)과 똑같은 결과다. 또 $x = 5$이고 $y = 2$인 연립방정식의 해를 그림 1.2와 같이 xy 직교좌표계에서 점 $P(x = 5, y = 2)$ 또는 벡터 $\vec{r}$로 표시할 수 있다. '선형독립인 연립방정식 2개를 풀어 미지수 x와 y를 찾는 문제'가 '선형대수학에서 행렬식을 대각화하는 문제'와 '2차원 공간에서 한 개의 점 P 또는 벡터 $\vec{r}$을 찾는 문제'로 바뀔 수 있다는 사실을 확인했다. 다시 말해 세 가지 방식이 겉보기에 전혀 다른 문제를 다루고 있는 것처럼 보이나, 실제로는 같은 문제를 풀고 있음을 확인할 수 있다. 양자물리학에서 기하학적 구조(선형대수학)와 해석학적 구조(미분방정식) 사이에 존재하는 연관성을 보면 더욱 확실해진다. 예를 들면 양자물리학의 지배방정식 governing equation이라 불리는 슈뢰딩거 방정식 Schrödinger equation을 풀어 해를 얻는 방식뿐만 아니라 대수학적 방법 algebraic method으로도 양자 현상을 기술한다. 물리학자들은 기존의 수학적 모델에만 의존하지 않고 한 걸음 더 나아가 새로운 수학적 접근법을 직접 개발하기도 했다. 대표적인 사례로 뉴턴의 미적분학과 디락 Paul Dirac[7]의 분포 함수를 꼽을 수 있다.

수학은 물리학 연구를 위한 가장 중요하고도 필수 불가결한 수단이기는 하지만, 단지 보조수단일 뿐이다. 물리학자는 수학의 아름다움에 매료되어 그것에 매몰될 위험에 노출되어 있다. 일부 이론물리학자는 수학적 계산 결과만으로 물리이론체계를 구축하려고 한다. 이러한 관점은 수학적 모델이 자연에서 관측되는 경험으로 검증될 때에만 물리학 체계로 인정한다는 점을 간과한 것이기 때문에 경계해야 한다. 이와는 반대로 일부 물리학자들 중에 특히 일부 실험 물리학자들은 '수학 없는 물리학'을 주장하기도 한다. 하지만 물리학을 탐구하는 가장 기본적인 방법은 객관적인 경험을 축적하는 행위인 측정이라는 점을 잊지 말아야 한다. 측정은 기본적으로 '하나, 둘, 셋' 이렇게 숫자를 세는 것인데, 이것이 어찌 수학적 행위가 아니란 말인가? 수학 없는 물리학은 불가능하다.

다시 고전역학의 예로 돌아가면, 공이 바닥으로 떨어지는 현상을 뉴턴의 운동방정식

이라는 이종동체로 기술한다. 만약 뉴턴의 운동방정식이 자유낙하 운동의 정확한 이종동체라면 뉴턴의 운동방정식을 이용하여 미래에 일어나는 사건을 예측할 수 있다. 물리학의 과제는 자연 현상의 정확한 이종동체를 구축하는 것이라는 점이 분명해진다. 물리학의 오류를 발견하는 것은 이종동체의 불완전성을 찾아내는 것이므로, 이를 발견하고 나면 물리학자는 한 단계 발전한 새로운 이종동체를 찾아야 하는 과제를 부여받는다.

물리학은 '자연에서 어떤 것이 측정 가능한지 또는 어떤 것이 측정 불가능한지 분류하고 축적된 경험을 객관화하는 작업'이라 이해할 수 있다. 어떤 경험이 객관화될 수 있고 따라서 과학의 연구대상이 되는지 구체적으로 살펴보자. 자신뿐만 아니라 다른 사람들에 의해서도 반복되고 나아가 원할 때 언제든지 재연할 수 있는 경험을 객관화할 수 있는 경험이라 했다. 경험들 사이의 연계성(예를 들면 어떤 사건 A가 발생한 후, 사건 B가 이어서 발생하는 경우)이 반복적으로 일어나면 날수록 물리법칙에 대한 신뢰성은 점차 커진다. 인식론 epistemology[8]의 관점으로 표현하면, 연역적[9] 성격의 수학에 비해 물리학은 객관적 경험을 기초로 하여 쌓아 올린 귀납적[10] 학문에 가깝다. 엄밀한 의미에서 귀납법은 논리적 법칙이 아니다. 비록 경험을 통해 축적한 지식에 반하더라도 "돌이 위로 올라간다"라고 상상하는 것은 논리적으로 금지되어 있지 않다.[11] 위에서 설명한 대로 물론 물리학에서 "모든 물체는 위에서 아래로 떨어진다"와 같은 문장이 사용된다. 그러나 여기서 짚고 넘어갈 점은 이러한 "모든..."이라는 문장으로 표현되는 진술을 실험으로 증명하는 것은 불가능하고 기껏해야 반증[12] 할 수 있을 뿐이다. 경험적 귀납법의 한계가 분명히 드러나는 대목이다. 일회성 경험이나 재연하기 어려운 경험은 물리학에서 다루지 않거나 극히 예외적 상황에서만 물리학의 범주로 끌어들인다. 일례로 천체물리학의 탐구 대상인 우주는 우리가 사는 우주가 유일한 것이기 때문에, 재연 가능한 객관성에 기초하는 학문인 물리학이 단 하나인 우주를 연구대상으로 삼는다는 것은 극히 이례적이다. 이런 맥락에서 천체물리학은 물리학에서 독특한 의미가 있다.

물리적 경험의 결과, 즉 측정값은 유한한 정밀도를 가진다. 길이를 재는 도구인 '자'도 온도가 변하면 열팽창[13]으로 인해 길이가 변하고 또 힘을 가하면 휘어지기도 한다. 아무리 정확한 시계도 항상 일정하게만 움직이는 것이 아니며, 현미경도 유한한 분해능[14]을 가진다. 또 실험을 반복적으로 수행할 때 매번 일치하는 측정 결과를 얻는 것도 아니다. 다만 충분히 많은 횟수의 실험을 반복하면 측정 결과의 평균값과 표준편차를 정확히 얻을 수 있을 뿐이다. 이런 이유에서 "물리현상의 법칙성도 통계적 의미가 있다"라고 할 수 있다. 물리학적 진술은 "어떤 사건 A가 발생한 후, 다른 사건 B가 일어날 확률이 P이다"여야 한다[15]. 그러나 사건 A와 B가 매우 일반적으로 기술되는 경우, 물리적 진술이 거의 100% 확실하다고 할 수 있다. "돌은 아래로 떨어진다"가 이에 해당하는 사례이다.

물리학자들은 종종 자연법칙이 실험적 정확도의 한계 내에서만 적용된다는 사실을 망각하곤 한다. 더 높은 속력 또는 더 낮은 온도에서, 아니면 더 작은 크기의 물체를 대상으로 실험을 해보면 기존의 물리법칙과 일치하지 않는 결과가 발견되기도 한다. 비록 불일치도가 미미했지만, 그 미미한 불일치도가 물리학의 역사에서 혁명적 변화를 일으킨 사례는 얼마든지 찾아볼 수 있다. 상대론과 양자물리학이 대표적이다. 상대론과 양자물리학은 제1.2장 '현대물리학이란?'에서 간략히 언급하고 '제4장 현대물리학적 시공간'에서 자세히 논의하겠다.

그렇다면 물리학이 '어떤 질문에 대해서 의미 있는 진술을 할 수 없는지'가 궁금해진다. 이제 물리법칙이 인식론적으로 어떤 의미를 내포하는지에 대해 질문 할 차례이다. 많은 물리적 해석 또는 물리학이 다루는 질문은 '왜냐하면…'이라는 문장으로 대답할 수 없다. 이러한 질문은 대개 시간적인 순차성循次性을 가지고 있다. 주어진 초기 조건 initial condition에 따라 특정 상황이 만들어지고 그 결과 특정 현상이 일어난다. 다시 말해 초기 조건이 정해지면 미래에 일어나는 사건을 예측할 수 있다. 높이 10 m인 건물 옥상에서 돌을 아래로 떨어뜨리면 몇 초 후에 바닥에 닿는지 정확한 예측이 가능하다. 이러한 예측은 논리적인 성질의 것이 아니라, 우리가 자연 현상이 일어나는 과정을 원인과 결과의 법칙 즉 '인과률causality'로 기술할 수 있는 것을 의미할 뿐이다. 그래서 데카르트 René Descartes는 뉴턴의 운동법칙에 대해 "뉴턴은 비록 아름다운 공식들을 만들어냈지만, 정작 중요한 것은 설명하지 못했다"라고 비판했다. 그는 나아가 "뉴턴은 원리를 설명하지 못하는 중력이론을 사용하면서 마치 중세에서나 볼 수 있을 법한 마술적인 학문으로 회기 했다"라고 폄훼하기까지 했다.

어떤 특정 종류의 '왜?'라는 질문에 대한 대답에는 시간이 관여하지 않는다. 왜 지구는 태양의 주위를 돌고 있는가? 왜냐하면, 만유인력이 작용하니까! 여기서 물리학의 임무는 논리적 의미에서 자연을 설명하는 것이 아니라, '자연 현상을 기술'하는 데에 한정된다는 점을 명심해야 한다. 물론 '왜'라는 질문에 대답할 수 없는 문제도 산적해 있다. 아직 그 대답을 찾지 못하고 있는 것들이 많다. 오늘날까지도 "왜 모든 물체는 관성을 가지는가?" 또는 "왜 전자기력이 존재하는가?"라는 질문에 답하기 위한 기본적인 상위 개념들을 온전히 파악하지 못했다. 물리학과 철학에서 '왜?'라는 질문에 대해 대답하는

그림 1.3 상징주의의 최고 걸작품이라는 평가를 받는 고갱의 "D'où Venons Nous / Que Sommes Nous / Où Allons Nous"(미국 보스턴 미술관 소장).

방식에도 근본적으로 차이가 있다. 철학의 핵심질문은 "이것은 무엇인가?"라고 할 수 있다. 철학자들은 이런 종류의 질문에 대답할 수 있다고 생각한다. 철학자는 경험과는 무관하게 실존할 수 있는 존재와 그 대상 자체에 대한 질문을 과감하게 던진다. 반면 물리학자의 꿈은 극히 소박해서 자연 현상의 구조와 그들 사이의 상관관계에 대해서만 호기심을 가질 뿐이다. 사족을 붙인다면 물리적 관찰의 객관성에 매몰되어 '물리학만이 실존하는 문제에 대해 항상 답을 제공할 수 있다'라는 생각을 가지는 것은 매우 위험하다. 보통 인간들에게, 아니 어찌 보면 모든 인간에게 '실연의 아픔이나 두통이 어떠한 물리 법칙보다 더 현실적이고 실질적'일 것이니까.

지금까지 경험주의적 관점에서는 개별적인 경험으로부터 일반적인 법칙을 도출하는 전통적인 경험적 귀납론empirical induction의 틀 안에서 물리학을 정의하였다. 여기서 중요한 점은 '개별 사건으로부터 귀납적으로 보편적 법칙을 찾아낼 수 있는가?'이다. 전통적 귀납법은 '과거의 경험을 바탕으로 미래에 일어날 사건들을 정의할 수 있다'라는 데에 논리적 근거를 두고 있다. '귀납법에서 경험한다는 것은 어떤 것을 관찰하거나 실험을 수행한다'라는 것을 뜻하는데, 이때 '우리는 과연 무엇을 관찰하는가?'에 대한 인식을 전제해야 한다.

그림 1.3은 상징주의 최고 걸작품이라는 평가를 받는 고갱이 1897년~1898년에 완성한 작품이다. 고갱이 직접 그림의 오른쪽 위에 프랑스어로 "D'où Venons Nous / Que Sommes Nous / Où Allons Nous"라는 제목을 새겨 넣었다. 이 그림의 제목을 번역하면 "우리는 어디서 왔고, 우리는 무엇이며, 우리는 어디로 가고 있는가?"인데, 고갱은 이 작품을 오른쪽에서 왼쪽으로 보면서 감상해야 한다고 했다. 그림에는 세 무리의 사람들

이 등장한다. 가장 오른쪽의 갓난아이와 함께 있는 세명의 여성은 인생의 시작을 의미하고, 그림 중앙에 자리 잡은 젊은 청년은 일상적 삶을 상징한다. 그리고 마지막으로 체념한 채 상념에 잠겨 죽음을 앞둔 노파의 모습도 볼 수 있다. 노파 앞에 있는 오리 모양의 흰 새는 말의 허무함을 표현한다. 고갱이 이 그림을 자신의 최고 작품이라고 한 이유는 아마도 '인간이 가지는 가장 근본적인 질문'을 잘 표현하고 있기 때문은 아닐까? '과거, 현재, 미래 그리고 인간의 기원과 존재, 죽음'은 인류가 가지고 있는 궁극의 질문 Urfrage일 수 있다. 고갱이 던진 궁극의 질문 중에서 "우리는 누구인가?"라는 존재에 대한 질문을 제외하고 "우리는 어디서 왔고, 어디로 가고 있는가?"는 시간과 공간에 대한 고민과 연관된다.

'제2장 공간, 제3장 시간 그리고 제4장 현대물리학적 시공간'에서 "왜 시간과 공간에 대해 고민해야 하는지 그리고 물리학은 시공간을 어떻게 이해하고 있는지"에 대해 설명하겠다. 물리학의 틀로 인류가 고민하는 궁극의 질문에 한 걸음 다가서려 한다. 이 책을 읽으며 인류가 당연하게 받아들이는 시간과 공간에 대한 이해의 수준이 얼마나 원시적인지 깨닫게 될 것이다. 마지막으로 제5장에서는 모든 질문의 출발점인 '나와 우리'에 대해 논의할 것이다.

1.2 | 현대물리학이란?

20세기 초, 절대적 진리라 믿었던 고전 물리학에 반하는 다양한 현상들을 발견했다. 이러한 고전물리학의 한계를 해결하기 위해 현대물리학이 태동했다.

"현대물리학이란?" 질문을 던지며 현대물리학이 태동하는 역사적 배경과 고전물리학의 한계를 극복하는 과정을 물리학의 역사에서 살펴보자. 이 단락에는 생소한 용어와 어려운 물리현상이 자주 등장한다. 현대물리학의 내용을 간략하게 설명하기 때문에, 일반 독자는 다소 읽기 어렵게 느끼겠지만, 설명하고자 하는 맥락만 이해하는 것으로도 충분하다. 현대물리학의 두 축인 상대성이론과 양자물리학은 제 4장에서 다시 다루기 때문에 물리학적 배경 지식이 부족해 이 단락의 내용을 이해하기 힘든 독자는 다음 단락으로 건너뛰어도 무관하다.

새로운 이론은 어느 날 갑자기 하늘에서 뚝 떨어지는 게 아니라 이미 잘 알려진 기존의 이론을 수정하거나 그 범위를 확장하고 일반화하는 과정에서 만들어진다. 19세기 말 물리학은 눈부시게 발전하면서 완벽한 물리체계를 구축한 것처럼 보였다. 고전역학은 정역학 statics과 동역학 dynamics을 수학적으로 훌륭하게 기술할 수 있다. 맥스웰 방정식은 전자기 문제를 완결된 모습으로 기술했고, 열역학 분야의 학문적 성취도 눈부셨다. 당시 물리학자들이 '이제 물리학은 완성 단계에 들어선 학문'이라고 인식했다. "물리학에서 새로 발견될 수 있는 것은 더는 존재하지 않고, 남아있는 과제는 조금 더 정밀하게 측정하는 것뿐이다"[16]라는 켈빈 William Thomson 경의 글이 당시 상황을 잘 요약해 준다. 19세기 말에 물리학자들 중에서 켈빈의 의견에 동의하지 않는 사람은 많지 않았을 것이다.

그런데 고전물리학이 승전가를 부르며 축배를 들었던 기간은 그리 길지 않았다. 고전물리학의 위기가 곧바로 도래했고, 그 해결 방안으로 상대성이론과 양자물리학이 태동한다. 상대성이론이 어떻게 제안되었는지 이해하기 위해서는 광학의 역사를 살펴볼 필요가 있다. 행성의 운동법칙을 발견한 케플러 Johannes Kepler[17]는 1604년에 출간한 책 「천문학의 광학 Astronomiae Pars Optica」에서 광범위한 광학적 현상을 다루었다. '빛의 세기는 거리의 제곱에 반비례 한다'라는 역제곱의 법칙, 평면 및 곡면 거울에 의한 빛의 반사, 핀홀 카메라의 원리, 그리고 천문학 관측에서 발견되는 광학적 특성 등을 자세히 기술했다. 1621년 스넬리우스 Willebrord Snellius는 빛의 굴절에 관한 스넬의 법칙을 발표했고, 이어서 데카르트[18] René Descartes는 무지개를 연구하여 굴절의 법칙을 발표했다. 1678년 호이겐스 Christiaan Huygens가 최초로 빛에 대한 수학적 이론을 정립하면서 파동광학 wave optics이라는 새로운 학문 분야를 개척했다. 호이겐스는 당시에 잘 알려져 있던 빛의 굴절, 회절 그리고 복굴절과 같은 현상들을 파동광학의 관점으로 성공적으로 기술했다. 이러한 호이겐스의 연구업적을 바탕으로 '빛은 파동이라는 관점'이 많은 사람의 주목을 받았다. 그러나 1704년 뉴턴은 「광학 Optiks」이라는 제목의 저서에 빛은 입자라고 강력히 주장한다. 여기서 주목할 흥미로운 사실은 뉴턴 자신도 빛의 파동적 성질에 기인하는 회절 현상인 '뉴턴 링 실험'을 수행했다는 점이다. 18세기까지 과학계는 뉴턴의 권위에 눌려 빛이 입자라는 견해를 수용한다. 그러나 1808년에 이르러 반전이 일어났다. 영 Thomas Young은 유명한 '이중 슬릿 실험'을 통해 빛의 간섭 현상을 연구했고, 1815년 프레넬 August Fresnel은 빛의 회절 특성에 관한 연구 결과를 발표했다. 이렇게 빛의 간섭 및 회절 특성을 완벽하게 이해하기 시작하면서, 빛이 입자라기보다 오히려 파동의 성질을 가지고 있다는 호이겐스의 주장이 재조명받는다. 1865년에 이르러 맥스웰이 암페어

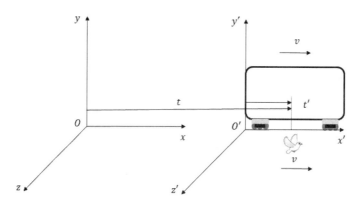

그림 1.4 일정한 속도 v로 달리고 있는 기차 옆에서 새가 나란히 날아간다. 기차에 타고 있는 사람에게는 새가 움직이지 않는 것처럼 보이지만, 기차 밖에 서 있는 제3의 관찰자에게는 기차와 새가 같은 속도로 이동하고 있다.

의 법칙과 패러데이 법칙을 조합하여 파동방정식을 유도해 놓고 보니, 전자기파의 속도가 $c = 1/\sqrt{\epsilon_0\mu_0} = 2.9979 \times 10^8 \,\mathrm{m/s}$ 이다. 그는 전자기파의 속도가 빛의 속도와 완벽하게 일치한다는 사실을 확인한다. 이렇게 맥스웰은 '빛은 파동이다'를 입증했고, '빛이 입자냐 아니면 파동이냐?'라는 오래된 논쟁의 종지부를 찍는다.[19] 그리고 1888년 헤르츠 Franck Hertz가 전자기파를 만들어내고 파장과 속도를 측정한 이후, 빛의 입자성은 완전히 폐기되고 빛의 파동성이 확고한 위치를 점하는 것처럼 보였다.

그러나 19세기 말에서 20세기 초에 이르는 짧은 기간 동안 상황은 급반전한다. 드디어 물리학을 완벽하게 이해할 수 있게 되었다고 생각한 바로 그 순간, 역설적으로 고전물리학은 최대의 위기에 직면한다. 맥스웰이 수학적으로 전자기파의 파동방정식을 유도한 후, '빛은 전자기파의 일종'이라는 것에 대한 이견이 있을 수 없었다. 밤하늘의 별빛을 바라보는 것과 낮에 태양이 지구를 밝게 비추는 것은, 별 빛과 태양 빛이 우주 공간을 건너와 우리의 눈에 도달하기 때문이다. 그래서 물리학자들은 당연히 우주 공간에는 파동인 빛의 매개물질이 가득 채워져 있어야 한다고 생각했고, 빛을 전파하는 가상의 '매개물질'인 '에테르 ether'의 존재를 밝혀야 했다. 마이켈슨 Albert A. Michelson과 몰리 Edward W. Morley[20]는 에테르의 존재를 입증하기 위해 마이켈슨 간섭계를 제작했는데, 이 간섭계의 정밀도는 에테르의 존재를 밝혀주는 에테르 바람을 충분히 검출하고도 남을 정도였다. 그러나 마이켈슨과 몰리의 실험 결과는 전혀 예상 밖이었다. 놀랍게도 에테르 바람을 확인할 수 없었다. 마이켈슨–몰리 간섭계 실험의 결론을 요약하면 '에테르 바람에 의한 광속의 변화를 관측할 수 없다'이다. 당시 물리학자들은 에테르의 존재를 밝혀내지 못한 마이켈슨-몰리의 실험 결과를 전해 듣고 충격에 빠졌다. 그래서 다양한 방법으로 그 실험 결과를 이해하기 위해 노력했다. 1892년 로렌츠 Hendrik Lorentz[21]는 운동하는 물체의 길이가 운동 방향으로 수축한다는 획기적인 가설을 제안했다. 그리고 1899년과 1904년에는 시간의 지연을 포함하는 로렌츠 변환식[22]을 발표한다. 로렌츠 변환식에는 길이의 수축과 시간 지연이라는 새로운 발상이 포함되어 있다. 로렌츠의 연구 결과가 사실이라면 시간과 공간이 서로 밀접하게 얽혀있어야 한다. 이렇게 상대성이론의 태동을 재촉하는 실험적 근거와 로렌츠 변환식이라는 수학적 토대가 갖추어졌다.

물리학계에 혜성과 같이 등장한 젊은 아인슈타인은 맥스웰이 이룩한 전자기학에 대한 기념비적 업적을 잘 이해하고 있었고, 그 학문적 가치를 높이 평가했다. 맥스웰 방정식에서 유도한 파동방정식에 따르면, 빛이 진공에서 전파되는 속도는 항상 c라는 일정한 값을 가진다. 마이켈슨-몰리 실험의 결과와 파동방정식의 결론인 진공에서 빛의 속도가 항상 일정하다는 사실을 이해해야 한다. 상상의 나래를 펼쳐 광속으로 날아서 빛을 따라가고 있다면, '빛이 정지한 모습으로 보일까? 아니면 빛은 여전히 광속으로 멀어지고 있는 것처럼 보일까?' 그림 1.4에 도식적으로 표현되어있는 것과 같이 일정한 속도 v로 달리는 기차와 나란히 날아가고 있는 새의 경우를 살펴보자. 원점이 O인 지상에 고정된 xyz기준계에 있는 관측자는 새와 기차가 같은 속도로 움직이는 모습을 본다. 하지만 기차에 타고 있는, 즉 원점이 O'인 $x'y'z'$기준계에 있는 승객에게 새는 정지한 것처럼 보인다. 이것은 일상적으로 경험할 수 있을 뿐만 아니라 매우 직관적이고 갈릴레오의 상대론에 부합하는 결론이다. 마찬가지로 고전적인 갈릴레오 Galileo Galilei의 상대론에 따르면, 지상에 정지한 관측자가 광속으로 운동하는 빛을 빛과 같은 속력으로 여행하는 우주인이 바라보면 그 빛은 정지한 것으로 보여야 한다. 하지만 수학적으로 잘 증명된 맥스웰의 전자기학은 다르게 주장한다. 맥스웰 방정식으로 유도한 전자기파의 파동방정식에 따르면 빛의 속도는 항상 일정하다. 어떤 경우에서든지 빛은 항상 광속으로 멀어지는 것처럼 보여야 한다는 것을 의미한다. 아인슈타인은 이런 모순된 상황을 해결하기 위해 고민에 빠진다. 1905년 아인슈타인은 에테르의 존재를 밝혀내지 못한 마이켈슨-몰리의 실험 결과와 빛의 속도는 언제나 일정하다는 맥스웰 방정식의 결론을 동시에 만족하는 놀라운 이론을 담은 "움직이는 물체의 전자기학"이라는 제목의 논문을 발표했다.[23] 특수상대성이론이 마침내 세상에 신비로운 모습을 드러낸 순간이다. 특수상대성이론은 인류역사상 최고의 과학자라고 할 수 있는 아인슈타인 개인의 업적이라고 하지만, 자세히 들여다보면 아인슈타인 혼자만의 업적은 아니다. 마이켈슨-몰리, 피츠제랄드, 푸앙카레, 로렌츠, 맥스웰 등 많은 과학자가 빛의 특이한 성질을 설명하기 위해 다양한 연구를 수행했고 그 토대 위에 아인슈타인이 물리학적 의미를 부여한 이론이 바로 특수상대성이론이다. 아인슈타인은 특수상대성이론을 발표한 후 한 걸음 더 나아가 "어떻게 하면 상대성이론이 뉴턴의 중력이론을 포함할 수 있을까?"에 대해 고민한다. 1907년 자유낙하하는 관측자에 관한 사고실험[24]을 구상하고 8년간 상대성 이론에 중력을 접목하는 연구에 매진한다. 그 결과 상대론적 중력이론 개발 즉 일반상대성이론을 성공적으로 완성한다. 아인슈타인의 '장 방정식 field equation'으로 기술되는 일반상대성이론은 시간과 공간 그리고 중력에 관한 이론이다. 일반상대론은 이전까지 인류사회가 직관적으로 받아들이고 있던 시간과 공간에 대한 개념을 완전히 뒤바꾼 혁명적 이론으로서 현대물리학 특히 현대우주론의 시발점이 된다.

현대물리학의 또 다른 중심축인 양자물리학도 고전물리학의 한계를 극복하는 과정에서 태동했다. 19세기 말 물리학자들은 빛의 특이한 성질을 집중적으로 연구했다. 모든 물체의 표면에서 열복사 thermal radiation가 방출된다. 사람도 눈으로 볼 수 없는 적외선 영역의 전자기파를 발생한다. 칠흑같이 어두운 밤에도 적외선 망원경을 끼고 보면 사람의 윤곽이 확연하게 보인다. 적외선 망원경은 열복사 현상을 응용하여 개발된 것이다. 대장장이가 담금질하기 위해 쇠뭉치를 가열하면 붉은색으로 빛난다. 백열전구가 어두움을 밝히는 원리도 텅스텐 필라멘트에 전류를 흘려 온도를 상승시켜 열복사를 방출하게 하는 것이다. 물체를 가열하여 온도를 올리면, 물체 표면에서 적외선이 방출되기 시작하고 점차 붉은색의 가시광선에서 시작하여 백열전구처럼 백색광을 발광한다. 맥스웰의 전자기학에 따르면 가속도 운동을 하는 전하가 전자기파를 발생하기 때문에, 열복사는 물체 표면에 존재하는 전자들의 가속 운동에 기인해야 한다. 이러한 고전적 관점에 따르면 열적으로 들떠 있는 전하들이 방출하는 열복사는 연속적인 에너지 분포를 가진다. 열적으로 평형상태에 있는 흑체에서 방출되는 전자기파는 흑체 복사 Black body radiation 이론으로 이해할 수 있다. 1860년 키리히호프 Gustav Kirchhoff[25]가 처음으로 제안한 '흑체'는 입사되는 모든 빛을 완벽하게 흡수하는 이상적인 물체이다. 그림 1.5의 (a)와 같이 내부는 텅 비어있고 표면에 작은 구멍이 뚫려있는 불투명한 상자는 흑체와 거의 같은 성질을 가진다. 조그만 구멍을 통해 들어간 빛은 내부 벽과 충돌하면서 이리저리 반사된다. (a)에 도식적으로 표시된 것과 같이 흑체의 구멍으로 들어간 빛이 우연히 구멍으로 다시 빠져나오기 전까지는 상자 내부에 갇혀있기 때문에, 입사된 빛을 모두 흡수하는 완벽한 흑체와 같다. 어쩌다 작은 구멍을 통해 상자를 빠져나오는 빛의 에너지 분포

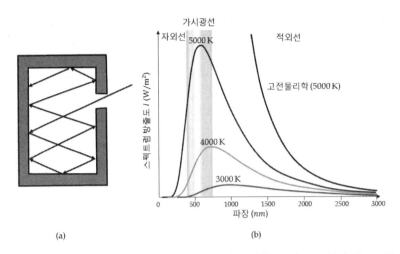

그림 1.5 (a) 속이 텅 비어있고 표면이 불투명하여 작은 구멍으로 입사하는 모든 빛을 흡수하는 흑체 모형. (b) 흑체가 복사하는 열복사의 스펙트럼 방출도와 파장의 관계.

는 벽의 재질과는 무관하고 오직 벽체 온도에만 의존한다. 흑체 열복사의 파장 분포를 탐구하는 흑체복사 문제는 당시의 과학자들에게 매우 흥미로운 연구주제였다. (b)는 단위시간, 단위면적당 복사되는 에너지인 스펙트럼 방출도 $\varepsilon(\lambda)$가 온도와 파장에 따라 어떻게 변하는가를 보여주고 있다. 여기서 두 가지 특이한 사실에 주목해야 한다. 우선 실험 결과에 따르면 열복사의 세기가 최대가 되는 파장 λ_{max}는 온도가 올라가면서 점차 짧은 파장 대역으로 이동한다는 사실이다. 이것은 빈의 변위 법칙 Wien's displacement law인 $\lambda_{max} T = 2.9 \times 10^{-3}$ m · K로 잘 기술된다. 즉 스펙트럼 방출도의 최고점 파장 λ_{max}는 절대온도에 반비례한다. 둘째로 흑체가 방출하는 전체 복사 세기는 스테판–볼츠만의 법칙 Stefan-Boltzmann law으로 $I = \int \varepsilon(\lambda) d\lambda = \sigma T^4$로 기술되는데, I는 흑체 온도의 4제곱에 비례한다. 여기서 σ는 스테판-볼츠만 상수다. 흑체 복사 문제를 성공적으로 설명하는 이론이라면 적어도 실험적으로 잘 검증된 스테판–볼츠만의 법칙과 빈의 변위법칙 정도는 정확하게 설명할 수 있어야 한다. 맥스웰의 전자기학에 기초하여 레일리–진스 법칙 Rayleigh-Jeans law을 유도하면, 그 결과로

$$\varepsilon(\lambda, T) = \frac{2\pi c k_B T}{\lambda^4}$$

의 관계식을 얻는다. 여기서 k_B는 볼츠만 상수이다. (b)에서 볼 수 있는 바와 같이, 긴 파장 대역인 적외선 영역에서는 고전적 해석인 레일리–진스 법칙과 실험 결과가 정성

적으로 일치한다. 하지만 짧은 파장 대역인 자외선 영역에서는 심각한 문제가 생긴다. 레일리–진스 법칙은 파장 λ가 0으로 접근하면, ε이 무한대가 된다. 자외선 영역에서 ε 이 무한대가 된다고 예측하는 이론과 ε이 0으로 감소하는 실험 결과 사이의 불일치는 매우 극단적이다. 이를 자외선 파국 ultraviolet catastrophe이라 부른다. 고전물리학이 한계가 극명하게 드러나는 사례이다.

이 모순적 상황을 타개하기 위해 플랑크 Max Planck[26]는 에너지가 양자화되어 있다는 가히 혁명적인 가설을 제안하고 고전물리학이 해결하지 못한 미제의 흑체 열복사 문제를 해결한다. 플랑크는 흑체복사가 속이 비어있는 물체 벽에서 존재하는 원자의 진동에 기인한다고 하면서, 다음의 두 가지 가설을 세웠다.

(1) 진동자의 에너지는 불연속한 특정한 값 $E_n = nhf$ 만을 가질 수 있으며,

(2) 진동자가 에너지 상태를 바꿀 때에만 에너지를 흡수하거나 방출할 수 있다.

1900년 플랑크가 에너지의 양자화 가설을 토대로 하여 레일리–진스 법칙을 대체하는 플랑크의 복사법칙 Planck's law

$$\varepsilon(\lambda, T) = \frac{2\pi h}{c^2} \frac{f^3}{e^{hf/k_BT} - 1}$$

을 유도했다. 여기서 h는 플랑크 상수이며 f는 열복사의 주파수이다. 플랑크의 법칙은 적외선 영역에서 빈의 법칙 $\varepsilon(\lambda) = (a/\lambda^5)e^{-b/\lambda T}$과 일치할 뿐만 아니라 자외선 영역에서도 '0'으로 감소하여 모든 파장 영역에서 실험 결과와도 잘 일치한다. 플랑크 이론의 핵심은 에너지가 특정한 값만 가지도록 양자화되었다는 가정이다. 이것은 고전 물리학에 정면 배치되는 과감한 가설이었으며, 결국 물리학계가 에너지의 양자화라는 개념을 받아들이는 계기가 된다.

한편 1897년 톰슨 J.J. Thompson[27]은 전자의 전하량과 질량의 비율인 e/m을 측정하는 실험에 성공한다. 몇몇 과학자는 이미 원자가 보다 근본적인 단위로 만들어져 있을 것이라 추측했지만, 톰슨 실험 전까지는 전자의 존재가 알려지지 않았다. 톰슨의 음극관 실험장치에서는 대전된 입자의 다발인 음극선 cathode ray이 음극관에서 가속되어 두 개의 구멍을 통과한 후 전기장과 자기장에 의해서 편향되어 형광 물질이 칠해진 스크린에 도착하여 빛을 발생한다. 전기장의 세기와 자기장의 세기를 적절히 조정하면 음극선은 편향되지 않고 직진하여 스크린에 도달한다. 음극선이 직선 경로를 따라 스크린으로 향하

고 있는 상태에서 전기장은 걸어둔 상태로 놓고 자기장을 끈다. 이렇게 하면 음극선이 한쪽으로 편향되는데 음극선이 도달하는 위치의 변화를 측정하면 쉽게 음극선의 e/m 값을 구할 수 있다. 톰슨이 음극관 실험장치로 음극선의 편향 실험을 반복적으로 실시한 결과, 음극선의 입자는 주기율표상에서 가장 가벼운 원소인 수소에 비해서도 1,000배 가량 가벼웠다. 그리고 다른 종류의 원소로 음극선을 발생시켜도 항상 같은 크기의 e/m를 얻었다. 톰슨은 이 실험 결과로 음의 전하를 가진 작은 크기의 입자가 존재한다는 사실을 입증했고, 새롭게 발견한 입자를 '미립자 corpuscle'라고 명명한다. 후대의 과학자들은 톰슨의 미립자에 전자 electron라는 이름을 붙여주었다.

톰슨이 전자를 발견한 이후, 물리학자들은 "그렇다면 원자는 과연 어떤 모습을 가지고 있을까?"라는 질문을 던지기 시작했다. 이 질문은 그리스 철학자들이 처음으로 원자라는 개념을 사용하기 시작한 이래, 인류가 던진 가장 기본적인 질문 중에 하나다. 당시에 '원자는 전기적으로 중성이다'라는 사실이 널리 알려져 있었다. 환원주의[28]적 입장을 견지하고 있던 톰슨은 자신이 상상할 수 있는 가장 간단한 방식으로 원자 모형을 제시했다. 미지의 문제를 해결하기 위해 사용하는 원칙 중에 유명한 '오캄의 면도날 Ocaam's razor'이 있다. 영국의 철학자이며 신학자였던 프란치스코회 수도사 오캄 William of Ockham은 "어떤 하나의 현상을 설명하는 여러 가지 이론들이 있다면, 그 중에서 가장 간단한 것을 택하라"라고 했다. 오캄의 면도날은 "필요하지 않은 경우에는, 많은 것을 가정하면 안된다"와 "적은 수의 논리로 설명이 가능한 경우, 많은 수의 논리를 세우지 마라"라는 두 문장으로 풀어서 이해할 수 있다. 원자는 전기적으로 중성이고 전자는 원자에 비해 크기가 매우 작은 입자이며 음의 전하를 가지고 있으므로, 그림 1.6의 (a)와 같은 푸딩 모형(수박모형)을 원자 모형으로 제시하는 것이 톰슨이 생각할 수 있는 가장 간단한 방법이었다. 톰슨은 수박의 대부분을 차지하는 과육 부분은 양의 전하를 가지며, 수박씨처럼 작은 크기의 전자가 양의 전하들 사이에 박혀 있는 톰슨 모델을 제시했다. 이에 1911년 러더포드 Ernest Rutherford[29]는 톰슨이 제안한 원자 모형을 검증하기 위해 헬륨의 핵인 알파 입자를 얇은 금박에 충돌시키는 실험을 수행했다. 러더포드 충돌실험에서 대부분의 알파 입자들은 마치 비어있는 공간을 지나가는 것처럼 금박을 무사 통과했지만, 소수의 알파 입자는 입사 방향과 큰 각도를 이루며 산란했다. 심지어 입사 방향과 정반대 방향으로 되돌아가는 입자까지 발견되었다. 러더포드는 이 실험 결과를 "그것은 내 인생에서 가장 믿기 힘든 사건이었다. 마치 축구공보다 큰 공을 얇은 종이에 던졌는데, 그 공이 반사되어 되돌아와 나를 때리는 것처럼 믿기지 않는 것이었다"라고 고백했다.

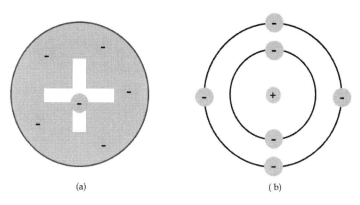

그림 1.6 톰슨과 러더포드가 제안한 원자 모형들. (a) 가장 간단한 형태의 원자 모형인 톰슨의 푸딩 모형 (b) 행성이 태양의 주위를 돌고 있는 것과 유사하게 전자가 핵의 주위에서 주어진 궤도를 돌고 있는 러더포드 모형.

입자를 표적에 충돌시키는 산란실험은 물리학에서 자주 사용하는 중요한 실험 기법이다. 이미 설명한 바와 같이 물리학은 경험학문이다. 가시광선의 반파장보다 작은 크기의 미시세계에서 일어나는 현상은 원칙적으로 눈으로는 직접 관찰할 수 없다(미주 14의 아베의 회절 한계를 참조하기 바란다). 따라서 미시세계를 경험하려면 눈으로 직접 보는 방법 말고 다른 방법을 택해야 한다. 한겨울 얼음판 위에서 얼음낚시를 즐기려면 우선 먼저 얼음이 두껍게 얼어있는지 확인해야 한다. 주위에 있는 돌덩이를 얼음 위로 던져서 얼음이 깨지는지를 확인한다. 그러면 얼음의 두께를 쉽게 짐작할 수 있다. 충분히 큰 크기의 돌덩이를 던졌음에도 불구하고 얼음이 깨어지지 않는다면, 얼음이 안전할 만큼 두껍게 얼어있다고 판단하는 것과 마찬가지로 미시세계를 탐구하기 위해서는 입자를 표적에 충돌시키는 산란 기법이 자주 사용된다. 다시 러더포드 실험 결과로 돌아가자. 만약 톰슨이 제시한 원자 모형이 옳다면 양의 전하를 가지는 알파 입자는 금 원자들과 전기적으로 상호작용하여 충돌한 후 방향을 바꾸게 된다. 양의 전하가 원자의 대부분 영역에서 분포하고 있으므로 알파 입자는 입사 방향에 대해 작은 각도로 방향을 바꾸게 될 것이라 예상되었다. 그러나 이러한 예상과는 전혀 다른 실험 결과를 얻었고, 러더포드는 실험 결과를 해석할 수 있는 다른 길을 찾아야 했다. 그는 무거운 양의 전하가 매우 작은 영역에 밀집되어 있다고 생각해 보았다. 그리고 알파 입자가 작은 크기의 양의 전하를 띄고 있는 입자에 의해 충돌된다고 가정했다. 알파 입자와 양의 입자가 충돌하지 않는다면 알파 입자는 입사 방향에서 크게 벗어나지 않고 금박을 통과하게 된다. 반면 이들 입자가 서로 충돌하면 큰 각도로 산란할 것으로 예측할 수 있다. 러더포드는 자신의 해석에 기초하여 원자는 양의 전하를 가지고 있는 작은 핵과 톰슨이 발견한 전자로 구성되어있다는 새로운 원자 모형을 제시한다. 러드포드의 원자 모형은 태양의 주위를 돌고 있는 행성 모형과 유사하다. 러더포드 원자 모형에서는 무거운 원자핵이 원자의 중심에 자리잡고 있으며 그 주위를 전자가 돌고있다. 행성 모형에서는 행성들이 태양의 주위를 공전하게 하는 힘이 만유 인력인 반면 러더포드 모형에서는 그 힘이 전기력으로 바뀌는 것이 다른 점이다. 그러나 러더포드가 자신의 실험 결과를 설명하기 위해 제안한 원자 구조는 치명적인 약점을 가지고 있다. 맥스웰의 전자기 이론에 의하면 가속 운동을 하는 대전된 입자는 전자기파를 방출한다. 방출되는 전자기파의 에너지 크기만큼 입자의 에너지는 감소해야 한다. 핵의 주위를 돌고 있는 전자도 궤도를 따라 운동을 하고 있으므로 지속적으로 가속 운동을 한다. 따라서 전자는 전자기파를 방출할 것이고 결과적으로 전자는 점점 에너지를 잃는다. 결국 전자는 점차 원자핵과 가까워지고 언젠가는 원자핵과 합쳐진다. 이는 원자의 에너지 상태나 궤도의 형태가 점진적으로 변한다는 뜻이다. 다시 표현하자면 원자들이 방출하는 빛의 파장도 연속적으로 변화하고 오랜 시간이 지나면 결국 원자는 그 형태를 잃게 된다. 그런데 지구 탄생 시점부터 지구에 묻혀있는 금을 채굴해서 제작한 청동기 시대의 장신구도 현재까지 잘 보존되고 있다. 러더포드 모형을 고전적으로 해석해서는 도저히 설명할 수 없다는 뜻이다.

러더포드 모형의 두 번째 약점은 방출 또는 흡수되는 빛의 불연속적인 스펙트럼이다. 낮은 압력의 기체에 강한 전기장을 걸어주면 전기 방전이 일어나는데, 이때 불연속한 선 스펙트럼 line spectrum이 방출된다. 분광학은 이런 방출 스펙트럼과 백색 광원에서 나오는 빛이 흡수되는 흡수 스펙트럼을 관찰하고 연구한다. 1860년부터 1885년까지 물리학자들은 다양한 종류의 분광학 실험을 하면서 원자가 방출하는 빛에 대한 방대한 지식을 축적했다. 여러 종류의 물질을 불꽃에 넣어 태우면 형형색색의 빛이 나온다. 이 빛을 프리즘에 통과시켜 관찰해보면 고유한 스펙트럼을 찾을 수 있다. 예를 들면 소금을 태우면 노란색의 빛과 그에 상응하는 스펙트럼이 발생한다. 19세기 말에는 물질을 태울 때 방출되는 빛의 스펙트럼을 이용하여 비록 소량이라 하더라도 그 물질을 정확히 판별할 수 있게 되었다. 태양광도 세심하게 연구했다. 당시까지 태양광은 연속 스펙트럼을 가진다고 알려져 있었는데, 무지개 색깔의 태양광 스펙트럼에 미세한 틈이 존재한다는 것을 발견했다. 그림 1.7에는 백열등에서 방출되는 연속 스펙트럼과 고온의 가스에 의해 방출된 방출 스펙트럼과 저온의 가스에 의해 흡수된 흡수 스펙트럼이 표시되어 있다. (b)와 (c)의 방출 및 흡수 스펙트럼에는 불연속성이 뚜렷하게 보인다. 이런 불연속 스펙트럼

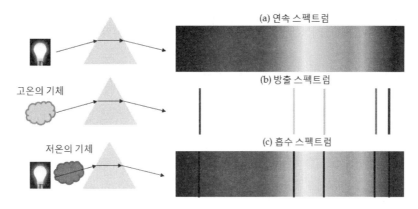

(a) 연속 스펙트럼

고온의 기체

(b) 방출 스펙트럼

저온의 기체

(c) 흡수 스펙트럼

그림 1.7 (a) 백열등에서 방출되는 연속 스펙트럼 (b) 고온의 기체에 의해 방출되는 방출 스펙트럼 (c) 백열등에서 방출되는 백색의 빛이 기체에 의해 흡수된 흡수 스펙트럼.

은 기존의 고전물리학 체계에서는 도저히 설명되지 않는 불가사이한 일이었다.

1886년 헤르츠[30]는 금속 표면에 입사하는 빛에 의해 광전자photoelectron가 방출되는 실험을 했다. 이 현상은 광전 효과photo electric effect로 잘 알려져 있다. 헤르츠의 광전효과 실험 결과도 고전물리학의 관점에서 보면 심각한 문제점들을 가지고 있다. 전자기학에 의하면 전자기파가 전달하는 에너지는 전자기파의 세기에 비례한다. 따라서 금속에 입사되는 빛에 의해 발생하는 광전자의 에너지도 빛의 세기에 비례해야 한다. 하지만 실험 결과에서는 놀랍게도 광전자의 에너지가 빛의 세기가 아닌 빛의 파장에 비례한다. 강한 빛을 금속에 쬐어주면 충분한 에너지가 전달되므로 빛의 주파수에는 관계없이 금속으로부터 전자를 떼어 낼 수 있어야 한다고 예측했다. 하지만 입사광의 세기에는 무관하게 입사광의 주파수가 최솟값 $f_{\min}$ 이상일 때에만 광전효과가 일어난다는 사실을 관찰했다. 광전효과 실험 결과도 고전물리학의 한계를 극명하게 드러내고 있었다. 아인슈타인은 1905년 플랑크가 흑체복사 문제를 해결하기 위해 제안했던 에너지의 양자화 가설을 받아들이고 빛은 입자(빛의 입자는 광자photon라 부름)라는 가설을 세워 광전효과 실험 결과를 정량적으로 완벽하게 설명했다.[31]

1913년 보어[32]는 러더포드의 핵 구조와 플랑크의 에너지 양자화를 결합하여 보어의 원자 모형을 제안했다. 보어는 러더포드 원자 모형이 가지고 있는 치명적 약점을 보완하기 위해 과감한 가설을 세운다. 보어가 제안한 양자 도약 가설에 의하면 핵의 주위를 돌고 있는 전자들은 특정한 에너지 상태들을 유지한다. 그림 1.8에 나타나 있는 바와 같이 어떤 한 에너지 상태에서 다른 에너지 상태로 뛰어넘을 때에만 빛을 흡수하거나 방

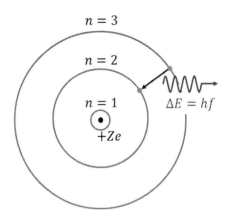

그림 1.8 보어의 원자모형. 양의 전하 $+Ze$를 가지고 있는 핵 주위에 전자들이 궤도운동을 한다. 전자는 특정한 에너지 상태 $n = 1, 2, 3, \cdots$에만 있을 수 있고, 한 에너지 상태에서 다른 에너지 상태로 뛰어넘을 때 빛을 방출하거나 흡수할 수 있다.

출할 수 있다. 보어는 큰 양자 번호 즉 $n \gg 1$인 경우 양자 물리와 고전물리학의 계산은 서로 근접하는 결과를 가져야 한다는 대응 원리 correspondence principle를 활용했다. 보어는 자신의 원자 모형을 확장한 보어–좀머펠트[33] 모형을 기반으로 수소 원자의 스펙트럼, X–선 스펙트럼 그리고 원소의 주기율표를 성공적으로 설명한다. 하지만 보어의 원자 모형도 시간이 얼마 지나지 않아 헬륨의 스펙트럼, 수소 원자의 전자가 가지는 각운동량, 제만 효과 Zeeman effect 그리고 미세구조 fine structure 등 새롭게 등장한 많은 문제를 해결하기에는 역부족인 것이 밝혀진다.

1924년 드브로이[34]는 믿기 힘들게도 물질파 matter wave에 대한 논문에서 '물질은 입자와 파동의 성질을 동시에 가진다'는 입자와 파동의 이중성 wave-particle duality을 주장했다. 입자의 성질과 파동의 성질을 동시에 가지는 것은 상상조차 할 수 없다. 입자는 공간에서 일정한 크기를 유지하는 반면 파동은 시간이 흐르면 공간에 퍼져나간다. 어렵게 설명하지 않아도 구슬과 파도는 근본적으로 다른 종류라는 것을 안다. 어떻게 물질이 입자와 파동의 성질을 동시에 가질 수 있다는 말인가? 1927년 대이비슨 Clinton Davisson과 저머 Lester Germer는 낮은 에너지의 전자를 단결정 single crystal 니켈 표적에 충돌시켜 산란하는 전자의 세기를 각도에 따라 측정했다. 니켈 표적에 산란한 전자는 하나의 특정 각도에서는 최대 세기를 그러나 다른 특정 각도에서는 최소의 세기를 보였다. 놀랍게도 산란한 전자가 만든 무늬는 전자기파인 X–선의 회절 무늬와 똑같은 형태였다. 고전적으로 회절현상은 전형적인 파동의 성질이다. 드브로이 물질파 이론에 따라

그림 1.9 모든 백조의 색깔이 희지 않다. 남반구에는 검은색 백조가 산다. 흰 새라는 의미의 용어인 백조는 정확한 표현이 아니다.

물질파의 파장 $\lambda = h/p$를 브래그 조건 Bragg condition에 대입하면 정확하게 전자의 회절 무늬와 일치하는 결과를 얻을 수 있다. 여기서 λ는 물질파의 파장이고 p는 전자의 운동량이다. 이렇게 입자와 물질의 이중성이 완벽하게 입증되고, 물질파 이론은 양자역학을 태동시키는 결정적인 역할을 한다. 광전효과를 통해 파동이라 생각했던 빛의 입자성이 증명되었고, 대이비슨과 저머의 전자 회절 실험을 통해 입자인 전자의 파동성이 입증되었다. 이로써 입자와 파동의 이중성에 대한 이론이 완성되고 실험으로 검증된다. 입자가 파동의 성질을 가지고 있을 뿐만 아니라 입자를 파동방정식으로 설명할 수 있는 길이 열렸다.

1925년 하이젠베르크 Werner Heisenberg, 보른 Max Born, 조르단 Pascual Jordan 등에 의해 행렬역학으로 양자물리학을 기술하는 진일보한 체계를 갖추고, 같은 해에 슈뢰딩어는 드브로이의 물질파 개념을 확장하여 슈뢰딩어 Erwin Schrödinger 방정식을 도입한다. 슈뢰딩어는 행렬방식이나 미분방정식으로 양자물리를 기술하는 것이 수학적으로 동일하다는 것을 밝혔다. 1927년 하이젠베르크[35]는 불확정성이론을 발견하고, 같은 해에 현재까지 양자물리학 해석의 정설로 인정받는 코펜하겐 해석 Copenhagen interpretation을 소개한다. 1927년 디락[36]은 양자물리학과 특수상대성이론을 통합시키고 연산자 이론을 제창한다. 1932년 힐버트 David Hilbert[37]는 힐버트 공간에서 선형연산자 이론을 발표하였고, 이 이론은 현재까지 양자물리학을 기술하는 가장 보편적인 방법으로 사용된다. 이와 같은 일련의 역사적 배경에서 집단지성이 양자물리학이라는 새로운 물리 분야를 탄생시켰다.

지금까지 살펴본 바와 같이 19세기 말까지 물리학자들은 물리학이 완숙 단계에 들어선 학문이라고 생각했다. 남아있는 과제는 물리이론을 보다 정밀하게 검증하고 몇 가지 미흡한 부분을 다듬는 것이었다. 그러나 예상하지 못했던 놀라운 실험 결과들이 발표되었고, 이러한 뜻밖의 결과들을 해석하기 위한 각종 새로운 모델들이 제안되면서 고전물리학은 심각한 위기를 맞이했다. 그러나 위기가 결국 새로운 도약의 기회가 된다. 혁신적인 모습의 물리학이 다가오는 서곡이 울려 퍼지는 시점이었다. 인류사에서 가장 걸출한 물리학자인 아인슈타인이 상대성이론을 발표하여 뉴턴 역학의 한계를 단숨에 뛰어넘을 수 있었다. 플랑크, 보어 Niels Bohr, 드 브로이 Louis de Broglie, 보른, 디락, 하이젠베르크, 파울리 Wolfgang Pauli, 슈뢰딩어, 파인만 Richard Feynman 등의 기라성같은 물리학자가 등장하였고, 이들의 집단지성은 양자물리학이라는 새로운 지평을 열었다. 고전물리학과 전혀 다른 형식의 물리학 체계인 상대성이론과 양자물리학은 경험주의에 기초한 귀납법적 물리학적 해석의 한계를 뛰어넘은 사례다.

1.3 | 과학은 발전하는가?

포퍼의 반증주의 관점에서 보면 과학은 반증의 과정을 겪으면서 진보한다. 반면 쿤은 패러다임 사이의 공약불가능성을 근거로 과학이 발전한다는 기존 입장을 단숨에 무너뜨리고 패러다임의 변화로 새로운 과학 구조가 완성되는 과학혁명이 이루어진다고 주장했다.

20세기 대표적 과학철학자인 포퍼 Karl Popper[38]의 비판적 합리주의와 쿤 Thomas Kuhn[39]의 패러다임의 변화라는 관점으로 현대물리학의 태동과정과 의미를 되짚어보자. 포퍼는 전통적인 경험론적 귀납법에 기초한 과학 탐구를 정면으로 비판한다. 그는 어떤 가설이 과학으로 받아들여지려면, 실험을 통해 그 가설이 틀렸다는 사실을 확인할 수 있어야 한다고 생각했다. 다시 말해 과학적 진술은 반증할 수 있어야 한다. 포퍼는 "반증할 수 없는 이론은 과학이론이 될 수 없다"라고 주장한다. 즉 과학이론은 엄격한 기준에 의해 그 진위가 검증될 수 있어야 한다는 뜻이다. 포퍼는 반증의 시험을 통과하지 못한 이론은 과감하게 폐기되고, 더 우수한 새로운 이론으로 대체되는 과정에서 과학은 진보한다고 주장했다. 이런 측면에서 과학의 진보는 끝없는 과학이론에 대한 반증의 반복 과정이며 과학적 태도는 비판적 태도여야만 한다. 비판적 태도는 모든 이성적 행위의 근간이 된다.

예를 들어 '백조는 하얗다'라는 가설은 엄청나게 많은 수이긴 하지만 유한한 수의 백조들을 조사한 후, 다른 백조의 색깔도 흰색일 것이라고 일반화시켜 과학적 사실로 정립한 것이다. 그러나 지구상에 있는 모든 백조의 색깔을 확인하는 것은 현실적으로 불가능하므로 모든 백조의 색깔을 확인하여 '백조는 하얗다'라는 가설을 증명할 수는 없다. 반면 특정 백조 집단에서 검은 백조를 한 마리라도 찾아낸다면, 백조의 색깔이 하얗다는 가설이 틀렸다는 것을 쉽게 확인할 수 있다. 실제로 호주에 가면 검은 백조를 발견할 수 있고, 심지어 검은 백조는 웨스턴 오스트레일리아주의 상징 새이기도 하다. 이런 방식으로 '백조는 하얗다'라는 가설이 반증된다. '모든 백조가 하얗지는 않다'라는 보다 설득력 있는 가설로 대체된다. 반증주의적 관점에서 보면, 과학은 이러한 반증의 과정을 겪으면서 진보한다.

반증의 가능성이 열려있지 않기 때문에 과학적 진술로 받아들여질 수 없는 가설들이 있다. '내일 최고 기온은 오늘에 비해 더 높거나 낮을 수 있다'라는 가설은 어떤 경우가 생기든지 항상 참이며, 이 가설을 반박할 수 있는 어떤 다른 가설도 없다. '사망자는 모두 죽었다'와 같은 가설도 사망자의 정의와 관계된 가설이므로 역시 반증 불가능하다. 또한 '인간은 존엄하다'와 같은 주장도 반증할 수 없다. 이러한 주장은 과학적 진술이 될 수 없다. 반면 '빛이 평면거울에 반사될 때, 입사각과 반사각의 크기는 같다'라는 가설은 입사되는 광선의 입사각과 반사각이 다르게 반사되는 경우를 관찰할 수 있다면 반증할 수 있기 때문에, 과학적 진술로 인정된다. 비판적 이성주의 또는 논의를 좁히면 반증주의는 '가설이나 이론은 반드시 관찰이나 실험으로 지속적인 검증을 받게 되며, 반증된 가설이나 이론은 더 우수한 가설이나 이론으로 대체되면서 과학은 지속적으로 발전한다'는 과학관이다. 포퍼의 관점을 따르면 뉴턴의 역학을 포함한 고전물리학은 반증되었으며 더 우수한 이론인 상대성이론과 양자물리학으로 대체되었다.

한편 쿤은 '과학은 진리를 추구하는 행위가 아니라 패러다임[40]에 따른 지적 행위에 지나지 않다'라는 입장을 취한다. 쿤은 "과학자 사회가 공유하는 패러다임 즉 정상과학이 다른 새로운 패러다임으로 대체될 때 과학혁명이 일어난다"라고 주장했다. 쿤의 대표적 저서인 「과학혁명의 구조」[41]에서 주장한 과학혁명의 과정을 과학사의 사례로 들여다보자. 귀납적 과학관에 따르면 인류는 '개별적인 물체가 위에서 아래로 떨어지는 현상'을 관찰한 경험을 축적하고 분석하여 "모든 물체는 위에서 아래로 떨어진다"라는 결론을 도출한다. 뉴턴의 업적이 알려진 이후에는 "돌은 위에서 아래로 떨어진다, 왜냐하면 만유인력의 법칙이 작용하니까"라고 '왜냐하면'으로 대답할 수 있다. 그림 1.10에 도식적으로 표시한 바와 같이 개별적인 경험을 축적(전과학 prescience)하여 도출한 과학적인 진술인 '만유인력의 법칙'을 패러다임으로 받아들여 과학계가 정설로 인정하는 정상과학 normal science의 지위를 확보한다. 18세기까지는 '수성, 금성, 지구, 화성, 목성, 토성' 이렇게 여섯 개 행성이 있다고 알려졌다. 그런데 독일 태생의 음악가이며 천문학자였던 윌리암 허셀 Frederick William Herschel은[42] 자신이 직접 제작한 대형 망원경으로 천체를 관측했다. 1781년 그는 당시까지 알려지지 않았던 새로운 행성, 즉 일곱 번째 행성인 천왕성을 발견했다. 천왕성은 천문학사에서 육안이 아닌 보조도구인 망원경으로 관측하여 발견한 최초의 행성이다. 1821년 프랑스 천문학자인 보바르 Alexis Bouvard는 뉴턴의 운동방정식을 기반으로 천왕성의 궤도를 정밀하게 계산하고 그 결과를 도표로 정리하여 발표했다. 이후 천문학자들이 천왕성의 궤도를 자세히 관측해보니 천왕성이 보바르의 계산 결과에 일치하지 않는 공전궤도로 운동한다는 사실을 발견했다. 의심의 여지 없이 완벽하다고 믿었던 뉴턴의 운동법칙이 실패하는 충격적인 사례를 접한다. 쿤의 관점에서 보면 천왕성의 궤도는 뉴턴 역학이라는 정상과학에 대한 변칙사례 anomaly에 해당하고, 포퍼의 반증주의의 관점에서 보면 뉴턴 역학이 반증된 경우가 된다. 천왕성의 공전궤도로 인해 뉴턴 역학은 위기 crisis를 맞이하였지만, 당시 과학계는 너무나 정확하게 행성의 운동을 설명하는 뉴턴 역학을 도저히 포기할 수 없었다. 그래서 정상과학의 틀 안에서 천왕성의 관측결과를 이해하려고 고집한다. 미지의 행성 P가 천왕성과 만유인력으로 상호작용하여 천왕성의 궤도를 교란한다는 임시방편적 가설을 세웠다. 1845년에서 1846년 사이 영국의 천문학자인 아담스 John Couch Adams와 프랑스의 르 베리에 Urbain Le Verrier는 이러한 가설을 바탕으로 새로운 미지의 행성이 가져야 하는 이론적 질량과 공전궤도를 계산한다. 1864년 가을밤, 갈레 Johann Gottfried Galle와 그의 학생 다레스트 Heinrich d'Arrest는 르 베리에가 예측한 궤도에서 불과 1°밖에 벗어나지 않은 지점에서 이론으로 예측된 행성 P인 해왕성을 발견한다. 해왕성은 정상과학의 틀 안에서 자연 현상을 이해하려는 노력의 일환에서 제안된 가설로 예측되었고 이는 실제 관측을 통해 발견되는 행성이 된다. 여기서 흥미로운 사실은 포퍼의 반증주의에 따라 과학 역사가 흘러갔다면, 뉴턴의 역학 법칙이 폐기되고 새로운 이론으로 대체되었어야 마땅하고 그 결과 아마도 해왕성의 발견은 훨씬 이후 시점으로 미루어졌을 것이다. 뉴턴 역학은 첫 번째 커다란 위기에 잘 넘겼지만, 19세기 말 빛의 속도가 항상 일정하고 빛의 매개물질로 가정한 에테르의 존재를 확인할 수 없다는 새로운 변칙사례들이 속속 발견되면서, 고전물리학이 본격적인 위기를 직면한다. 이번에도 과학계는 정교하게 구축되어있는 고전역학 체계를 조금만 수정한다면 변칙사례들을 성공적으로 설명할 수 있고 위기를 돌파할 수 있다고 생각했다. 그러나 다양한 대안이 제안되었음에도 불구하고 성공적이지 못했다. 뉴턴의 고전역학이 더는 위기를 감당하지 못했다. 아인슈타인은 상대성이론이라는 혁명적인 가설로 모델혁명 model revolution을 시도한다. 이후 가설로 제안되었던 상대성이론이 실험을 통해 검증되면서, 과학계는 이 혁명적 모델을 새로운 정설로 받아들이는 패러다임의 변화 paradigm change를 통해 정상과학의 위치를 점한다. 자연은 변하지 않고 그대로이지만 자연을 기술하는 이종동체가 모델혁명에 의해 새로운 패러다임으로 대체되었다. 인류는 20세기 초부터 상대성이론을 뉴턴의 역학을 대체하는 새로운 패러다임으로 인정했고, 상대성이론이라는 현대물리학적 관점으로 우주론을 연구한다. 그림 1.10의 정상과학 오른쪽의 토끼가 패러다임의 변화로 새로운 패러다임인 오리로 대체된다. 같은 그림이지만 우리가 어떤 각도에서 쳐다보느냐에 따라 오리로 보기도 하고 토끼로 보기도 한다. 토끼로 보기 시작한 그림에서 오리의 모습을 찾아볼 수 없다. 자연은 그대로 있지만, 우리는 그 자연을 새로운 패러다임의 눈으로 완전히 다르게 바라본다. 쿤은 과학혁명의 구조에서 공약불가능성 incommensurability이라는 개념을 재해석한다. 쿤의 공약불가능성은 '새로운 패러다임은 낡은 패러다임에 의해, 반대로 낡은 패러다임은 새로운 패러다임에 의해 입증되거나 반증될 수 없다'라는 것을 의미한다. 따라서 새로운 패러다임은 입증되거나 검증되는 것이 아니라, 과학계를 설득하는 방식으로 자리를 잡을 수밖에 없다. 패러다임의 변화는 낡은 패러다임의 수정이나 변화가 아니라, 과학적 개념과 용어의 의미로부터 시작해서 주요 연구대상 심지어 새로운 이론의 진위를 판정하는 법칙에 이르기까지 모든 것을 송두리째 바꾸는 혁명적인 것이다. 쿤 이전의 과학철학자들은 과학의 발전은 낡은 이론이 더 좋은 새로운 이론으로 대체되는 진보적 과정이라 생각했다. 과학이 발전한다는 관점에서 보면 분명 새로운 이론은 옛 이론보다 포괄적이며 정확하고 더 많은 것을 설명하는 방식으로 진보해야 한다.

반면 쿤은 패러다임 사이의 공약불가능성을 근거로 하여 차곡차곡 쌓아 올리는 방식으로 과학이 발전한다는 기존의 입장을 단숨에 무너뜨리고 패러다임의 변화를 기반으로 새로운 과학 구조가 완성되는 방식으로 과학혁명이 이루어진다고 주장했다. 다시 말해 쿤은 "새로운 이론이 낡은 이론의 연장선에 있는 것이 아니라, 새로운 패러다임은 완전히 새로운 세계관을 제공해 준다"라고 설파했다. 그렇다면 쿤은 과학적 진보를 어떻게 보았을까? 쿤은 새로운 패러다임이 과학계에서 받아들여지기 위해서는 두 가지 조건이 전제되어야 한다고 했다. 첫째, 새로운 후보 패러다임은 다른 어떤 방법으로도 풀 수 없

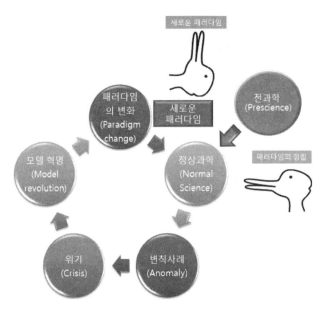

그림 1.10 토마스 쿤의 과학혁명의 구조. 정상과학의 변칙사례가 누적되면 정상과학은 위기를 맞는다. 위기를 극복하기 위해 새로운 혁신적인 모델들이 제안되는 모델혁명기를 거쳐 과학계를 설득하는 새로운 패러다임이 자리 잡고, 새로운 패러다임이 정상과학을 대체하는 방식으로 과학혁명이 이루어지고 반복된다.

던 중요하고도 근본적인 문제들을 해결해야 한다. 둘째, 새로운 패러다임은 낡은 패러다임이 해결했던 것보다 더 포괄적으로 구체적인 문제들을 해결하는 능력을 보여야 한다. 따라서 쿤은 낡은 패러다임과 새로운 패러다임들 사이의 전후 관계를 정의할 수 있을 것이라 예상했다. 왜냐하면 새로운 패러다임은 과학자들이 풀고자 하는 문제점들을 더 훌륭하게 해결할 수 있기 때문이다. 쿤의 이러한 주장에 의하면 과학이 진보한다고 볼 수도 있다. 하지만 그에 따르면 과학은 혁명적 변화를 겪으며 문제 해결 능력이 향상될 뿐, 과학이 진리를 향해 전진해 가는 것은 아니다.

여기서 한 가지 매우 흥미로운 질문이 떠오른다. "과학은 진보 또는 전진하지만, 진리를 추구하는 것이 아니란 말인가?" 과학자들은 "과학이 진리를 추구하지 않는다"라는 주장을 그리 달갑게 받아들이지 않는다. 과학자의 입장에서는 적어도 현대과학은 자연을 매우 정확하게 기술하고 있으므로, "과학의 궁극적 목표는 자연에 대한 진리를 얻는 것이다"라는 과학적 실재론 scientific realism에 훨씬 매력을 느낀다. 과학적 실재론을 지지했던 포퍼는 "과학은 하나의 과학적 가설이 반증되고 나면 보다 우수한 가설을 세우는 방식으로 진리를 추구하지만, 아직 궁극적인 목표인 진리에 도달하지 못했을 뿐이다"라고 주장했다. 과학의 실재론을 펼치는 대표적 철학자인 퍼트넘 Hilary Putnam은 "기적이 아니라고 한다면, 과학의 성공을 설명하는 유일한 길은 우리의 과학 이론이 세계에 대한 진리, 또는 최소한 근사적 진리에 대한 설명을 제공한다는 것이다"라고 했다. 즉 "훌륭한 현대과학이 진실이 아니라면, 기적일 수밖에 없지 않은가?"로 반문할 수 있다.

반면 반실재론 anti-realism을 주장하는 사람들은 "과학의 목표는 진리 탐구에 있지 않고, 다만 유용한 지식을 찾는 것에 불과하다"라고 생각한다. 반실재론 anti-realism을 대표하는 프라젠 van Fraassen은 "진화적 비유로 나는 현재의 과학이론의 성공이 기적이 아니라고 주장한다. 성공적 과학적 이론은 치열한 경쟁을 버텨 살아남은 것이다. 따라서 경쟁을 뚫고 나온 과학이론은 매우 성공적으로 보인다"라고 주장했다. 다시 말해 현대과학이 매우 성공적으로 보이는 이유는 현대과학이 진리이기 때문이 아니라, 과학사에서 제안되었던 많은 이론들 중에서 성공적인 이론만이 살아남았기 때문이다. 마치 다윈의 자연선택설[43]처럼 경쟁력을 갖춘 이론이 살아남았기 때문에 과학은 매우 성공적인 것처럼 보일 뿐이다.

물리학이 관측 불가능한 대상을 연구주제로 다루는 경우 현실적으로 실재론의 한계를 직면하게 된다. 측정기술의 발전과 더불어 인간이 관측할 수 있는 종류나 범위가 획기적으로 확대되었다. 원자현미경을 이용하면 손쉽게 원자들을 구별할 수 있고, 강입자충돌기 large hadron collider(LHC)의 산란 실험을 통해 질량의 근원이 되는 신의 입자라 불리는 힉스보존 Higgs boson도 발견했다. 2015년과 2016년에는 라이고 laser interferometer gravitational-wave observatory(LIGO)관측을 통해 아인슈타인이 100년 전인 1915년에 이론적으로 예견한 중력파의 존재를 입증했고, 라이고에 검출된 중력파가 블랙홀의 충돌로 발생했다는 사실도 알게 되었다. 그러나 여전히 관측 불가능한 대상들도 많이 남아있다. 비록 직접 볼 수는 없지만, 직접적인 방법으로 관측 가능한 대상까지 관측의 범위를 넓혀 생각해 보더라도 '빅뱅 직후의 초기 우주 상태와 초끈이론이 제안하는 여분 차원' 등은 적어도 현재까지 관측 불가능하고 아니면 원칙적으로 관측할 수 없는 대상일 수 있다.

이와 같은 첨단 연구주제는 현대물리학이 풀어야 할 중요한 과제들이다. 실재론자들은 "이러한 관측 불가능한 대상에 대해서도 적절한 이론을 세우고, 이론의 논리를 검증하는 방식으로 과학적 연구를 수행할 수 있다"라고 생각한다. 반면 반실재론자들은 "검증할 수 있는 것만이 과학의 대상이 될 수 있다"라는 입장을 고수하며, "진위를 검증할 수 없는 연구의 수행이 무슨 의미를 가진단 말인가?"로 반문한다.

관측이라는 행위 자체에 이미 이론이 포함되어 있다는 '관측의 이론 적재성 theoryladenness of observation'도 고민해야 한다. 관측의 이론 적재성은 "관측결과가 기존의 이론적 가설에 기초하여 해석된다"라는 의미다. 예를 들면 경주용 자동차의 제로백 가속도 능력(0-100km/hr까지 가속하는 능력)이 3.5 초라 주장할 때, 이미 거리와 시간 그리고 속도라는 개념에 대한 이론을 전제로 한다. 또 다른 사례는 태양계의 행성이다. 프톨레마이오스의 천동설에 따르면 행성은 지구 주위를 돌고 있는 천체들인 달, 수성, 금성, 태양, 화성, 목성 그리고 토성 등이다. 하지만 코페르니쿠스의 지동설에 따르면 수성, 금성, 지구, 화성, 목성, 토성, 천왕성 그리고 해왕성이 행성에 해당한다. 심지어 과학적 개념의 정의 자체가 변하기도 했다. 2006년까지 행성의 지위를 유지하고 있던 명왕성은 행성의 목록에서 아예 삭제되었다. 명왕성은 지금도 자신의 궤도를 꿋꿋이 돌고 있지만, 2006년 체코 프라하에서 열린 국제천문연맹 총회에서 명왕성이 태양계 행성의 목록에서 제외되었다. 관측자가 수용한 이론을 적용하여 해석한 결과를 관측이라고 받아들이면, 관측행위 자체에 이미 이론이 내재되어 있다는 관측의 이론 적재성이란 개념을 이해할 수 있다. 우리가 관측하는 행위는 연구대상의 실체적 본질에 다가가는 행위가 아니라 이론의 틀을 통해 대상을 접해보는 것에 불과하다고 할 수 있다. 즉 관측결과를 인정하는 행위는 관측 대상과 관측기구 안에 내재된 지식체계 전부를 받아들이는 셈이다.

측정의 범위도 과학기술의 발전과 더불어 점차 넓어지고 있고 측정 결과도 이론이라는 안경으로 보는 모습에 불과하다면, 과연 우리가 실험을 통해 관측한 결과가 자연이 가지고 있는 본연의 모습을 그대로 드러내고 있는 것일까? 쿤의 주장에 따르면 과학계가 받아들이는 패러다임은 새로운 패러다임에 의해 언제든지 대체될 수 있으므로, 과학은 궁극의 진리에 다가설 수 없다는 주장이 타당해 보인다. 이런 주장을 일견 수긍할 수 있지만, 여전히 의구심은 남아있다. 우리는 아인슈타인이 이미 100여 년 전에 예측한 중력파와 표준모형이 대칭성 측면에서 이론적으로 제안한 힉스 입자도 성공적으로 검출하였으며 빅뱅의 증거인 우주배경복사도 탐지하고 있지 않은가? 심지어 우리의 일상에 깊숙이 들어온 GPS global positioning system장치도 상대성이론을 사용해야만 정확한 위치 좌표를 계산할 수 있지 않은가? 이러한 과학적 개가들이 실재하는 것이 아니란 말인가? 21세기 인류가 성취한 과학적 성과를 일일이 나열할 수조차 없다. 이렇게 성공적인 현대과학이 진리와는 무관한 단지 자연 현상을 보다 적절하게 설명하는 설득력이 조금 더 있는 그 무엇인가에 불과하다는 주장에 거부감을 느끼는 것은 너무나 당연하다.

하지만 과학사를 꼼꼼히 살펴보면 성공적인 이론일수록 더 혁신적으로 새로운 이론에 의해 대체되었다는 것을 쉽게 발견할 수 있다. 최고 수준의 수학적 아름다움을 가지고 있다고 생각했던 뉴턴의 역학 체계는 여지없이 상대성이론이라는 새로운 이론에 의해 대체되지 않았던가? 그렇다면 지금 우리가 배우고 있는 상대성이론은 영원불변의 진리인가? 대답은 분명 '아니다'이다. 블랙홀 내부에서 일어나는 현상과 태초 우주의 모습을 기술하려면 양자물리학과 상대성이론을 동시에 적용해야 한다. 하지만, 막상 두 이론을 합쳐 놓고 물리적 사건이 발생할 확률을 계산 해보면 그 결과는 어처구니 없게도 무한대가 된다. 정말로 끔찍한 상황이다. 확률이 무한대인 물리현상은 있을 수 없다. 즉 특정 문제에서는 현대물리학의 두 개의 기둥이라 할 수 있는 상대성이론과 양자물리학은 상극이고, 이들 이론은 분명한 한계를 드러낸다. 상대성이론과 양자 물리만으로 완벽한 궁극의 이론체계를 형성할 수 없다.

이제 "비록 과학체계가 완벽하지는 않더라도 과학의 발전을 통해 한 걸음씩 진리에 다가서고 있는 건 아닌가?"라는 질문을 던져보자. 이 질문에 대해서는 명확히 대답할 수 없다. 어떤 과학 분야도 아직 진리에 도달한 사례를 찾아볼 수 없다. 우리가 예상할 수 있는 가까운 미래에 궁극의 이론을 완성할 수 있을지 그 가능성조차 점칠 수 없다. 이러한 상황에서 '과학의 목표는 진리'라고 주장하는 것보다는 오히려 '과학은 자연을 기술하는 조금 더 유용한 이론을 제공해 주는 방식으로 진보하고 있다'라는 쿤의 입장이 더 합리적인 것처럼 보인다. 과학 연구에서는 새로운 관측결과 또는 경험에 의해 기존의 이론들이 대체되고 새로운 지식이 만들어진다. 현대 우주론에서는 이론물리학자들이 특정 현상을 예견하고 나서, 나중에 실험을 통해 입증되는 사례가 빈번하게 일어난다. 이러한 경험적 귀납법에 부합하지 않는 새로운 과학의 발전 형태를 이해하려면, 새로운 시각의 과학철학이 필요하다.

1.4 | 한계를 인정하는 현대물리학

과학이 진리를 탐구하고 있는지 또는 진리에 다가가고 있는지 아직 확실하지 않지만, 인류가 바라보는 지적 지평선은 점차 넓어지고 있는 것이 분명하다.

태초에 무슨 일이 일어났는가? 우주는 어떻게 시작했으며, 만물의 근원은 무엇인가? 이러한 질문들은 인류가 지적사고활동을 시작한 이후부터 줄곧 던져왔다. 인간은 자연 세계를 지배하는 법칙을 밝혀내려고 엄청난 노력과 시간을 투자했다. 그 결과 상당히 만족할 수준으로 자연 현상을 기술하는 법칙들을 발견했다. 이 모든 것들이 진리에 다가가고 있는 과정이라 믿었다. 인간이 이해할 수 없는 미지의 세계는 절대자인 신의 계시를 통해 다가설 수 있다고 확신했다. 인도 브라만교의 가장 오래된 경전 중 하나인 리그베다 문헌이나 그리스도교의 성경, 불교의 경전 그리고 이슬람의 코란이 우주의 원리를 설명하지 못한다고 주장하면 대다수가 강한 거부감을 표시할 것이다. 리그베다 경전에 태초의 우주 그리고 땅과 하늘의 창조에 관한 질문들이 언급되어 있다. 적어도 기원전 1500년경에 현자들은 우주의 역사에 대한 고민을 시작했고, 이후 현대과학은 놀랄만한 수준의 아이디어들을 개발했다. 인도의 현인들은 이미 팽창하는 우주에 대해 고민했으며 소크라테스 이전의 고대 그리스 철학자들도 우리가 사는 우주와 공존하는 평행우주에 대한 아이디어를 가지고 있었다. 기원전 400년경 그리스의 철학자인 데모크리투스 Democritus는 크기가 다양한 수없이 많은 세상이 존재하며, 어떤 세상에는 달과 태양이 없고 어떤 세상에는 많은 수의 태양과 달이 빛나고 있다고 생각했다. 그는 나아가 세상들 사이에는 다양한 크기의 공간이 존재하고 어떤 세상은 점차 커지고 있으며 어떤 것들은 서로 충돌하면서 사라진다고까지 생각했다. 또 기원후 5세기에서 10세기 사이에 쓰여진 것으로 보이는 힌두 경전에도 우리가 사는 우주 이외에도 무한히 큰 수많은 다중우주가 존재하며 다중우주들은 서로 돌고 있다고 기술되어 있다. 일부 고대 그리스 철학자들은 꼬리에 꼬리를 물고 반복되는 우주를 믿었고, 불교의 윤회 사상도 반복되는 우주와 맥을 같이한다.

불완전한 인간이 이해하지 못하는 것이 많이 남아있지만, 이들 경전이나 현인들은 자연의 핵심 비밀들에 대한 해답을 이미 제시하고 있다고 생각했다. 인간이 이해하지 못하는 어떤 것이 있다면, 그것은 인간 개개인의 무지 때문이거나 또는 알고자 하는 지식이 중요하지 않은 사소한 것에 불과하기 때문이라는 것이 고전적인 지식 전통의 입장이다. 개인이 모르는 지식이 있다면 그것은 그 사람의 지적 수준이 낮기 때문이다. 예를 들면 들판에서 농사를 짓는 농부가 "사계절은 어떻게 생겨나는지?"에 대해 궁금증을 가지고 있으면, 전문가인 천문학자를 찾아가 물어보는 즉시 대답을 들을 수 있다. 하지만 "왜 누에고치 모양은 땅콩 모양의 형태를 취하고 있는가?"와 같은 질문에 대해서는 종교 경전이나 어떤 현자도 대답할 수 없다. 이러한 종류의 질문은 인류가 알고 있는 지식이 불완전해서가 아니라, 그 질문 자체가 하찮은 것에 불과하기 때문이라고 생각했다. 물론 조물주는 왜 누에고치 모양이 땅콩의 모습과 유사한지 알고 계신다. 단지 인간이 구원되어 천상 나라로 가는 데 중요하지 않아, 종교 경전에 일일이 설명해 놓지 않았을 뿐이다. 따라서 필요한 지식을 얻기 위해서는 진리를 담고 있는 경전을 찾아보던지, 아니면 그것을 알고 있는 현자에게 물어보면 해결된다.

이에 반해서 현대과학, 조금 더 좁혀 이야기하면 현대물리학은 최종적으로 진리에 도달하는 것을 목표로 삼는다거나 이미 완벽한 물리이론을 찾아냈다고 주장하지 않는다. 오히려 상대성이론이나 양자물리학은 현대물리학의 무지 또는 한계를 공개적으로 인정한다. 물리학자는 우주의 기원을 밝혀냈다고 주장하지도 않고 양자물리학과 상대론이 궁극의 이론일 수 없다는 사실도 순순히 시인한다. 예를 들어 입자물리학 분야에서는 현재 널리 통용되는 표준모형 standard model을 뛰어넘는 새로운 이론을 찾아내기 위해 끊임없이 노력하고 있다. 표준모형을 뛰어넘는 새로운 이론 beyond standard model으로 나아가게 하는 실험적 증거를 찾기 위해 노력하고 있다. 국제공동연구로 진행 중인 LHC 실험의 주요 목적 중에 하나도 새로운 이론의 가능성을 찾는 것이다.

그렇다면 새로 정립될 물리이론은 우주의 진리를 밝혀줄 수 있는 궁극의 이론이 될 수 있을까? 단언컨대 아니다. 물리학은 경험할 수 있는 자연 현상을 기술하는 것에 자신의 임무를 국한하고 있어 우리가 접할 수 있는 경험이나 실험 결과를 기반으로 우주의 기원을 완전히 이해하는 것은 불가능하다. 이런 관점에서 현대물리학은 자연을 온전히 이해할 수 없다는 한계를 지니고 있다. 역설적으로 현대물리학이 자신의 한계 또는 무지를 기꺼이 인정하고 받아들인 덕분에 고전적인 지식체계보다 훨씬 유연하고 역동적으로 발전할 수 있었다. 물리학이 궁극적으로 진리를 추구하고 있고 진리에 근접했다고 고집했으면, 정설로 통용되던 물리학 이론에 부합하지 않는 실험 결과들이 확인되더라도 그것을 부정했거나 아니면 고전적인 물리체계 내에서 이해하려고 매달렸을 것이다. 아마도 20세기 과학의 혁명은 불가능했을지 모른다.

21세기 인류는 드디어 지구나 태양 또는 우리가 볼 수 있는 은하의 범위를 넘어 인간이 볼 수 있는 우주의 시작에 대한 질문을 던지기 시작했다. 인류가 지난 수천 년간 던진 많은 질문에 대해 답을 찾아왔지만, 지금까지 변하지 않는 것은 우리가 여전히 궁극의 질문에 대한 이론을 찾아내지 못하고 있으며 여전히 온갖 추측 그리고 열려있는 질문과 씨름하고 있다는 사실이다. 어찌 보면 과학이 발전함에 따라 인류가 해결한 문제보다 오히려 모르고 있는 질문들이 더 빠른 속도로 늘어나고 있다. 또 질문 자체가 더 어려워지고 있어 상황은 점점 심각해진다. 현대물리학도 어떻게 '무無에서 이 모든 것들이 창조될 수 있는지' 이해하지 못한다. 혹시 우리가 생각하고 있는 태초 이전에 그 무엇인가가 이미 존재하고 있었던 것은 아닌가? 시간과 공간은 소위 빅뱅이라고 불리는 우주의 탄생과 함께 시작되었는가? 이 질문들은 현대 물리가 풀어야 할 가장 중요한 과제들이다. 또 '현재 우리가 이루어 놓은 물리체계가 빅뱅의 시점에도 유효한 자연법칙인지', '빅뱅은 특이점에서부터 시작했는지' 역시 우리가 대답을 찾아야 할 문제들이다.

지금 인류는 '지구가 얼마나 큰지 또 지구의 끝자락에 도달하게 될 것인지 몰랐던 중세 시대'와 유사한 상황에 놓여있다. 우리는 호기심을 가득 안고 신대륙을 향해 먼 바다로 항해를 떠났던 탐험가들과 비슷한 처지다. 개척자들이 신대륙과 새로운 바다를 발견하였고 그 과정에서 지도에 비어있는 공간을 차근차근 채워나갔다. 최근 LIGO 실험을 통해 중력파의 검출에 성공했고 LHC를 이용하여 힉스 입자뿐만 아니라 표준모형을 넘어서는 새로운 이론으로 인도할 수 있는 새로운 입자 탐색 연구를 활발하게 진행하고 있다. 나노 크기의 입자들을 인위적으로 제어할 수 있는 기술을 확보하면서 지금까지 경험하지 못한 새로운 양자 세계로 발걸음을 옮겨 놓고 있다. 물리학자들은 우주의 새로운 모습을 발견하고 새로운 현상을 발견하면서 우주의 기원과 우주의 참모습에 대해 조금씩 더 알아가는 기회를 잡고 있다. 비록 과학이 진리를 탐구하고 있는지 또는 진리에 다가가고 있는지 아직 확실하지 않지만, 인류가 바라보는 지적 지평선은 점차 넓어지고 있는 것이 분명하다.

1.5 | 우주에 대해 알고 있는 것들 그리고 모르고 있는 것들

우주는 인간이 상상할 수 있는 가장 큰 공간이다. 우리가 우주에 대해 알고 있는 것 보다 모르는 것이 더 많지만, 감히 우주 역사의 비밀을 밝히려 한다.

전통적인 경험주의적 관점을 고집한다면 우주론은 물리학이 극히 제한적으로 접근할 수밖에 없는 영역이다. 우주론은 우리가 알고 있는 단 하나의 우주의 탄생 시점에서부터 현재까지 팽창하는 모습과 우주의 종말에 관한 주제를 다룬다. 재연될 가능성이 없는 단 하나뿐인 우리의 우주를 완벽히 이해할 수 없다는 한계를 직시하면서, 표준우주론의 성과인 빅뱅에 관해 짧게 살펴보자. 빅뱅은 우주의 탄생과 진화에 대한 현대적 표준우주론이다. 빅뱅은 실시간으로 관측할 수도 없고, 실험실에서 재연할 수 없는 희대의 사건이다. 빅뱅이 일어난 과정에서 생성된 흔적만을 찾아볼 수 있고, 대형입자가속기를 통해 기본입자나 상호작용들을 모사해 볼 수 있을 뿐이다. 이런 측면에서 표준우주론은 우주의 역사를 유적으로 연구하는 우주고고학이라 할 수 있다. 그럼에도 현대과학은 지금까지 우주를 관측하여 얻은 결과와 이론적 해석, 그리고 입자가속기와 컴퓨터 전산실험 결과를 바탕으로 빅뱅을 상당히 성공적으로 이해한다.

빅뱅이론에 의하면 우주는 약 138억 년 전에 플랑크 길이 정도의 크기인 우주 씨앗에서부터 출발하여 급속하게 팽창(인플레이션 inflation)한 후, 팽창을 지속하면서 현재의 우주 모습을 갖추게 되었다. 여기서 빅뱅 즉 대폭발은 폭발물이 폭발하여 파편들이 공간으로 퍼져나가는 일반적인 폭발을 의미하지 않는다. 오히려 태초에 우주의 출발점에서 시간, 공간 그리고 물질이 만들어진 일련의 과정을 포괄적으로 의미한다.

인간은 어떻게 빅뱅에 의해 우주가 탄생 되었다는 것을 알게 되었는가? 그 대답은 의외로 간단하다. 1929년 허블 Edwin Hubble과 휴메이슨 Milton Humason이 별들 사이의 거리가 점점 멀어지는 현상을 관측하였고, 그 결과를 허블의 법칙으로 정리했다. 허블의 법칙을 받아들이면 필연적으로 우주 공간이 팽창하고 있다는 결론에 도달한다. 빅뱅이론이 옳다면, 빅뱅의 흔적을 5 K에 해당하는 마이크로파인 우주배경복사 cosmic microwave background radiation로 관측할 수 있어야 한다고 예측했다. 1964년에 미국의 전파 천문학자 펜지어스 Arno Penzias와 윌슨 Robert Wilson은 무선통신 실험을 하는 과정에서 우연히 우주배경복사를 검출했고, 이들은 그 공로를 인정받아 1978년 노벨 물리학상을 수상한다. 우주배경복사는 빅뱅이론의 결정적 증거로 꼽힌다. 그 이후 COBE Cosmic Background Explorer, WMAP Wilkinson Microwave Anisotropy Probe, PLANCK 실험 등은 우주배경복사를 정밀하게 측정하여 우주가 탄생한 초기의 열역학적 평행상태에 대한 보다 자세한 정보를 제공한다. 왜 우주에는 수소와 헬륨의 질량이 3:1의 비율로 존재하고 또 어떻게 무거운 원자핵들이 생성되었는지 이해할 수 있다. 그리고 우주의 거대구조 관측을 통해 물질의 분포와 밀도를 계산하고 원시 가스에서부터 어떻게 현재의 우주가 모습을 갖추어 왔는지도 알게 되었다. 나아가 대형 입자가속기실험을 통해 빅뱅 초기에 존재했던 입자들이나 그들 사이에 작용하는 상호작용도 연구했다. 비록 제한적이긴 하지만 암흑물질과 암흑에너지의 존재를 예측하는 연구 결과도 조금씩 알려지고 있다. 일련의 연구 성과들은 우주 탄생의 모습을 구성하는 퍼즐들을 제공하였고, 이 퍼즐을 잘 끼워 맞추면 빅뱅의 모습에 다가설 수 있다. 이로써 빅뱅이론이 더는 가설에 머물지 않고 과학계가 이견의 여지 없이 받아들이는 표준우주론이 되었다.

최신 Planck 실험 결과[44]에 따르면 현재 우주의 총 에너지 중에 4.9%가 일반 물질(중입자 Baryon 물질)이고 26.8%는 암흑물질이며 나머지 68.3%가 암흑에너지이다. 우리가 그 실체에 대해 알고 있는 것이 거의 없는 암흑물질과 암흑에너지가 우주의 대부분을 차지한다. 인간은 우주의 지극히 일부에 대해서만 조금 이해하고 있을 뿐이다. 우주의 총 질량과 에너지의 23% 정도에 해당하는 암흑물질은 우리가 볼 수 있는 정상적인 물질(바리온 물질)이나 중성미자의 형태가 아니라 불가사의한 존재이다. 암흑물질은 전자기파를 발생하거나 전자기적 상호작용을 하지 않아 우리가 볼 수 없어 붙여진 이름이다. 1933년 캘리포니아 공과대학에서 은하단 연구를 했던 츠비키 Fritz Zwicky는 머리털자리은하단 coma cluster of galaxies을 집중적으로 관측했다. 그는 은하단 내부에서 별들이 회전하고 있는 모습을 이해하려면 당시까지 알려진 물질의 질량에 비해 400배나 큰 질량이 필요하다는 사실을 발견했다[45]. 하지만 그의 동료들은 공격적인 성격의 소유자였던 츠비키를 좋아하지 않았고 츠비키의 관측결과도 진지하게 받아들이지 않았다. 과학자도 성공하려면 좋은 성품을 지녀야 하고 친구를 잘 사귀어야 한다. 시간이 흘러 1960년대 후반과 1970년대 초반에 이르러 천문학자인 루빈 Vera Rubin이 은하들이 회전하는 속도를 체계적으로 측정했다[46]. 그림 1.11의 (a)와 같이 은하의 가장자리에 있는 별들도 은하의 중심에 자리잡은 별들과 거의 비슷한 속도로 회전하고 있다는 사실을 발견했다. 루빈과 그의 동료들은 60여 개의 나선형 은하들을 추가로 관측했는데, 항상 같은 결과를 얻었다. 이 실험 결과가 주는 메시지는 간단했다. 은하 가장자리의 별들이 이렇게 빠른 속도로 회전하기 위해서는 관측 가능한 물질의 질량만으로는 충분하지 않다는 것이다. 은하에는 눈에 보이지는 않지만, 질량을 가지는 막대한 양의 물질들이 존재해야만 루빈의 관측결과를 설명할 수 있다. 루빈의 결과를 정량적으로 분석하면, 보이지 않는 물질의 양이 보이는 물질보다 무려 10배나 더 많아야 한다. 그녀는 다른 천문학자들과 공동연구를 수행하여 '대부분의 은하에 보이지 않는 다량의 암흑물질이 존재한다'는 사실을 밝혀낸다. 눈에 보이지 않는 물질인 암흑물질의 실체를 확인했다. 간접적인 방법이긴 하지만 암흑물질의 존재를 밝혀주는 또 다른 방법은 중력렌즈효과이다. 일반상대성이론에 따르면 중력에 의해 공간이 변형된다. 빛은 변형된 공간을 직선이 아닌 휘어진 경로를 따라 이동하므로 마치 렌즈를 통과할 때 일어나는 것과 마찬가지로 빛의 굴절 현상이 생긴다. (b)에 표시된 바와 같이 천체의 모양이 원호 모양으로 왜곡된다. 이는 빛이 매우 무거운 천체 주위를 지날 때 발생하는 중력렌즈효과로 이해할 수 있는데, 중력렌즈효과도 암흑물질의 중요한 증거이다. 우주의 거대구조나 우주배경복사의 요동 효과를 통해서도 암흑물질을 검증할 수 있다. 현재까지 정밀하게 수집된 우주 관측결과를 종합해 보면 우주에서 볼 수 있는 표준모형에 포함되는 물질의 총량에 비해 약 5배나 많은 양의 암흑물질

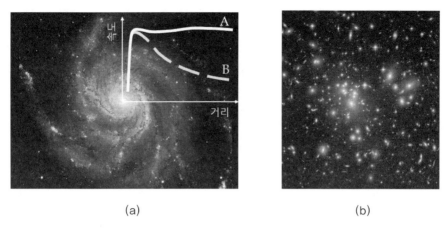

(a)   (b)

그림 1.11 (a) 은하 가운데를 중심으로 회전하고 있는 나선형 은하의 모습. 곡선 A와 같이 은하 가장자리에 위치하는 별들이 회전하고 있는 속도도 거의 일정하게 유지된다. 곡선 B는 케플러의 법칙에 따라 계산한 예상치. (b) 중력 렌즈효과. 마치 빛이 렌즈를 통과하는 것처럼 굴절되어 고리 모양의 띠를 볼 수 있다.

이 존재한다는 결론을 내릴 수 있다. 미스터리한 암흑물질의 후보군으로 생소한 MACHs MAssive Compact Halo Objects, WIMPs Weakly Interacting Massive Particles, Axions, 갈색왜성, 중성미자 등이 제안되었지만, 아직까지 암흑물질의 실체에 제대로 다가서지 못하고 있다.

1990년대까지 과학계는 우주의 팽창에 관해 두 가지 시나리오를 정설로 받아들이고 있었다. 우주가 대폭발하여 팽창을 시작했고 우주의 에너지 밀도가 충분하다면, 서로 당기는 힘인 만유인력이 작용하므로 우주는 언제가는 팽창을 멈추고 다시 수축하게 된다는 것이다. 예를 들어 중력이 작용하는 지구에서 폭발한 포탄의 파편은 얼마 동안 지구에서 멀어지는 방향인 위쪽으로 날아갈 수 있지만, 시간이 지나면 다시 지표면으로 떨어지는 모습을 연상하면 쉽게 이해할 수 있다. 두 번째 시나리오로 만약 중력이 우주를 다시 수축시킬 만큼 충분히 크지 않다면, 우주의 팽창속도는 지속적으로 감소하겠지만 영원히 팽창을 지속할 수도 있다. 20세기 말까지는 우주의 팽창속도가 느려지는 것을 발견하지는 못했지만, 팽창속도가 줄어들고 있어야 한다고 확신하고 있었다. 이러한 확신을 입증하기 위해 우주의 탄생부터 현재까지 우주 팽창속도가 어떻게 변화했는지를 정밀하게 측정하려는 연구가 시작되었다. 1998년 High-Z 초신성탐사팀 supernova search team 이 허블 망원경으로 지구에서 멀리 떨어져 있는 1a형 초신성을 관측해 우주가 가속팽창하고 있다는 결과를 발표했다. High-Z 초신성탐사팀은 지구에서 가까운 곳에 있는 1a형 초신성이 지구로부터 멀리 떨어져 있는 초신성보다 더 빨리 멀어지고 있다는 사실을 발견했다. 초신성은 백색왜성이 근접한 적색거성의 물질을 빨아들여 생기는데, 백색왜성의 질량이 태양의 약 1.4배[47]에 이르는 순간 짧은 시간에 거대한 에너지를 내뿜으며 폭발한다. 초신성의 밝기는 폭발 당시 질량에 비례하므로 1a형 초신성들은 밝기가 거의 같다. 밝기가 똑같은 별들이 우주 여기저기에 있다면 별빛의 밝기로 별까지의 거리를 계산할 수 있다. 즉 밝기를 이미 알고 있는 초신성을 관측하면 그곳까지의 거리를 알 수 있어, 1a형 초신성을 표준 촛불 Standard Candle이라고 부른다. 1999년에 이와는 독립적으로 초신성 우주론 프로젝트 Supernova cosmology project도 우주가 가속팽창을 한다는 결과를 발표했다.[48] 이후에도 우주배경복사, 중력렌즈효과, 우주의 거대구조 등을 관측하면서 획득한 실험 결과들도 일관되게 우주가 가속 팽창한다는 사실을 입증하고 있다.

우주의 팽창속도가 가속되고 있다는 것은 이제 부인할 수 없는 기정사실이 되었다. 지구에서 멀리 떨어져 있는 은하를 관측한다는 것은 과거의 우주 모습을 들여다보는 것과 같은 의미다. 은하가 방출한 빛이 오랜 시간 동안 우주 공간을 가로질러 지구에 도달하기 때문에, 현재 지구에서 은하를 관측하는 것은 이미 오래전에 은하에서 일어났던 천문 현상에 대한 정보를 얻는 행위이다. 지구에서 가까운 곳에 위치하는 은하보다 더 멀리 떨어진 은하가 지구로부터 더 빨리 멀어지고 있다는 사실을 발견했는데, 이는 우주가 가속팽창하고 있다는 것을 입증한다. 우주가 가속 팽창한다는 관측결과는 중력이 우주의 팽창 속력을 느리게 만들 것이라는 그동안의 기대를 산산조각 내버린 놀라운 사건이었다. 누구도 기대하지 않았고 감히 상상하지 못했던 현상이었다. 하지만 분명한 것은 무엇인가가 우주의 팽창을 가속하는 역할을 하고 있어야 한다. 어떻게 우주가 가속팽창할 수 있는지 궁금해진다. 이론 물리학자들은 다양한 가설을 제안했는데, 몇 가지만 소개한다. 먼저 아인슈타인이 자신이 저지른 최대의 실수라고 말하면서 폐기 처분했던 우주상수 Λ를 부활시키는 것이다. 두 번째 가설은 우주 전체가 미지의 에너지-유체로 가득 채워져 있을 수 있다고 가정하는 것이다. 세 번째로 아인슈타인의 일반상대성이론이 틀렸으며, 새로운 이론으로 우주의 가속팽창을 설명해야 한다는 것이다. 현재까지 물리학자들은 제안된 모델들 중 에서 어느 것이 옳은지 판단하지 못했다. 우주가 가속팽창하는 원인이 무엇인지 특정할 수 없지만, 가속팽창의 원인인 미지의 에너지를 암흑에너지라 부른다. 암흑에너지에 관해서는 우리가 알고 있는 것보다 모르고 있는 것이 훨씬 많다. 언젠가는 암흑에너지에 대해 지금보다 더 자세하게 알게 되겠지만 현재까지 우리는 단지 우주의 가속팽창에 필요한 암흑에너지의 양이 얼마인지를 추정하고 있다. 암흑에너지는 우주 전체 에너지에 72% 정도를 차지하며 밀도로 환산하면 약

7×10^{-30} g/cm³가 된다. 은하 내부의 암흑에너지는 물질 또는 암흑물질의 밀도에 비해 미미한 수준이다. 그러나 암흑에너지는 우주 전체에 골고루 분포하고 있어, 우주를 구성하는 물질-에너지의 2/3를 차지하고 우주를 가속 팽창하게 만드는 주요 원인이다. 암흑에너지는 우주상수의 일반화된 형태로서 우주 공간에 균일하게 분포하는 제5원소와 같은 스칼라장이라고 이해해도 무관하다. 암흑에너지는 우주를 가속팽창 시키는 음압 negative pressure을 만드는데, 암흑에너지에 의한 음압은 $P = wc^2\rho$으로 주어진다. 우리 우주는 현재 가속팽창하고 있으므로 $w < -1/3$여야 하고 최신 관측결과에 따르면 w는 -1에 가깝다. 여기서 c는 광속이고 ρ는 암흑에너지의 밀도이다. 암흑에너지의 가장 간단한 설명은 우주상수 또는 진공 에너지이다. 현대물리학이 우주 구성 요소의 대부분을 차지하는 암흑물질과 암흑에너지에 대해 알고 있는 것은 매우 제한적이다.

이제 매우 흥미로운 질문인 우주의 형태에 대해 살펴보자. 우주는 과연 어떤 모습을 하고 있을까? 관측 가능한 우주 observable universe와 전체 우주 global universe는 동일하지 않다. 다시 말해 우리는 원칙적으로 우주 전체가 아닌 우주의 일정 부분만 관측할 수 있다. 관측 가능한 우주의 크기는 우주의 나이와 빛의 속도에 의해 결정된다. 우주가 등방적 isotropic이라고 가정하면 지구를 중심으로 지름이 930억 광년인 구의 내부에 위치하는 우주의 모습을 관측할 수 있다. 흥미로운 사실은 우주의 나이가 약 138억 년으로 알려져 있는데, '어떻게 관측 가능한 우주의 크기가 930억 광년에 달할 수 있는가?'이다. 빛이 1년 동안 우주 공간을 이동할 수 있는 거리는 1광년이므로, 우주 태초에 지구를 향해 출발한 빛도 138억 광년의 거리밖에 이동할 수 없다. "관측 가능한 우주의 반지름은 138억 광년이고 지름은 276억 광년이어야 하지 않냐?"는 질문이 당연히 떠오른다. 이 질문에 관한 해답은 우주의 팽창에 있다. 빛이 우주 공간을 가로질러 이동하는 138억 년 동안에도 은하는 계속 멀어지고 있다. 우주의 팽창을 고려하면 관측 가능한 우주는 276억 광년이 아닌 930억 광년의 크기가 된다. 즉 138억 년을 달려 막 지구에 도착한 별빛을 발생한 천체는 현재 지구에서 465억 광년 떨어진 곳에 있다는 뜻이다. 우주가 투명해진 상태의 모습을 간직하고 있는 우주배경복사는 우리가 관측할 수 있는 가장 오래된 빛이고, 이 우주배경복사가 우주의 크기를 알려준다. 우주 전체를 관측할 수 없다는 한계 때문에 아직까지 우주에 관한 많은 질문에 대해 답을 가지고 있지 않다.

우주의 크기는 유한할까? 아니면 무한할까? 만약 우주가 유한하다면 우주의 바깥쪽 모습은 어떨까? 이 질문들은 모두 우주의 기하학적 구조와 관련된 것들이다. 우주의 형태와 관련된 흥미로운 세 가지 질문을 던져보자.

(1) 우주의 크기는 유한한가? 아니면 무한한가?

(2) 평평한 우주인가? 열린 우주인가? 아니면 닫힌 우주인가?

(3) 우주는 위상수학 topology의 관점에서 단일연결공간simply connected space인가?

우주 형태에 관한 논쟁은 현재진행형이다. 각종 천문관측결과(WMAP, BOOMERanG 그리고 Planck)를 종합해 보면 우주는 오차범위 0.4% 내에서 평평하다. FLRW Friedmann-Lemaître-Robertson-Walker모델의 틀에서 보면 관측결과와 가장 잘 일치하는 우주는 평평하고 끝이 없는 형태를 하고 있다. 하지만 다른 수학적 모델을 사용하면 우주는 이와는 다른 모습을 가질 수도 있다. 만약 우리가 우주 전체를 관측할 수만 있다면, 우주의 형태를 정확하게 알 수 있을 것이다. 유감스럽게도 우주의 일부만 관측할 수 있어 '우주 전체가 어떤 형태를 가지는지?'에 대한 확정적인 답변을 내놓을 수 없다. "우주의 크기가 무한한가 아니면 유한한가?"라는 질문도 현재까지 풀리지 않은 중요한 문제다. 직관적으로 생각하면 만약 우주가 유한하다면 우주의 부피도 유한할 것이며 우주에 존재하는 물질도 유한할 것이다. 반면 우주가 무한하다면 우주에는 우주의 끝인 경계면이 존재하지 않을 것이고 무한한 우주를 가득 채울 수 있는 부피에 대해 논하는 것은 무의미하다. 우주의 크기가 유한한지 또는 무한한지를 수학적으로 표현하면 "우주의 경계면boundary 이 존재하느냐?"가 된다. 무한과 유한의 문제를 조금 다른 방식으로 표현하면, 두 점 사이의 거리가 d라고 할 때 무한한 우주에서는 항상 이 거리보다 더 멀리 떨어져 있는 점들이 존재한다. 그러나 유한한 우주에서는 어떤 거리 d가 존재하는데, 모든 점들 사이의 거리는 d보다 항상 작다. 이때 최소 크기의 d를 우주의 지름이라 부르고, 우주의 부피는 우주 반지름으로 정의된다. 유한한 크기의 원판에는 가장자리 edge와 경계면이 있다. 하지만 지구본의 경우 표면이 지구본의 영역을 구분하는 경계면에 해당하므로 크기는 유한하지만, 지구본의 가장자리는 찾을 수 없어 끝은 없다. 따라서 유한한 우주는 가장자리를 가질 수 있고 또는 가장자리를 가지지 않을 수도 있다. 우주의 가장자리 부근에서 무슨 일이 일어나는지 알아보는 것은 지극히 어려워 가장자리를 가지고 있는 우주 공간을 수학적으로 취급하기는 쉽지 않다. 우주의 형태를 취급할 때, 우주의 크기와는 상관없이 가장자리가 없는 공간만을 고려한다. 가장자리 없는 공간만을 고려하는 이유는 수학적으로 다루기 어렵기 때문만이 아니고, 우주 배경복사를 관찰하면 언제나 등방적이기 때문이다. 우주가 유한하다면 우주 내부의 모습과 외부의 모습은 차이가 난다. 따라서 경계면을 가지고 있는 우주라면 우주배경복사는 모든 곳에서 등방적일 수 없다.

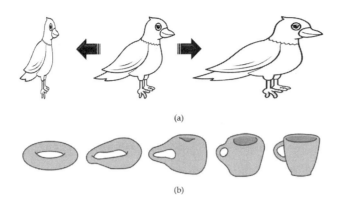

(a)

(b)

그림 1.12 (a) 가운데 그림과 같이 고무판 위에 귀엽게 생긴 새 한 마리를 그려놓았다. 고무판을 수축시키거나 늘려주면 새의 모양이 변한다. 변형되어도 새라는 본질은 변하지 않는다. (b) 왼쪽의 도넛 모양의 진흙 덩어리를 연속적으로 변화시켜 오른쪽의 커피잔을 만들 수 있다.

우리가 관측하고 있는 우주는 등방적이기 때문에 관측 가능한 우주는 가장자리가 없는 우주여야 한다.

이제 우주의 형태에 대해서도 고민을 해보자. 우주는 대폭발로 탄생했지만, 이미 존재하는 공간에서 특이점이 폭발하여 퍼져나가는 방식으로 만들어지지 않았다. 우주의 탄생과 함께 공간이 만들어졌고, 이후 공간이 팽창을 거듭하면서 지금의 우주 모습을 갖추게 되었다. 그렇다면 우주의 변천사는 공간의 형태가 변하는 과정이라고도 할 수 있다. 위상수학 topology이라는 수학의 매우 흥미로운 연구 분야가 있다. 위상수학을 간단하게 정의하면 '같은 형태라고 정의할 수 있는 사물들 사이의 공통된 성질을 연구하는 학문'이라 할 수 있다. 즉, 위상수학은 굽히거나 늘리거나 꼬는 방식으로 물체의 형태나 표면을 연속적으로 변형시킬 때 변하지 않는 성질을 연구한다. 그림 1.12의 (a)와 같이 새를 예로 들어 설명해 보자. (a)의 가운데 그림처럼 고무판에 귀엽게 생긴 새 한 마리를 그려놓았다. 이제 고무판을 양쪽으로 점차 잡아당기면, 오른쪽 그림과 같이 옆으로 늘어난 뚱뚱한 새로 변한다. 반대로 고무판을 수축시키면 왼쪽 그림과 같이 홀쭉한 새가 된다. 세 마리의 새는 서로 다른 모습을 하고 있지만, 새라는 본질은 변하지 않는다. 위상수학은 이처럼 형태를 변형시킬 때 변하지 않는 성질에 관해 관심을 가진다. 이런 의미에서 위상수학을 소위 '고무판 기하학'이라 부르기도 한다. 위상수학에서는 대상 물체나 그 표면에 손상을 초래하는 '자르거나, 구멍을 내거나, 서로 붙이는 연산'은 허용하지 않는다. 지하철 노선도를 예로 들면 쉽게 이해할 수 있다. 지하철 노선도는 지하철 역들이 어떤 순서로 연결되어 있는지 그리고 어느 환승역에서 다른 노선으로 갈아탈 수 있는지에 관한 정보를 제공한다. 출발역에서부터 시작해서 순서대로 다음 역들을 직선 또는 곡선으로 연결한다. 이때 출발역에서부터 다음 역 사이의 거리와 방향은 무시한다. 1호선과 2호선이 만나는 역을 환승역이라고 부르는데, 이 환승역에서 다른 지하철 노선으로 갈아탈 수 있다. 지하철 노선도의 주요 역할은 출발점에서 탑승한 후 몇 개의 지하철역을 거쳐 환승역에 도착해서 다른 지하철 노선으로 갈아타고 또 몇 정거장을 지나서 내리면 도착지에 도달하는지에 대한 정보를 제공하는 것이다. 이러한 목적을 달성하는 지하철 노선도를 그릴 때는 방향과 거리를 무시해도 무관하므로, 실측 지도를 보기 쉽게 변형시켜 지하철 노선도를 제작하면 된다. 지하철 노선을 그릴 때, 지도를 오려서 붙이면 실제 존재하지 않는 환승역이 만들어질 수도 있고 지하철 역들이 위치하는 순서가 바뀔 수 있으므로 지하철 노선도가 제공해야 하는 정보를 왜곡시킨다. 따라서 지하철 노선도를 제작할 때는 원본 실측 지도를 연속적으로 변형시키는 것은 허용되지만, 자르거나 구멍을 내거나 붙이는 행위는 허용되지 않는다.

이제 그림 1.12의 (b)에 표시된 도넛과 커피잔을 살펴보자. 도넛 모양의 진흙을 연속적으로 변형시키면 커피잔을 만들 수 있다. 하지만 공 모양의 진흙 덩어리를 연속적으로 변형만 시켜 커피잔을 만들 수 없고, 커피잔의 손잡이를 만들기 위해 반드시 구멍을 뚫어야 한다. 따라서 도넛과 커피잔은 위상수학적 관점에서 같은 종류이지만, 도넛과 공은 다른 종류다. 구멍의 개수를 종수genus라고 부르는데 공의 종수는 '0'이고 도넛의 종수는 '1'이다. 위상수학적으로 종수가 같은 물체를 동형이라고 부르고 종수는 위상수학적으로 변하지 않는 불변량이다. 이런 관점에서 위상수학자는 도넛과 커피잔의 차이를 구별하지 못하는 사람인 셈이다.

그림 1.13 (a)의 종이 띠를 살펴보자. 고리 모양의 종이 띠에 연필로 선을 계속 그어 나가면 한쪽 면을 완전히 돌아서 제자리에 돌아온다. 종이 띠는 앞면과 뒷면 이렇게 두 개 면을 가지고 있고, 종이 띠의 바깥면에 선을 그으면 안쪽 면은 백지상태로 남는다. 이번에는 그림 1.13의 (b)의 유명한 뫼비우스 띠를 가지고 놀아보자. 뫼비우스 띠는 독일의 수학자이자 천문학자였던 뫼비우스August Möbius가 19세기에 처음으로 발견했다. 뫼비우스 띠의 면은 하나일까? 아니면 종이 띠처럼 두 개일까? 뫼비우스 띠에 점선을 따라 한쪽 면에 선을 그어 나가면, 바깥쪽 면과 안쪽 면에 모두 선을 그릴 수 있다. 따라서 뫼비우스 띠의 안쪽 면과 바깥 면을 구별할 수 없고 뫼비우스 띠의 면이 바깥쪽을 향하고 있는지 아니면 안쪽을 향하고 있는지 구별할 수 없다. 이제 (a)에 그려놓은 점선

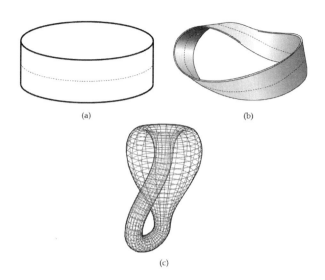

그림 1.13 (a) 고리 모양의 띠는 안쪽 면과 바깥 면의 방향이 다른 두 개의 면을 가지고 있으며, 점선을 따라 가위로 자르면 두 개의 띠를 얻는다. (b) 뫼비우스 띠에는 점선을 따라 안쪽 면과 바깥 면의 구분 없이 연속적으로 선을 그을 수 있다. 그리고 점선을 따라 잘라보면 한 개의 큰 고리가 생긴다. (c) 클라인 병은 뫼비우스 띠와 비슷하게 면의 방향을 정할 수 없는 끝이 없는 크기가 유한하고 가장자리가 없는 2차원 평면이다.

을 따라 종의 띠의 한 가운데를 가위로 잘라보자. 당연히 폭이 절반인 두 개의 띠가 만들어진다. 이번에는 뫼비우스 띠를 점선을 따라 잘라 나가면 신기하게도 한 개의 큰 고리(하지만 두 번이 꼬인)가 생긴다. 흥미롭기 때문에 꼭 뫼비우스 띠를 만들어 잘라 보길 권한다. 일반적 형태의 띠와 뫼비우스 띠가 서로 다른 성질을 가지고 있다는 것이 확연히 드러난다. 뫼비우스 띠는 크기는 유한하지만, 길이 방향으로는 끝이 없는 2차원 평면에 해당한다. 하지만 뫼비우스 띠에는 위쪽과 아래쪽에 가장자리가 존재한다. 이처럼 뫼비우스 띠는 크기는 유한하고 가장자리를 갖지만, 끝이 없는 기하학적 구조이다.

그렇다면 크기는 유한하지만, 끝도 없고 가장자리도 없는 평면을 만들 수는 없을까? (a)의 종이 띠의 위쪽 가장자리와 아래쪽 가장자리를 서로 연결하면 가장자리가 없는 속이 비어있는 도넛 모양이 된다. 도넛 모양의 표면은 끝도 없고 가장자리도 없는 크기가 유한한 2차원 공간이다. 뫼비우스 띠로도 끝이 없고 가장자리가 없는 유한한 2차원 공간을 만들 수 있다. 1882년 독일의 수학자 클라인Felix Klein이 제안한 클라인 병49을 (c)에 그려놓았다. 클라인 병의 특성은 면들이 서로 물리적으로 교차하지 않는다는 점이다. 3차원 공간에서 클라인 병을 구현하려고 시도해 보면 반드시 교차점이 생겨, 3차원에서는 클라인 병을 실제로 만들 수는 없다. 아마도 교차점이 생겨나지 않는 3차원 클라인 병은 더 높은 4차원 이상의 공간에서 가능한 구조인 것 같다. 종이 띠의 위아래 가장자리를 붙여 만든 속이 비어있는 도넛의 표면은 바깥면과 안쪽 면이 분리되어 있다. 도넛의 바깥면을 따라 아무리 이동해도 안쪽 면으로 이동할 수 없다. 하지만 뮈비우스 띠와 마찬가지로 클라인 병은 한 개의 표면만을 가지고 있으므로 클라인 병의 표면을 따라 이동하면 클라인 병 표면의 모든 장소를 방문할 수 있다.

이제 엄청나게 크게 제작된 축구공 표면에서 개미가 기어가고 있는 모습을 상상하자. 개미에게 축구공 표면은 평범한 2차원 평면과 다름없다. 이처럼 '좁은 영역을 한정해서 바라보면 평평하다'라는 의미에서 '국지적 locally으로 2차원 평면"이라고 말할 수 있다. 개미가 엄청나게 큰 도넛 위를 기어가고 있다고 하자. 개미는 축구공이나 도넛의 표면의 평평한 평면에서 어느 방향으로나 끝없이 계속 전진해 나갈 수 있으므로, 개미가 두 물체를 구별할 수 없다. 즉 개미는 축구공이나 도넛이 동일한 2차원 평면이라고 생각할 수밖에 없다. 축구공과 도넛은 국지적으로는 동일한 특성을 가진다. 위상수학자들에게 축구공이나 도넛 그리고 평면은 2차원 매니폴드 manifold이다. 하지만 종잇조각은 가장자리를 가지지만, 축구공이나 도넛은 가장자리가 없는 2차원 매니폴드인데 각각의 종수는 '0'과 '1'이다.

표준우주론에 의하면 우주가 대폭발로 탄생한 이래 공간은 계속 팽창하고 있다. 일반상대성이론에 따르면 에너지나 물질은 공간을 왜곡시킨다. 이제 우리가 일상생활에서 직관적으로 받아들이고 있는 3차원 공간에 대한 상식을 버려야 한다. 우주 관측결과를 기술할 수 있는 일반화된, 즉 왜곡된 3차원 공간을 받아들여야 한다. 우리는 3차원 공간을 어떤 방식으로 변형시킬지와 왜곡된 공간은 어떤 모습을 하고 있을지 상상할 수 없다. 또 우리가 바라보는 우주는 한 부분에 불과하므로, 개미가 큰 축구공의 표면이 평평하다고 느끼는 것처럼 우리도 우주의 곡률을 느끼지 못할 수 있다. 기껏 3차원 공간을 이해할 수 있는 인간은 우주 공간의 특성을 이해하기 위해서 겸손할 줄 알아야 한다. 우주에 대한 몇 가지 중요한 정보만을 얻는 것에 만족해야 한다. 우주의 실측 지도를 구할 것이 아니라 지하철 노선도처럼 유용한 정보를 얻을 수 있는 도면이라도 제작해야 한다. 이것이 바로 물리학자들이 위상수학에 관심을 가지는 이유이다. 클라인 병의 예를 보면서 흥미로운 특성을 가지는 다양한 형태의 공간이 존재한다는 사실을 알게 되었다. 구나 도넛 모양의 토러스 torus 표면은 크기가 유한하지만, 가장자리를 가지지 않는다. 이러한 공간을 가장자리를 가지고 있지 않은 소형 compact 공간이라 한다. 여기서 말하는 소형이란 단순히 크기가 작다는 뜻이 아니라, 공간 속의 모든 점이 특정한 경계면 안쪽에

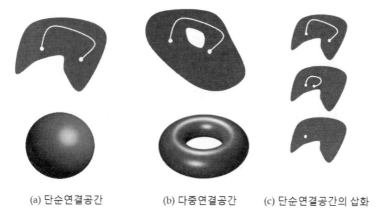

(a) 단순연결공간   (b) 다중연결공간   (c) 단순연결공간의 삽화

그림 1.14 (a) 위상수학적으로 단순 연결된 공간, (b) 다중 연결된 공간, (c) 단순 연결공간을 이해하기 위해 그린 도식도.

위치한다는 의미이다.

이제 '우주는 단일연결공간 simply connected space 인가?'라는 질문에 답해보자. 그림 1.14는 위상수학적으로 단순 연결된 공간과 다중 연결된 공간을 설명하기 위해 공과 도넛 모양의 공간을 도식적으로 표현한다. 그림 1.14의 (a)와 (b)에 그린 도형의 성질을 (c)의 관점에서 살펴보자. 임의로 2개의 바늘구멍을 뚫어 실을 넣고 한쪽 끝은 고정한 채 다른쪽 끝을 끌어당기는 경우를 상상해보자. 만약 (a)처럼 주어진 도형에 구멍이 뚫려있지 않은 경우(공의 경우), 실을 당기면 두 점은 고정된 한쪽 구멍으로 모인다. (b)의 도넛 경우처럼 구멍이 뚫려있다면 실을 당겨서 두 점을 한 점으로 모을 수 없는 경우가 발생한다. 구멍이 없는 공간은 단순연결공간이라 부르고 구멍이 있는 경우에는 다중연결공간이라 부른다. 곡률은 위상수학에서 제약조건을 판정한다. 예를 들어 구의 곡률이 양의 값이면 위상 관계는 소형이다. 곡률이 '0'인 평면 또는 음의 곡률을 가지는 쌍곡선 모양의 공간 기하는 소형 또는 무한한 위상관계를 가질 수 있다. 평평한 우주는 무한하다고 생각하기 쉬운데, 이는 엄밀한 의미에서 잘못된 표현이고, 정확하게 정의하면 평평하고 단순연결 simply connected[50]된 공간이 무한하다. 유클리드 공간은 평평하고 단순연결 되어있어 무한하지만, 토러스 torus는 평평하지만(개미에게 구조용 튜브의 표면이 평평하다) 다중연결 multiply connected 되어있는 유한하고 소형이다. 이제 끝이 없다는 의미와 무한하다는 것이 다르다는 사실을 알 수 있다. 현재까지의 최신 천문관측 실험 결과를 종합해 보면 우주의 곡률을 정확히 파악하기 어렵다. 우주는 곡률 파라미터가 0.000 ± 0.005의 범위 내에서 평평하다. 만약 우주의 곡률이 '0'인 평평하고 단순연결공간이라면 우주 전체의 구조는 무한한 크기의 유클리드 공간이어야 한다. 반면 유한한 크기의 평평한 우주의 형태로는 토러스나 클라인 병 Klein bottle과 같은 것이 있다. 우주의 형태와 관련해서는 3-토러스 우주 모형 3-torus model of the universe도 있을 수 있다. 현대 우주론도 아직 우주의 형태에 관한 확실한 답을 내놓지 못하고 있다.

이제 '우주의 팽창이 지속할 것인가? 그리고 우주의 운명에 관해 질문'을 던질 차례이다. 만 약 우주의 팽창 원인인 암흑에너지가 존재하지 않는다면, 빅뱅으로 탄생하여 팽창하기 시작한 우주는 물질 사이에 서로 끌어당기는 힘인 만유인력의 효과로 인해 팽창을 감속하게 될 것이다. 평평한 우주의 팽창 속력은 점점 감소해 궁극적으로 팽창을 멈추게 된다.

하지만 최신 관측으로 발견한 암흑에너지를 고려해야 한다. 우주의 시작단계에서는 우주의 크기가 작았고 따라서 물질들 사이의 거리가 가까웠기 때문에 강력한 만유인력 효과에 의해 우주의 팽창 속력이 감소한다. 시간이 점차 흐름에 따라 물질들 사이의 거리가 충분히 멀어지게 되면, 거리의 제곱에 비례하여 감소하는 만유인력의 영향은 약해지고 암흑에너지의 영향이 상대적으로 커져 우주의 팽창 속력은 점차 증가할 수 있다. 우리의 우주는 가속팽창하고 있다. 우리의 제한된 지식으로는 정확한 우주의 운명을 예측할 수 없고 우주의 운명이라는 질문은 열려있다.

"우주는 평평한 공간인가?"라는 질문에 대해서도 알아보자. 공간의 곡률은 피타고라스 정리가 성립하는지를 확인하는 수학적 표현 방식으로 이해해도 무관하다. 공간의 곡률은 평평하거나 양의 곡률 또는 음의 곡률 이렇게 세 가지 형태로 나눌 수 있다. 평평한 공간의 예로 유클리드 기하학이 적용되는 종이를 들 수 있다. 이에 반해 곡률을 가진 공간은 비유클리드 기하학이 성립하는 공간이다. 양의 곡률 공간은 구 형태의 지구 표면에 해당한다. 지구본 위에 삼각형을 그려보면, 그림 1.15에서 확인해 볼 수 있는 바와 같이 내각의 합이 180°보다는 크고 360°보다는 작다. 우리가 학교에서 삼각형의 내각의 합은 180°라고 배운 것과 정면으로 배치된다. 교육과정을 통해 평평한 공간에서 적용되는 유클리드 기하학에만 기초한 폭이 좁은 지식을 배운 셈이다. 음의 곡률을 가진 공간인 말안장의 표면에 삼각형을 그려 내각을 측정하면, 내각의 합이 180°보다 작다.

일반상대론에 의하면 질량과 에너지가 공간을 휘어지게 만들어 공간의 곡률을 변화시킨다. 우주의 곡률을 기술하기 위해 밀도 파라미터 density parameter Ω_0를 도입한다. 만약 $\Omega_0 = 1$이면 평평한 우주, $\Omega_0 > 1$이면 양의 곡률을 가진 구형 우주, 그리고 $\Omega_0 < 1$이면 음의 곡률을 가진 말안장 모양의 쌍곡면 우주가 된다. 최신 연구인 WMAP이나

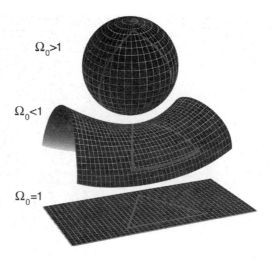

그림 1.15 $\Omega_0 > 1$이면 양의 곡률을 가진 구형 우주가 된다. $\Omega_0 < 1$이면 음의 곡률을 가진 쌍곡면 모양의 우주가 되고 $\Omega_0 = 1$이면 우주는 평평한 모습을 가진다.

플랑크 실험 결과를 이용해 밀도 파라미터 Ω_0를 계산해 보면 일반물질과 암흑물질의 $\Omega_{질량} \approx 0.315 \pm 0.018$ 이고 빛의 속도인 광속 또는 광속과 유사한 상대론적 속도로 이동하는 상대성 입자인 광자와 중성미자의 $\Omega_{상대성} \approx 9.24 \times 10^{-5}$이며 암흑에너지 또는 우주상수에 의한 $\Omega_{우주상수} \approx 0.6817 \pm 0.0018$ 정도이다. 이들 효과를 모두 합해보면 $\Omega_0 = 1.00 \pm 0.02$가 된다. 밀도 파라미터의 측정치가 1에 아주 가까운 값을 가진다는 것을 알 수 있고, 우주는 오차범위 내에서 매우 평평하다는 결론을 도출해낼 수 있다. 우주 배경복사의 스펙트럼과 온도의 이방성을 측정하는 방식으로 Ω_0를 계산할 수도 있다. 또한 극지방에서 풍선을 높은 고도까지 상승시켜 우주배경복사를 측정하는 BOOMERanG 실험을 통해 얻은 밀도 파라미터의 값도 $\Omega_0 = 1.00 \pm 0.12$ 이다.[51] 각종 실험 결과를 종합적으로 분석해 보면 우주는 "0"에 가까운 곡률을 가지는 평평한 형태를 취하고 있는 것이 분명하지만, 우주가 완전히 평평한 공간이라고 확정할 수는 없다.

지금까지 알아본 바와 같이 우주의 편평도는 '우주의 크기가 유한한지 그리고 우주가 최후를 맞이하게 되는지'를 결정하는 비밀을 푸는 열쇠다. 우주의 질량과 에너지가 충분한 $\Omega_0 > 1$인 닫힌 우주의 경우, 우주의 팽창속도는 감소하다가 언젠가는 다시 수축하는 최후를 맞이한다. $\Omega_0 = 1$인 경우 물질의 총량이 정확히 임계치와 일치하여 우주의 팽창 속력은 서서히 감소하겠지만, 팽창은 영원히 지속한다. $0 \leq \Omega_0 < 1$가 되면 우주는 영원히 같은 속도로 팽창을 지속한다. 암흑에너지가 영향을 미쳐 $\Omega_0 < 0$가 되면 우주를 팽

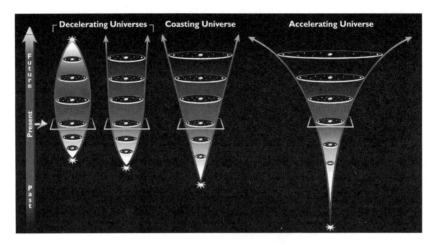

그림 1.16 우주의 팽창에 관련된 4가지 가능한 시나리오. 우주의 질량과 밀도를 변화시키면서 우주의 미래를 예측한 결과이다. 왼쪽의 두 개의 도식도는 우주의 팽창 속도가 감소하는 경우이다. 이어서 팽창 속도가 유지된 상태로 영원히 팽창하는 우주의 모습, 그리고 가장 오른쪽에는 우주가 가속 팽창하는 모습을 표현하였다.

창하게 만드는 음압이 생겨 우주는 가속팽창을 지속하게 된다. 그림 1.16은 우주의 팽창 형태와 우주의 종말을 도식적으로 표현한다.

　인류가 앞으로 지구에서 생존할 수 있는 기간은 지구의 역사를 통해 생명체들이 생존하는 기간으로 유추할 수 있다. 우주의 나이에 비하면 인간은 극히 최근에 지구상에 모습을 드러냈고 또 앞으로도 그리 길지 않은 기간 생존할 수 있다. 우주의 종말이 도래한다고 하더라도 그때에는 이미 인간은 지구상에서 사라지고 없겠지만, 우주의 종말은 우리의 호기심을 끄는 충분한 주제이다.

1.6 | 환원주의적 관점에서 살펴본 물리학

물리학자들은 소수의 기본입자와 기본힘으로 삼라만상을 지배하는 원리를 밝히고자 하는 게으른 사람들이다.

물리학은 환원주의reductionism적 연구 방식으로 성공한 대표적인 학문이다. 환원주의에 따르면 간단하고 기본적인 개별 원소들이 모여 전체 시스템을 만든다. 따라서 전체를 구성하는 요소들을 개별적으로 나누어 구성 요소와 그들 사이의 상관관계를 분석해 보면

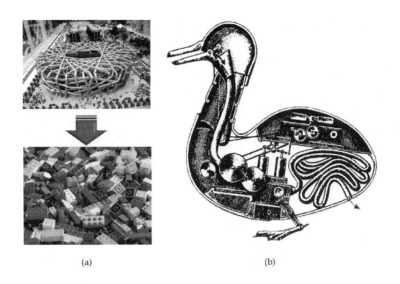

(a)   (b)

그림 1.17 (a) 복잡하고 거대한 올림픽 경기장도 몇 가지 작은 레고 조각으로 환원될 수 있다. (b) 인간이 아닌 동물들은 스스로 작동하는 기계로 환원시킬 수 있다는 데카르트의 견해를 잘 표현해주고 있는 보카송Jacques de Vaucanson의 인공 오리.

전체를 이해할 수 있다. 이러한 환원주의적 관점은 물체나, 현상, 이론 그리고 그 의미를 이해하는 데에 유용하게 사용된다. 우주에서 일어나는 모든 현상도 궁극적으로는 미시과학의 틀로 설명할 수 있다. 환원주의는 심리학, 분자생물학, 화학, 물리학, 윤리학 심지어 정치 및 경제학 분야의 발전에도 커다란 영향을 미쳤다. 예를 들어 그림 1.17(a)와 같이 거대하고 복잡한 형태의 올림픽 경기장도 레고블록으로 만들 수 있다. 레고블록으로 만들어진 올림픽 경기장은 몇 종류의 레고블록과 그들 사이의 상관관계(조립순서)로 환원될 수 있다. 그림 1.17의 (b)는 보카송 Jacques de Vaucanson의 인공 오리인데, "인간이 아닌 동물들은 스스로 작동하는 기계로 환원시킬 수 있다"라는 데카르트의 견해를 표현하고 있다. 이는 환원주의의 극단적인 사례를 잘 보여준다.

환원주의가 물리학의 역사에 미친 영향을 살펴보자. 더 이상 분리할 수 없다는 의미의 그리스어 아토모스atomos에서 유래한 원자론은 '만물은 더는 나눌 수 없는 크기가 작고 기본적인 원소로 구성된다'라는 가정에서 출발한다. 원자라는 개념이 고대 그리스뿐만 아니라 이미 고대 인도에서도 널리 사용되었다. 원자론은 고대 그리스 시대 레우키포스 Leucippus와 그의 제자 데모크리토스 Democritus가 체계적으로 제안했다. 고대 원자론에 따르면 자연은 두 가지 원리 즉 원자와 공극(빈 공간void)으로 구성된다. 원자들을 따로따로 분리할 수 있지만 쪼개어 조각낼 수는 없고, 변하지 않는 영원한 것으로 간주한다. 최소 크기의 입자인 원자들이 결합하여 우주를 만들고, 원자들은 텅 비어있는 공간 속을 자유롭게 움직인다. '만물은 소수의 기본 요소로 구성된다'는 세계관은 고대 자연철학에서부터 현대물리학으로 이어지는 서양 지식체계의 근간이다. 갈릴레이도 원자론의 입장을 견지하면서 "물체의 형태는 변할 수 있지만, 그 구성 요소는 변하지 않는다"고 주장했다. 돌턴 John Dalton은 "New System of Chemical Philosophy"라는 제목의 논문을 통해 '원자들은 화합물을 구성하는 나눌 수 없는 기본 단위'라는 배수비례의 법칙 law of multiple proportions을 발표하면서 원자론을 확장했다. 돌턴에 의해 천년 넘게 형이상학적 관점에서 논의되던 원자론 가설이 견고한 과학적 토대 위에 자리하게 되었다. 원자는 주어진 원소에 대응하는 변하지 않고 분리할 수 없는 입자였다. 하지만 20세기에 들어서 무거운 핵이 가벼운 핵들로 쪼개지는 핵분열 nuclear fission 현상이 발견되면서, '원자는 더 이상 나눌 수 없고 변하지 않는다'는 학설이 반증되었다. 현대물리학은 더 근본적인 입자를 찾아 나서는 여정을 시작한다.

한편 1869년 멘델레에프 Dmitri Mendeleev는 주기율표 periodic table를 개발한다. 가장 가벼운 원소인 수소로부터 지구상에서 발견되는 가장 무거운 원소인 원자번호 92의 우라늄을 거쳐 2002년 두브나의 원자력 연구소에서 인공적으로 합성한 원자번호 118의 오가네손 Oganesson에 이르기까지 100여 가지의 다양한 원소를 발견했다. 환원주의적 관점에 따르면 주기율표에는 너무 많은 개수의 원소가 있다. 자연에는 환원주의가 감당하기 힘들 만큼의 많은 원소가 존재하는 셈이다. 이러한 다양성은 자연스럽게 원자도 더 기본적인 입자들의 조합으로 만들어져 있어야 할 것이라는 가설로 이어진다. 1897년 영국의 물리학자 톰슨 Joseph John Thompson은 음극선관 cathode ray 실험을 통해 원자보다 훨씬 가볍고 음의 전하를 갖는 입자인 전자를 발견한다. 톰슨의 실험으로 원자가 분리할 수 없는 기본입자가 아니라 복합체라는 사실이 밝혀진다. 1907년 러더포드 Ernest Rutherford는 그림 1.6의 (a)에 표시한 톰슨의 원자 모델을 검증하려는 목적에서 알파입자를 금박에 쏘아주는 러더포드 산란 실험을 실시했다. 러더포드 산란실험의 결론은 '원자는 핵과 전자로 구성되어 있다'라는 것이다. 이어 1919년 러더포드는 양성자 proton를 발견한다. 또한 1932년에는 러더포드의 지도 아래 체드윅 James Chadwick이 중성자 neutron도 발견한다. 이로써 원자핵도 양성자와 중성자로 구성된다는 사실이 확인되었다. 따라서 원자는 양성자, 중성자 그리고 전자로 구성되는 복합체라는 사실이 밝혀졌다. 여기까지는 환원주의 관점에서 살펴보더라도 별다른 문제가 되지 않는다. 하지만 심각한 반전이 일어난다. 디락이 이론적으로 예견했던 전자의 반물질인 양전자 positron가 1932년에 발견되었고 1937년

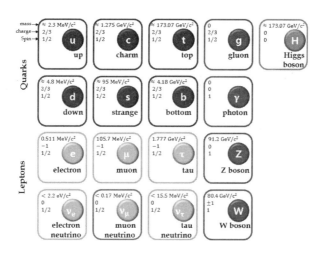

그림 1.18 표준모형의 17 기본입자들. 6개의 쿼크, 3개의 경입자 그리고 그에 대응하는 3개의 중성미자가 있다. 이와 더불어 힘을 매개하는 4개의 게이지 보존과 질량이 어떻게 생겨나는지를 설명하는 힉스보존이 있다.

에는 전자와 같은 전하량을 가지고 있지만 200여 배나 더 무거운 뮤온 muon도 발견된다. 그리고 파이온 pion, 케이온 kaon, 반양성자 antiproton 등등 100여 개의 원자보다 크기가 작은 아원자 subatomic입자들이 속속 발견되었다. 1960년대까지 아원자들의 동물원이라고 희화될 만큼 많은 수의 입자들이 등장하면서, 물리학계는 매우 혼란스러운 상황에 빠진다.

이 혼란은 쿼크 quark가 발견되면서 자연스럽게 해결된다. 쿼크 모델은 1964년 겔만 Murray Gell-Mann과 츠바이크 George Zweig에 의해 이론적으로 제안되었다. 쿼크는 1968년 미국의 스탠포드선형가속기센터 Stanford Linear Accelerator Center(SLAC)에서 실험적으로 검증된 후 1995년 페르미 연구실 Fermilab이 발견한 여섯 번째 쿼크까지 총 여섯 개가 차례로 발견되었다. 전자와 뮤온이 발견되고 1974년에서 1977년 사이 SLAC에서 타우까지 전자, 뮤온 그리고 타우 이렇게 세 종류의 경입자 lepton도 발견되었다. 그리고 1956년부터 2000년까지 경입자에 대응하는 전자중성미자, 뮤온중성미자 그리고 타우중성미자가 차례로 발견되었다. 중성미자 neutrino라는 이름은 전자기력은 작용하지 않고 약한상호작용과 중력으로만 상호작용하는 가벼운 입자라는 의미이다. 아울러 힘을 매개하는 매개입자인 게이지 보존도 발견된다. 전자기력을 매개하는 광자 이외에 강한상호작용에 관련하는 글루온 그리고 약한상호작용을 매개하는 Z 보존과 W 보존인 게이지 보존들도 발견되었다. 마지막으로 2012년 기본입자들이 어떤 방식으로 질량을 가지게 되는지를 설명해주는 소위 신의 입자인 힉스 보존이 스위스의 거대강입자가속기LHC에서 발견되어 그림 1.18

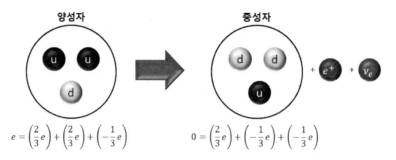

그림 1.19 양성자가 중성자로 붕괴하는 β^+붕괴 과정. β^+붕괴는 up 쿼크가 down 쿼크로 바뀌면서 양전자와 중성미자를 배출하는 과정.

과 같이 표준모형을 구성하는 17개의 기본입자가 자리를 잡게 된다.

표준모형에 의하면 전자는 나눌 수 없는 기본입자이지만 핵을 구성하는 핵자인 양성자와 중성자는 기본입자가 아니다. 그림 1.19에 나타낸 바와 같이 양성자는 두 개의 up 쿼크와 한 개의 down 쿼크의 조합으로 그리고 중성자는 한 개의 up 쿼크와 두 개의 down 쿼크의 조합으로 구성된다. up 쿼크와 down 쿼크의 전하는 각각 $+(2/3)e$와 $-(1/3)e$이므로, 양성자의 전하량은 $(+2/3)e+(+2/3)e+(-1/3)e=+e$이어서 양성자는 양의 전하를 띠고, 중성자의 전하량은 $(+2/3)e+(-1/3)e+(-1/3)e=0$이므로 중성자는 전기적으로 중성이다. 약한상호작용에 의해 양성자는 중성자로 그리고 반대로 중성자가 양성자로 변할 수 있다. 양성자의 up 쿼크 한 개가 down 쿼크로 바뀌면 양전자 한 개와 중성미자가 생성된다. 이러한 과정을 거치면 양성자가 중성자로 변하고 전하량 및 에너지는 보존된다. 이런 방식으로 기본입자들을 조합하여 아원자 동물원의 모든 입자를 만들어 낼 수 있다. 환원주의를 위협하던 문제점들이 단숨에 해결된 것처럼 보인다. 하지만 그림 1.18의 표준모형은 여전히 너무 많은 수의 기본입자를 제시한다. 환원주의를 고집하면, 당연히 더 근본적인 기본입자를 찾아 나서는 여정을 시작해야 한다. 표준모형의 한계를 극복하기 위해 제안된 다양한 이론들이 연구되고 있으며, 기본입자들은 진동하는 끈의 다양한 형태라는 초끈이론과 같은 최신이론들이 제안되고 있다.

이번에는 물리학의 기본 힘에 대해 논의해보자. 그림 1.20에 도식적으로 나타낸 바와 같이 상호작용은 즉 기본 힘은 입자들이 게이지 보존을 서로 주고받는 방식으로 전달한다. 얼음판 위에 스케이트를 신고 있는 두 사람(입자 1과 입자 2)이 서로 공(게이지 보존)을 던져 주고받는다고 생각해 보자. 두 사람이 상대방에게 공을 던지고 되돌려 받는 과정에서 두 사람은 서로 뒤로 물러나게 된다. 마찬가지로 입자들이 게이지 보존을 주

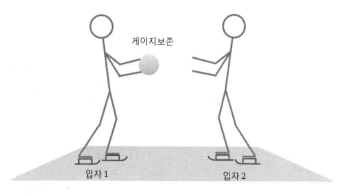

그림 1.20 물리학에서는 입자들이 게이지 보존을 주고받으면서 힘을 전달한다. 얼음판 위에서 스케이트를 신고 있는 두 사람이 서로 공을 던져 주고받으면 서로 뒤로 밀려나게 된다. 같은 방식으로 입자들이 게이지 보존을 주고받으면 기본 힘이 전달된다.

고받으면 힘이 전달된다. 기본상호작용을 전달하는 매개체인 게이지 보존들이 있다. 전자기적 상호작용 과정에서는 광자를, 강한상호작용은 글루온을, 약한상호작용은 Z 보존 또는 W 보존을 주고받는다. 만유인력을 전달하는 입자인 중력자는 만유인력이 너무나 미약한 상호작용이기 때문에 아직까지 발견되지 않고 있다. 아마도 언젠가는 중력자의 존재를 검증하는 날이 올 것이다. 이미 잘 알고 있는 바와 같이 만유인력은 질량을 가지고 있는 입자들 사이에 작용하는 힘이고 전자기력은 전하를 띄고 있는 입자들 사이에 존재하는 힘이다. 강한상호작용(강력) strong interaction은 쿼크들 사이에 작용해서 양성자와 중성자와 같은 강입자 hadron를 만든다. 강한상호작용은 이들 강입자들이 모여서 핵을 만드는 데에도 관여한다. 강한상호작용이라고 명명된 이유는 전자기력에 비해 대략 137배 정도 강하고 약한상호작용에 비해서는 100만 배 그리고 중력에 비해서는 10^{38} 정도나 강한 힘이기 때문이다. 한편 약한상호작용(약력) weak interaction은 핵분열 과정과 같은 베타붕괴에 관여하는데 강한상호작용에 비해 매우 미약한 크기이므로 약한상호작용이라 불린다. 강한상호작용과 약한상호작용은 핵의 크기 정도인 대략 1 펨토 미터의 거리에서 작용하는 핵력이다. 이와는 달리 중력은 매우 독특한 성질을 보이는데, 중력의 크기는 다른 기본 힘들에 비해 엄청나게 미약하다. 우리는 일상생활에서 물체들이 아래로 떨어지는 현상을 보고 또 천체의 움직임을 보면서 만유인력의 영향을 체험한다. 만유인력이 다른 기본힘에 비해 너무나 작은 크기의 힘이지만, 우리는 일상생활에서 중력이 가장 중요한 힘인 것처럼 느낀다. 그 이유는 우리가 전기적으로 중성인 지구 위에서 살고 있

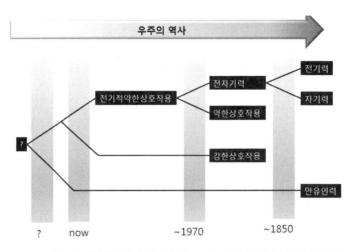

그림 1.21 물리학의 기본힘. 현대물리학에는 네 가지 기본힘인 만유인력, 전자기력, 강한상호작용 그리고 약한상호작용이 존재한다. 맥스웰에 의해 전기력과 자기력이 전자기력으로 통일되었고, 1970년대 와인버그, 살람 그리고 글래쇼에 의해 전자기력과 약한상호작용이 전기적약한상호작용으로 통일되었다.

어 전자기력은 그리 크게 느끼지 못하고 무거운 지구가 만드는 중력의 지배를 받기 때문이다.

물리학은 자연에 네 종류의 기본 힘만 존재한다고 생각하기 때문에 환원주의적 관점을 충실히 따르고 있다. 물리학에서 원래는 다른 종류의 기본 힘이라고 생각했던 상호작용들이 통합되는 과정을 살펴보면 흥미로운 사실이 발견된다. 최초로 맥스웰에 의해 기본 힘들이 통합되었다. 맥스웰은 전기력과 자기력이 서로 연결되어 있으며 전자기력으로 통합된다는 사실을 밝혀냈다. 이후 1970년대 까지 물리학의 기본 힘은 중력, 전자기력, 강한상호작용 그리고 약한상호작용이라고 생각했다. 와인버그 Weinberg, 살람 Salam 그리고 글래쇼 Glashow는 전자기력과 약한상호작용이 원래는 같은 기본힘이라는 사실을 밝혔고, 전자기력과 약한상호작용을 통일시킨 전기적약한상호작용에 대한 연구업적을 인정받아 1979년 노벨물리학상을 수상한다. 1983년 이론적으로 예언되었던 W 보존과 Z 보존도 발견되면서 전자기력과 약한상호작용은 약 100 GeV 정도의 높은 에너지 영역에서 전기적약한상호작용으로 통일된다는 사실이 실험적으로 검증된다. 이러한 과정을 통해 두 번째 기본힘의 통일이 이루어졌다. 이를 우주의 변천사를 통해 재해석하면 빅뱅 직후 우주가 약 10^{15} K 정도로 뜨거웠던 시절에는 전자기력과 약한상호작용은 하나의 힘이었다는 뜻이 된다. 나아가 우주의 온도가 이보다 더 높았던 쿼크 시대에 전기적약한

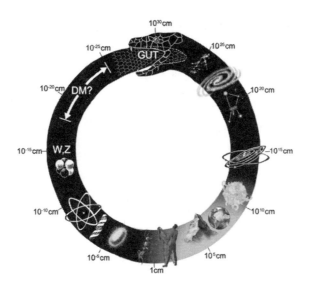

그림 1.22 그리스 신화에 등장하는 자신의 꼬리를 물어서 원형을 만드는 뱀이나 용의 형상을 한 우르보스Ouroboros. 가장 작은 미시 세계를 이해하는 것이 바로 가장 큰 우주의 비밀을 푸는 열쇠가 된다는 관점을 우르보스로 표현하였다.

상호작용이 강한상호작용에서 분리되었을 것으로 추측할 수 있다. 따라서 에너지가 100 GeV보다 높은 환경에서 강한상호작용과 약한상호작용이 통합된 대통일장 이론을 실험적으로 검증할 수 있을 것이다. 예를 들면, 많은 대통일장 이론이 예측하는 양성자 붕괴 현상이 실험적으로 관측된다면 대통일장 이론의 자세한 부분까지 탐색할 수 있게 된다. 하지만 안타깝게도 양성자의 평균수명이 10^{35}년이나 된다고 알려져 있어, 양성자 붕괴를 실험으로 검증할 수 있을지는 아직 불확실하다.

이미 언급한 바와 같이 이와는 확연히 다른 모습을 보이는 기본 힘이 바로 중력이다. 헬륨의 핵인 알파입자들 사이에 작용하는 전기력과 중력을 같은 거리에서 계산해 보면 약 10^{36}배나 차이가 난다. 이러한 엄청난 힘의 세기 차이 때문에 중력장까지 통합한 유일한 기본힘에 기초하는 대통일장 이론의 구현은 매우 어려워 보인다. 그러나 다시 우주의 역사를 떠올려 보면 우주의 모든 물질은 동일한 기원에서 탄생했다. 이는 물질들이 분화되기 전의 우주 상태에서는 물질세계를 지배하는 기본 힘들이 모두 통일되어야 한다는 것을 함의하고 있을지 모른다. 이러한 맥락에서 물리학의 기본 힘을 통일하는 과정이 환원주의의 정점에 있다고 할 수 있다.

그림 1.22는 그리스 신화에 등장하는 자신의 꼬리를 물어서 원형을 만드는 뱀이나 용의 형상을 한 우르보스Ouroboros를 표현한다. 원 모양의 우르보스는 무한한 순환과 완전

함을 상징한다. 환원주의적 관점에서 물리학을 탐구하는 방식을 표현하고자 우르보스를 차용했다. 기본입자와 기본 힘의 실체를 파헤치는 것이 우주의 비밀을 푸는 열쇠가 될 수 있다. 우주는 자신의 꼬리인 미시 세계를 물고 있다.

환원주의의 한계성도 지적하고자 한다. 환원주의의 대척점에 서 있는 철학적 사조는 전체주의holism이다. 전체주의는 "전체는 개별적 사물들을 합한 것과는 다르기 때문에 전체적인 모습을 관찰해야 한다"는 관점을 견지한다. 방법론적으로 전체주의를 일반화하여 연구하기가 매우 어렵기 때문에 아직까지 과학 분야에서는 전체주의가 깊이 활용되고 있지 않지만, 환원주의가 전가의 보도 傳家寶刀라는 편협된 시각은 경계해야 한다.

＊ ————————————

1. 뉴턴 Isaac Newton(1643-1727)은 인류 최고의 과학자라고 할 수 있다. 물리학, 자연철학, 연금술, 신학, 수학, 천문학 그리고 경제학 분야에 이르기까지 다양한 분야에서 누구도 감히 흉내 낼 수 없는 훌륭한 업적을 남겼다. 과학자들을 대상으로 인류역사상 가장 뛰어난 과학자를 추천하라는 설문 조사 결과 뉴턴이 압도적으로 선택을 받았다.

2. 뉴턴의 제 2법칙은 $\sum_i \vec{F_i} = m\vec{a}$ 로 표현한다. 이는 '관성 기준틀에서 관찰할 때 물체의 가속도는 그 물체에 작용하는 알짜 힘에 비례하고 질량에 반비례한다'라는 의미로 정리할 수 있다.

3. 1977년 태양계의 목성과 토성을 탐사하기 위해 보이저 1호와 2호 두 탐사선을 발사했다. 보이저 탐사선은 목성과 토성뿐만 아니라 천왕성과 해왕성까지 탐사를 마치고 2012년 태양권을 벗어나 현재까지 성간물질에 대한 정보를 보내오고 있다.

4. 그리스의 수학자 유클리드는 기원전 300년경 기하학에 관한 거의 모든 지식을 '원론'이라는 책으로 집대성했다.

5. 평평한 평면의 곡률은 '0'이다. 지구 표면과 같이 볼록한 공간의 곡률은 '0'보다 큰 양의 곡률을 말 안장 모양의 오목한 공간은 음의 곡률을 가진다.

6. 타울리스, 코스틸리츠 그리고 할데인의 연구업적에 관한 자세한 내용은 노벨상 홈페이지의 'https://www.nobelprize.org/ prizes/physics/2016/summary/'를 참조하길 바란다.

7. 디락 Paul Adrien Maurice Dirac(1902–1984)은 영국 물리학자로서 양자역학과 양자전자기학 분야를 정립에 공헌했다. 그는 페르미온의 물리적 성질을 기술하고 반물질의 존재를 예측한 디락 방정식을 세웠다. 또한 1933년 슈뢰딩어 Erwin Schrödinger와 함께 원자이론 관련 연구업적을 인정받아 노벨물리학상을 수상했다.

8. 인식론 epistemology은 지식에 대해 전반적으로 연구하는 철학의 한 분야로 지식의 본질, 신념의 합리성과 정당성 등을 연구한다.

9. 연역적 추론 deductive reasoning은 이미 알고 있는 진술(전제)을 근거로 새로운 결론을 유도하는 추론

이다. 연역적 추론은 명제들 사이의 관계와 논리적 타당성을 따져 전제들로부터 절대적인 필연성을 가진 결론을 도출할 수 있다.

10. 귀납적 추론inductive reasoning은 개별적인 사실이나 현상에서 일반적인 결론을 도출하는 추론형식의 추리 방법이다. 논리학에서 연역법과 달리 사실적 지식을 확장해 준다는 특징이 있지만, 결론의 필연성을 논리적으로 담보하지 못한다는 한계가 있다.

11. "만약 한 번이라도 돌이 위로 올라가는 것을 관찰하게 되면, '모든 물체는 위에서 아래로 떨어진다'"는 물리법칙이 반증된다. 포퍼에 의하면 이와 같은 확실한 반증의 가능성을 가지고 있는 진술만이 과학적인 진술이 될 수 있다.

12. 포퍼는 비판적 실재론을 제창했다. 포퍼는 「과학적 발견의 논리학」에서 처음으로 반증주의를 인식론으로 표현하고 설명했다. 반증주의는 어떤 이론이나 가설은 경험 때문에 검증받게 되며 반증된 이론은 더 우수한 이론으로 대체되는 과정에서 과학이 발전한다는 과학관이다. 반증주의에 의하면 어떤 이론이 반증될 수 있는 가능성이 높을수록 더 큰 의미가 있다. 이때 "반증가능성은 그 가설이 틀렸다는 뜻이 아니라 경험을 통해 틀렸다는 것을 확인해 볼 수 있다"라는 것을 의미한다.

13. 열팽창 Thermal expansion은 온도가 변함에 따라 물질의 부피가 변화하는 현상이다. 온도가 상승하면 분자들의 운동에너지가 증가한다. 따라서 분자들의 운동성이 커져 분자들 사이의 평균 거리도 늘어나고 그 결과 일반적으로 부피가 팽창하게 된다. 온도가 상승할 때 부피가 감소하는 것은 매우 이례적인 것이다. 물의 경우 매우 특이하게 3.983℃ 이하에서는 부피가 오히려 팽창한다. 찬바람이 불어 겨울이 오면 호수에 얼음이 얼게 된다. 온도가 4℃ 이하가 되면 물의 부피는 온도가 내려감에 따라 증가하므로 얼음은 수면으로 떠오른다. 따라서 얼음이 호수의 표면에서부터 얼기 시작하고 호수 바닥에는 물로 남아있어 겨울에도 물고기들은 안전하게 월동을 할 수 있다.

14. 아베 Ernst Abbe(1840-1905)의 회절한계 diffraction limit에 의하면 빛의 회절 특성 때문에 파장의 절반에 해당하는 크기의 물체까지 분해해서 볼 수 있다. 아무리 완벽한 광학현미경을 제작할 수 있다고 하더라도 가시광선인 파란색의 반파장에 해당되는 200 nm이하의 물체는 눈으로 관찰할 수 없다.

15. 절대적 진술이 가능한 한 가지 예외적인 물리현상이 있다. 초전도체의 전기 저항은 "0"이라고 받아들인다. 초전도 현상을 기술하는 이론에 의하면 초전도체는 완벽한 전도성을 가진다. 또 초전도 고리에 유도된 영구전류가 감소하는 정도를 NMR을 이용하여 측정해보면 초전도체의 비저항은 10^{-26} $\Omega \cdot$ m 이하다. 초전도이론과 실험 결과에 따라 초전도체의 저항이 "0"이라는 완벽한 전도성을 인정한다.

16. 켈빈 경 The Lord Kelvin(1824-1907)이 한 말이라고 자주 인용되고 있다. 하지만 실제 켈빈 경이 직접 한 진술인지 확인할 수는 없다. 켈빈은 아일랜드 출신의 수학자이자 물리학자 그리고 공학자였다. 절대온도 단위인 켈빈은 켈빈 경이 남긴 열역학 분야의 업적에 경의를 표하기 위해 사용되고 있다.

17. 케플러 Johannes Kepler(1571-1630)는 독일 수학자이자 천문학자로서 천동설을 주장하면서 과학사에서 한 획을 그었다. 케플러의 제3법칙은 뉴턴의 역학 이론에 토대가 되었다.

18. 데카르트 René Descartes(1596-1650)는 프랑스의 물리학자이자 근대 철학의 아버지 그리고 해석기하학의 창시자로 불린다. 데카르트 자신의 대표 저서 「방법서설 Discours de la méthode」에서 계몽사상의 '자율적이고 합리적인 주체'의 근본 원리를 처음 확립한 것으로 유명하다.

19. 18세기까지 대부분의 이론은 '빛은 입자'라고 취급했다. 그러나 입자 모델로는 빛의 굴절, 회절 그리고 복굴절과 같은 현상들을 설명할 수 없었다. 이에 데카르트, 후크 Robert Hooke 그리고 호이겐스 Christiaan Huygens는 빛의 파동성을 제안했다. 하지만 뉴턴의 영향으로 빛이 입자라는 견해는 지배적

으로 남아있었다. 19세기 초 영과 프레넬이 빛의 회절과 간섭 현상을 밝히자 빛의 파동성이 받아들여지기 시작했다. 1865년 맥스웰은 전자기학 이론에서 전자기파의 파동방정식을 유도하여 전자기파를 예측하면서 전자기파의 속력이 정확히 광속과 일치한다는 것을 보였다. 1888년 헤르츠에 의해 전자기파가 관측되면서 빛의 입자성은 폐기되었다고 믿게 되었다. 그러나 빛의 파동성은 양자물리의 태동과 함께 현대적인 해석인 입자와 파동의 이중성으로 대체된다.

20. 마이켈슨 Albert Abraham Michelson(1852-1931)은 미국 물리학자로서 빛의 속도를 측정한 업적을 인정받아 1902년 노벨물리학상을 수상하는데, 미국인으로서는 처음으로 노벨상을 수상하는 영예를 누렸다. 몰리 Edward Williams Morley(1838-1923)는 미국 물리학자로서 산소의 질량을 측정하고 마이켈슨-몰리 실험을 수행한 공헌을 남겼다.

21. 로렌츠 Hendrik Antoon Lerentz(1953-1928)는 네덜란드 물리학자로서 1902년 제만과 함께 제만 효과를 발견하고 이론적으로 설명한 업적을 인정받아 1902년 노벨 물리학상을 수상하였다.

22. 로렌츠 변환 Lorentz transformation은 1890년 로렌츠가 전자기학과 관련하여 고안한 것이다. 아인슈타인은 로렌츠 변화의 물리학적인 의미를 간파하고 이를 상대성 이론의 틀 안에서 재해석하였다.

23. 아인슈타인의 특수상대성이론에 대한 최초 논문 (1905년 06월 30일 발표). "Zur Elektrodynamik bewegter Körper". Annalen der Physik 17 (10): 891-921

24. 사고실험은 독일어로 Gedankenexperiment게당켄엑스페리멘트이다. 사고실험은 실험의 수행이 아예 불가능하거나 아니면 실험이 매우 어려워 제한적으로 수행 가능할 경우 머릿속에서 논리적 추론을 사용하여 실험하는 연구 방식이다.

25. 키리히호프 Gustav Robert Kirchhoff(1824-1887)는 독일 물리학자로서 전류회로, 분광학 그리고 흑체복사에 관한 많은 연구업적을 남겼다. 전류회로를 분석할 때, 전하량과 에너지가 보존되는 개념을 표현하는 키리히호프의 접합점 법칙과 고리의 법칙이 자주 사용된다.

26. 플랑크 Max Karl Ernst Ludwig Planck(1858-1947)는 독일 물리학자로서 양자역학 분야의 연구업적을 인정받아 1918년 노벨물리학상을 수상했다. 플랑크가 흑체의 열복사문제를 해결하기 위해 에너지의 양자화를 제안한 것이 양자역학이라는 새로운 물리학의 지평을 여는 결정적 계기가 된다. 플랑크는 자신이 양자역학의 태동에 핵심적으로 기여했음에도 불구하고 끝까지 양자역학에 대한 부정적인 입장을 고수하였다.

27. 톰슨 J. J. Thompson(1956-1940)은 영국 물리학자로서 1906년 가스의 전기 전도성과 전자를 발견한 연구업적으로 노벨물리학상을 수상했다.

28. 환원주의 reductionism란 복잡한 시스템을 하위 단계의 요소로 세분화하여 명확하게 정의할 수 있다는 견해를 말한다. 물체는 원자들의 집합이고 모든 자연 현상은 근본적인 물리법칙으로 설명된다는 입장은 환원주의의 한 형태이다.

29. 러더포드 Ernest Rutherford(1871-1937)는 뉴질랜드 태생의 영국물리학자로서 화학적 원소들의 핵분열에 관한 연구업적을 인정받아 1908년 노벨 화학상을 수상하였다.

30. 헤르츠 Heinrich Rudolf Hertz(1857-1894)는 독일의 물리학자로서 맥스웰에 의해 예견되었던 전자기파의 존재를 확인하는 실험을 수행했다. 하인리히 헤르츠의 전자기파에 관한 연구업적을 기리기 위해 주파수 단위를 헤르츠로 사용하고 있다.

31. 아인슈타인은 상대성 이론의 연구가 아닌 광전효과를 설명한 업적을 인정받아 1921년 노벨물리학상을 수상하였다.

32. 보어 Niels Henrik David Bohr(1885-1962)는 덴마크 물리학자로서 1922년 원자 구조 및 양자 물리의 근간을 세우는 연구업적을 인정받아 노벨물리학상을 수상하였다.

33. 좀머펠트 Arnold Johannes Wilhelm Sommerfeld(1868-1951)는 독일의 물리학자로서 원자물리와 양자역학 분야에 탁월한 연구업적을 남겼다. 또한 그는 많은 위대한 업적을 남긴 제자들을 배출하는데(베르너 하이젠베르크, 볼프강 파울리, 피터 드바이, 한스 베테, 파울 에발트, 헤르베트 프륄리히, 알프레드 란데 등), 그 중에는 노벨물리학상 및 노벨화학상 수상자들이 다수 포함되어 있다.

34. 드브로이 Louis-Victor Pierre Raymond de Broglie(1892-1987)는 프랑스의 물리학자로서 입자와 파동의 이중성과 물질파에 관한 연구업적을 인정받아 1929년 노벨물리학상을 수상하였다.

35. 하이젠베르크 Werner Karl Heisenberg(1901-1976)는 독일의 물리학자로서 행렬표현방식의 양자역학과 불확정성이론을 제창하고 그 업적을 인정받아 1932년 노벨물리학상을 수상하였다.

36. 디락 Paul Adrien Maurice Dirac(1902-1984)은 영국의 물리학자로서 양자역학과 양자전자기론의 발전에 결정적으로 기여했다. 1933년 원자이론을 새로운 형식으로 기술한 연구업적을 인정받아 노벨물리학상을 수상했다.

37. 다비트 힐버트 David Hilbert(1862-1943)는 독일의 수학자로 20세기 초에 가장 위대한 수학자 중 하나로 손꼽힌다. 기하학을 공리화하였으며, 힐버트 공간을 정의하여 함수해석학의 기초를 닦았다. 또 일반 상대성 이론을 수학적으로 정의하는 데 핵심적인 역할을 했다.

38. 포퍼 Sir Karl Raimund Popper(1902-1994)는 오스트리아에서 태어난 영국의 과학철학자로, 과학철학 뿐 아니라 사회 및 정치 철학 분야에서도 많은 저술을 남겼다. 고전적인 관찰-귀납의 과학 방법론을 거부하고, 과학자가 개별적으로 제시한 가설을 경험적인 증거가 결정적으로 반증하는 방법을 통해 과학이 발전함을 주장했다.

39. 쿤 Thomas Samuel Kuhn(1922-1996)은 미국의 과학사학자이자 과학철학자이다. 철학, 심리학, 언어학, 사회학 등 여러 분야를 섭렵하여 과학철학에 큰 업적을 남겼다. 그는 과학의 발전은 점진적으로 이루어지는 것이 아니라 패러다임의 전환에 의해 혁명적으로 이루어진다고 주장했으며, 이 변화를 '과학혁명'이라고 불렀다.

40. 패러다임이란 과학계가 인정하는 뼈대 frame인 훌륭한 과학적 업적(예 : 뉴턴의 역학법칙)과 그 뼈대에 따라 행하는 과학적 접근 방법으로 이해할 수 있다.

41. 「과학혁명의 구조 The revolution of scientific revolution」, 토마스 쿤(1962), 까치글방

42. 허셸 Frederick William Herschel(1738-1822)은 독일에서 태어난 천문학자이고, 음악가이다. 그는 천왕성과 그 위성인 티타니아와 오베론을 발견했고, 후에 토성의 두 위성인 미마스와 엔셀라두스를 발견하는 등 천문학에서 수많은 업적을 남겼다. 또한 별의 집단인 은하들이 수없이 많이 모여 이루어진다는 은하 이론을 정립했다.

43. 자연선택설은 주어진 환경에서 생존에 적합한 형질을 지닌 개체군이 그 환경에서 생존에 부적합한 형질을 지닌 개체군에 비해 '생존'과 '번식'에 유리하다는 이론이다. 환경에 적응하면서 개체변이가 생기는데, 이러한 변이 중 생존에 유리한 변이가 살아남아 생존경쟁과 자연선택이 일어나는 과정에서 후대로 전해져서 진화가 일어난다.

44. "Content of the Universe-Pie Chart", Wilkinson Microwave Anisotropy Probe. National Aeronautics and Space Administration. Retrieved 9 January 2018. WMAP 실험 결과에 의하면 우주를 구성하는 물질-에너지는 물질이 4.5%, 암흑물질은 22.7% 그리고 암흑에너지는 72.8%이다.

45. "Die Rotverschiebung von extragalaktischen Nebeln", Zwicky, F. (1933); Helvetica Physica Acta. 6, 110-127.

46. "Rotation of the Andromeda Nebula from a Spectroscopic Survey of Emission Regions", V. C. Rubin, W. K. Jr. Ford (1970); The Astrophysical Journal 159, 379-403.

47. 찬드라세카 한계는 안정적인 백색 왜성이 가질 수 있는 최대 질량으로 태양의 질량에 1.4배 정도라고 알려져 있다.

48. 2011년 펄무터 Saul Perlmutter, 슈밋 Brian P. Schmidt 그리고 리스 Adam G. Riess는 우주가 가속팽창하고 있다는 사실을 발견한 업적을 인정받아 노벨 물리학상을 수상하였다.

49. 클라인 병은 원래는 독일어로 클라인 면 Klein Fläche이었는데 클라인 병으로 잘못 번역되어 사용되고 있으며, 이제는 독일어로도 클라인 병 Klein Flasche라고 불리고 있다.

50. 단순연결공간이란 영역 R 내부에 위치하는 임의의 두 점을 연결하는 임의의 곡선이 항상 R 안에서의 연속적 변형에 의해 한 쪽에서 다른 쪽으로 옮아갈 수 있는 공간을 의미한다. 쉽게 이해하기 위해서는 구 내부의 임의의 두 점을 실로 연결하고 실을 끌어당겨 한 점을 다른 점으로 모을 수 있다. 이러한 공간은 단순연결공간이다. 반면 단순연결공간이 아닌 공간을 다중연결공간이라 한다. 예를 들면 토러스 내부에 위치하는 임의의 두 점을 연결하는 실을 끌어당기면 토러스 내부에 빈 공간이 존재하므로 두 점을 한 곳으로 모을 수 없다.

51. "A Flat Universe from High-Resolution Maps of the Cosmic Microwave Background Radiation", P. de Bernardis et al. (2000); Nature. 404 (6781), 955-959

제2장

공간

2.1 공간은 존재하는가?

"공간이 무엇인가?"라는 질문은 매우 단순해 보인다. 하지만 물리학자와 철학자에게는 "공간이 무엇인가?"라는 질문을 던지지 말길 바란다.

두 눈을 감고, 주위의 사람들, 사물들을 하나씩 없애 나가는 상상을 해보자. 친구와 가족들로부터 시작해서 주위의 건물들, 지구, 태양, 별, 그리고 심지어 우주를 채우고 있는 모든 물질이 사라지고 나면 오직 텅 비어있는 공간만 남는다. "물질이 존재하지 않는 공간은 진정 텅 비어있는가? 그렇게 아무 것도 없는 공간은 존재할 수 있는가?"라는 질문을 던지게 된다. 어떻게 대답해야 할지 막막하다. 아무것도 존재하지 않는 텅 빈 상태인 공간은 형이상학적 개념일 뿐인가? 아니면 실존하는 그 무엇인가? 공간에 대한 흥미로운 질문들은 얼마든지 있다. 공간에 물질 또는 물질로 만들어진 물체를 가져다 놓으면 공간은 사라지는가? 다시 말해 공간과 물질은 서로 배타적인가? 여기서 핵심적인 질문은 '물체처럼 공간도 실체로 간주해야 하나, 아니면 일상적인 물체들 사이의 상호관계를 서술하는 하나의 용어에 불과한 것인가?'이다. "공간은 무한히 펼쳐있는 것인가?"라는 흥미로운 질문도 있다.

서양 학문에 큰 영향을 미친 걸출한 철학자인 아리스토텔레스는 공간의 존재를 체계적으로 고민했다. 아리스토텔레스의 공간에 대한 이해를 살펴보기 전에 우선 고대 그리스인의 우주관을 간단히 알아보자. 우리는 지구가 둥글다는 사실을 당연하게 받아들이고 있지만, 일상생활에서 평평한 지구의 모습만 경험하기 때문에 지구가 둥글다고 실감하지 못한다. 고대 그리스인도 당연히 평평한 지구만 보았고 따라서 지구는 평평하다고 생각했다. 매일 해와 달 그리고 밤하늘의 별들이 지구를 중심으로 돌아가는 모습을 바라보았다. 지구는 평평하고 신이 창조한 인간은 세상의 중심에 있으며 천체들은 세상의 중심인 지구 주위를 돌고 있다는 생각은 너무나 당연했다. 실제로 고대 그리스인은 '지구는 거북의 등위에 얹혀 있는 평평한 판이고, 바다 끝까지 가면 아래로 떨어진다'라고 생각했다. 평평한 육지를 감싸고 있는 둥근 천구celestial spheres에 별들이 박혀 있고, 그 천구는 지구를 중심으로 돌고 있다는 지구 중심적 우주관을 가지고 있었다. 인도의 힌두신화에 따르면 우리가 사는 세상 바로 아래에 거대한 코끼리가 있고, 그 코끼리 아래에 거북이가 있고, 또 그 거북이 아래에 뱀이 있다. 그 뱀 아래에는 아무것도 없다. 힌두신화에 따르면 우리가 코끼리와 거북이 그리고 뱀이 떠받치는 세상에 사는 셈이다.

기원전 4세기에 아리스토텔레스는 이집트나 사이프러스의 밤하늘에는 북쪽에서 보지 못한 별들이 있다는 사실을 인지하였고, 지구는 둥글고 또 지구의 크기도 그리 크지 않을 것이라고 추측했다. 그는 먼바다에서 해안으로 다가오는 범선과 월식 때 변하는 달의 모습을 놓치지 않았다. 해변에서 먼바다에 있는 배를 바라보면 처음에는 그 배가 작은 점으로 보이다가 점차 돛의 꼭대기가 드러나고 마침내 배의 온전한 모습을 볼 수 있다. 달의 월식 현상은 달이 지구 그림자에 가려져 생긴다는 사실을 잘 알고 있던 아리스토텔레스는 월식 때 보이는 지구 그림자가 둥글다는 것에 주목했다. 월식의 모습은 지구가 둥글다고 가정해야만 이해할 수 있다. 그래서 아리스토텔레스는 지구가 둥글다고 확신하고, 둥근 지구를 중심으로 천구가 돌고 있다는 생각을 굳혔다.[1] 아리스토텔레스보다 약 100여 년 뒤에 태어난 에라토스데네스Eratosthenes는 현재 이집트의 아스완 지역인 시에네에서는 하짓날 태양 빛이 우물의 바닥까지 닿는다는 소식을 전해 듣고 해가 가장 높이 떴을 때 고도가 90°가 된다고 생각했다. 그는 태양의 고도 변화로부터 지구의 크기를 계산할 수 있다는 아이디어를 떠올렸다. 그가 살던 알렉산드리아에서는 하짓날 태양의 고도가 82.8°인데, 이 차이는 시에네와 알렉산드리아의 위도의 차에 따른 것이라고 가정했다. 시에네와 알렉산드리아의 거리는 5,000 스타디아(1 스타디아는 미터법으로 185 m이므로 5,000 스타디아는 925 km)이며, $7.2° : 5000$ 스타디아 $= 360° : x$ 의 비율로 지구의 둘레 x 를 계산하여 250000 스타디아(46,250 km)라는 결과를 얻었다. 이는 실제 지구 둘레인 40,008 km에 비해 불과 16%의 오차밖에 나지 않은 놀라운 결과이다.[2] 지금부터 2000년도 넘는 과거에 이렇게 세심한 관찰과 논리적인 추론으로 정확한 결론을 도출해낸 고대 그리스의 지성에 새삼 감탄한다.

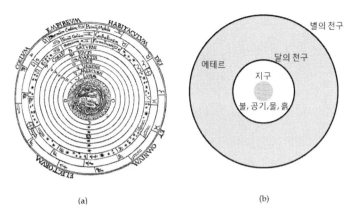

(a)   (b)

그림 2.1 아리스토텔레스의 우주관. 우주는 물질의 플레넘이고, 별들은 우주의 가장 바깥쪽 경계인 천구에 매달려 있다. 천상의 세계는 모든 것이 조화롭고 완벽하지만 달을 포함하는 인간이 사는 세상은 불완전하고 수시로 변화한다. 천구로 분리되는 우주 밖에는 그 어떤 것도, 심지어 공간조차도 존재하지 않는다.

아리스토텔레스는 우주관을 정립하면서 공간에 대해서도 깊이 고민했다. 그 어떤 것도 존재하지 않고 텅 비어있는 공간은 결국 아무것도 아닌 뜻이 되고 아무것도 아닌 것이 존재할 수 없으므로 '텅 비어있는 공간은 존재하지 않는다'라고 결론짓는다. 그는 완전히 비어있는 공간인 진공을 인정하지 않았다. 아리스토텔레스의 공간에 대한 생각은 2000년 동안 서양 철학계와 과학계를 지배했다. 아리스토텔레스가 생각한 우주 공간은 텅 비어있지 않고 물질로 가득 차 있는 플래넘 plenum[3]이다. 여기서 아리스토텔레스의 자연철학을 조금 더 자세히 살펴볼 필요가 있다. 그는 플라톤 아래에서 19년 동안 수학했으며, '과학이론, 논리학, 생물학, 물리학, 윤리학, 국가론, 시론' 등에 이르기까지 다양한 분야에서 걸출한 업적을 남겼다. 아리스토텔레스의 자연철학은 크게 두 가지를 탐구 대상으로 삼는다. 우선 인공물이 아닌 자연에 존재하는 '인간, 동물과 식물 그리고 원소'들과 같은 대상들이다. 다른 하나는 모든 자연의 근본 원리인 '운동과 정지'에 관해서다. 여기서 운동은 변화를 의미하는데, 공간에서 운동하는 것도 변화의 한 형태이다. 아리스토텔레스는 운동과 변화는 불가분의 관계라고 파악했다. 아리스토텔레스는 변화를

(1) 정성적 변화
(2) 정량적 변화
(3) 위치의 변화
(4) 생성과 소멸

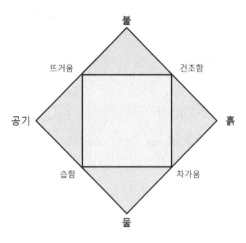

그림 2.2 엠페도클레스의 불, 공기, 물, 그리고 흙의 4 원소설. 불은 뜨겁고 건조하며, 공기는 뜨겁고 습하고, 흙은 차갑고 건조하며, 물은 차갑고 습한 성질을 가진다.

이렇게 네 가지로 구분했다. 정성적, 정량적 그리고 위치의 변화과정에서는 특성, 크기, 그리고 장소가 변한다. 그렇다면 생성과 소멸의 변화는 어떻게 이해해야 할까? 존재하지 않는 것으로부터 존재가 만들어진다는 것은 논리적으로 가능하지 않다. 마찬가지로 존재하는 것으로부터 어떤 것이 없어진다는 것 역시 비슷한 논리적 모순을 내포한다. 원자론자 atomist는 생성이 내포하는 논리적 모순을 해결하기 위해 '생성은 변하지 않는 원자를 혼합하고 분리하는 과정'이라 생각했다. 이런 원자론자들의 입장은 생성과정을 아리스토텔레스의 정성적 변화로 회귀시켜 버린다. 아리스토텔레스도 존재하지 않는 것에서 구체적인 개별적사물 Einzelding[4]이 생성될 수 없다는 인식을 받아들였다. 즉 개별적사물은 물질이 새로운 형태를 취하는 과정에서 생성된다. 예를 들면 덩어리 형태로 있던 청동이 동상이라는 새로운 모습으로 바뀌는 가능성이 현실화될 때 생성이라는 과정이 완결된다. 다시 말해 어떤 개별적사물 E는 아직 형태를 갖추지 못하고 있는 물질 M으로부터 생성된다. 이와 같이 아리스토텔레스는 물체가 물질과 형태로 구성된다는 생각을 했다. 그리스 철학자였던 엠페도클레스 Empedokles는 그림 2.2와 같이 모든 물질은 '물, 불, 공기, 흙' 이렇게 네 가지 기본 원소들로 이루어진다는 4 원소설을 생각했다. 아리스토텔레스는 이 4 원소설을 받아들여 위치의 변화인 운동에 대해 다음과 같이 주장했다. 위치의 변화는 자연스러운 방식 또는 위치의 변화가 강제로 일어나게 하는 자연을 거스르는 방식으로 일어난다. 생명체만이 오직 스스로 움직일 수 있어 자연스러운 위치의 변화에 역행할 수 있다. 다른 모든 것은 스스로 본연의 장소로 이동하거나 아니면 외부 힘의 영향으로 강제로 움직인다. 자신이 위치하는 본연의 장소는 물질의 종류에 따라 다르다. 불의 원래 장소는 공기보다는 위이고 달의 천구보다는 바로 아래다. 위로 올라가는 것은 가볍고, 아래로 내려가는 것은 무겁다. 가볍고 무거움은 물질 본연의 성질이다. 이러한 관점에서 물과 흙은 우주의 중심인 지구의 중심 방향을 향해 움직이고 불과 공기는 위로 올라가는 것이 자연스럽다. 아리스토텔레스는 불 저쪽의 우주 그러니까 천상의 세계에는 불보다 더 가벼운 물질인 제5원소가 존재할 것으로 생각했다. 천상의 물질은 질량이 없고 달의 천구 위에서 영원히 존재한다. 완벽한 모습인 천상의 별들과 변화무쌍한 지상의 물체들의 움직임을 설명하는 천상의 법칙과 지상의 법칙은 서로 다르다고 생각했다.

이제 자연스러운 방식으로 위치 변화가 일어난다는 관점에서 텅 비어있는 공간을 생각해 보자. 텅 비어있는 공간은 완벽하게 균일하고 텅 비어있는 공간에서는 공간적 방향이나 거리 따위를 결정할 수는 없다. 따라서 자연스럽게 위쪽으로 올라가려는 성질을 가진 불은 어떤 차이도 없는 텅 비어있는 공간 속에서 특정한 방향(위쪽 방향)으로 움직여야 할 아무런 이유가 없다. 이것이 텅 비어있는 공간이 존재하지 않는 주요한 이유이다. 아리스토텔레스가 텅 비어있는 공간을 부정한 또 다른 이유로 힘과 속도의 특성을 꼽을 수 있다. 어떤 물체에 외부 힘을 가할 때 물체의 움직이는 속도는 힘에 비례하고 공간을 채우고 있는 물질의 점성에 반비례한다고 생각했다. 만약 공간이 완전히 비어있으면 물체의 속도는 무한히 빠르기 때문에, 텅 비어있는 공간은 존재할 수 없다고 주장했다.

17세기에 이르러서야 공간을 조금 더 구체적으로 해석하기 시작했다. 공간의 연구는 변화를 관찰하는 것으로 시작한다. 변화란 시간의 흐름에 따른 장소의 이동 즉 움직임과 관련되어 있다. 움직임은 반드시 기준이 되는 무엇인가와 비교해 표현한다. 기차여행을 할 때, 기차의 움직임은 창밖 풍경이 변하는 것으로 알 수 있다. 위로 올라가거나 아래로 떨어지는 것도 지표면에 대한 상대적 위치 변화로 파악한다. 만약 공간에 고정된 기준점을 정할 수만 있다면, 그 기준점과 비교하여 위치의 변화(운동)를 기술할 수 있고 따라서 물체의 움직임을 판단할 수 있다. 그래서 기준점을 정할 수 있는 경우에는 굳이 다른 물체 또는 외부 세계와 상대적으로 비교하지 않더라도 그 기준점과 비교하면 물체의 위치 변화를 감지할 수 있다. 만약 공간의 위치를 비교할 수 있는 기준점을 받아들인다면, 절대 공간의 존재도 쉽게 인정할 수 있다.

절대 공간은 정말 존재하는 것인가? 뉴턴과 라이프니츠[5]는 과학사에 길이 남는 질문인 '공간이 실제로 존재하는가?'에 대해 치열하게 논쟁했다. 뉴턴은 공간이 물체를 담을 수 있는 그릇이고 절대 공간이 실존한다고 주장했다. 반면 라이프니츠는 공간은 물질로 이루어진 세계의 추상적이고 이상적인 개념에 불과하다는 입장을 취했다. 공간이 물체의 위치를 서로 비교하는데 사용되는 추상적인 개념에 불과하다는 관점은 고대 그리스 시대에서부터 18세기에 이르기까지 이어졌다. 데카르트는 대부분 아리스토텔레스의 세계관[6]을 비판하는 생각을 했지만, 비어있는 공간은 아무것도 아니며 아무것도 아닌 것이 존재할 수는 없다는 아리스토텔레스의 공간에 대한 관념적 이론만은 그대로 수용했다. 라이프니츠는 '세상은 물질의 플레넘 plenum'이라는 아리스토텔레스와 데카르트의 철학적 관점을 받아들여 "공간은 존재하지 않는다"고 주장했다. 라이프니츠는 공간의 존재는 자기 모순적일 뿐만 아니라, 모든 것을 다 알고 있고 모든 능력을 소유한 전지전능한 창조주의 무한한 능력에도 반한다고 보았다.

> 완전히 텅 비어있는 공간을 상상해보자. 전지전능한 창조주는 어떤 다른 물체도 방해하지 않고 새로 창조한 피조물을 공간에 가져다 놓을 수 있다. 창조주는 물체로 가득 찬 공간에도 새로운 창조물을 추가로 만들어 넣을 수 있다. 따라서 완전히 비어있는 공간은 없다. 그러므로 공간은 완벽히 꽉 찬 상태이다.　　　　　　　　　　　　　　　(라이프니츠)

— 라이프니츠 논증의 다른 해석 : 완전히 텅 비어있는 공간을 상상해보자. 전지전능한 조물주가 세상을 창조하실 때, 최초로 창조한 피조물을 텅 비어있는 공간의 어느 위치에 가져다 놓을지 고민하게 될 것이다. 왜냐하면, 텅 비어있는 공간에서는 어떤 방향으로 이동하더라도 텅 비어있는 공간이며 언제나 똑같은 모습만을 볼 수 있다. 창조주는 텅 비어있는 공간에 첫 번째 피조물을 놓아둘 위치를 어디로 정할지 망설일 수밖에 없다. 이는 전지전능한 창조주의 능력을 부정하는 것이므로 텅 비어있는 공간은 존재할 수 없다.

데카르트가 운동을 어떻게 이해했는지 살펴보자. 데카르트는 철저한 인식론적 절망에서 "나는 생각한다. 고로 나는 존재한다. Cogito ergo sum"라고 했다.[7] 데카르트는 우리가 믿고 있는 모든 것을 부정하는 것에서 출발했다. 그는 '믿을 수 있는 게 하나도 없고 내가 모든 것에 대해 속고 있다고 하더라도, 속고 있어 틀린 생각을 하는 존재인 나 바로 그 나는 존재하는 것이 아니냐?'는 점에 주목했다. 다시 말해 '자신의 존재를 의심하려 했지만, 내가 존재하지 않는다면 의심조차 할 수 없기에 의심하고 있다는 사실이 바로 나의 존재를 증명하는 것'이라고 생각했다. 데카르트는 운동에 관해서도 깊이 탐구한 결과 '물체의 운동 상태가 변할 때, 물체는 그 변화에 저항하는 힘을 행사한다'라는 결론을 내린다. 그래서 정지한 물체는 외부로부터 힘이 작용하지 않는 한 정지 상태를 영원히 유지한다. 또 직선 궤도를 따라 일정한 속도로 움직이는 물체는 외부로부터 힘이 작용하지 않는 한 등속 직선운동을 계속한다.

데카르트의 운동에 관한 논리를 따라가다 보면 '정지한 상태와 등속운동 상태를 구별할 수는 있는가?'라는 질문에 봉착한다. 이 질문에 대한 답을 '갈릴레이가 지구의 자전을 입증하기 위해 제안한 사고실험[8]의 틀' 안에서 얻을 수 있다. 칠흑같이 어두운 밤에 한 척의 배가 고요한 바다를 항해한다. 창이 하나도 없는 선실에서 호기심 많은 젊은 선원이 동전을 바닥으로 떨어뜨렸다. 선원의 관점에서 보면 자신과 손에 쥐고 있는 동전은 정지해 있으며 바닷물이 흘러간다. 따라서 자신과 동전의 관계는 육지에 있을 때와 바뀐 게 하나도 없다. 그는 육지에 있을 때와 마찬가지로 손에 쥔 동전을 놓으면 발등에 떨어지는 것을 본다. 이런 동전실험으로는 배가 움직이고 있는지 또는 정지해 있는지 구별할 수 없다. 이번에는 배가 한쪽으로 급하게 선회하는 가속 운동을 하는 상태에서 선원이 똑같은 실험을 한다고 생각하자. 배의 가속 운동 때문에 동전은 발등이 아니라 바깥 방향으로 떨어진다. 동전이 발등에 떨어지지 않는 사실로부터, 비록 창문이 전혀 없는 선실에서 밖을 내다볼 수 없어도, 선원은 배가 가속 운동한다는 사실을 쉽게 알아챈다. 등속운동이나 가속 운동은 물체가 움직인다는 점에서 보면 같은 상황이다. 동전실험으로 정지 상태와 등속운동은 구별할 수 없지만, 가속 운동은 충분히 감지할 수 있다.

뉴턴은 "정지 상태와 등속운동의 의미가 무엇이란 말인가? 그리고 무엇과 비교해 정지해 있고, 무엇과 비교해 등속운동을 한다는 말인가?"라는 질문을 던진다. 나아가 "물체의 속도가 변하면, 최소한 그 변화를 판단하는 기준은 있어야 하지 않는가?"라는 문제의 핵심에 집중한다. 뉴턴은 운동 상태를 판단하는 기준에 대한 논쟁을 잠재우기 위해 창의적인 사고실험을 고안한다. 소위 뉴턴의 '회전하는 물통실험'은 큰 반향을 불러일으켰고, 뉴턴이 결론적으로 제시한 운동 상태를 비교하는 기준인 절대 공간에 대한 설명은 의심할 수 없을 정도의 합리성을 가졌다고 받아들여졌다. 이로써 공간에 대한 논쟁은 한순간 수면 아래로 가라앉았다. 그러나 흥미롭게도 이렇게 완벽하게 해결된 것처럼 보였던 절대 공간문제는 19세기에 다시 물리학의 중요한 관심사로 등장한다. 회전하는 물통실험은 300년이 넘는 긴 시간 동안 계속해서 논쟁에 논쟁을 불러일으키고 있다.

뉴턴의 물통실험은 간단하게 이해할 수 있다. 그림 2.3과 같이 물이 반쯤 찬 물통을

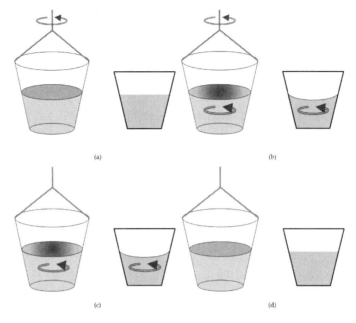

(a)　　　　　　　　　　(b)

(c)　　　　　　　　　　(d)

그림 2.3 뉴턴의 '회전하는 물통실험'. 아무것도 존재하지 않는 텅 비어있는 공간에서 물통을 줄에 연결하여 매달았다. (a) 줄을 한쪽으로 꼬아준 후 손을 떼면, 물통이 회전하기 시작하고 바로 그 순간에는 물통의 물은 회전하지 않는다. 수면도 평평하게 유지된다. (b) 시간이 조금 지나 물통의 물도 회전하게 되면 수면의 중앙 부분은 오목하게 아래로 쳐진다. (c) 밧줄이 반대쪽으로 완전히 꼬이면 물통은 회전을 멈추게 되나 물은 계속 회전한다. 이때 수면은 오목한 상태를 계속 유지한다. (d) 시간이 충분히 경과 한 후, 물통과 물이 모두 정지하면 수면은 다시 평평한 상태로 되돌아간다.

밧줄로 매달아 놓는다. (a)는 밧줄이 충분히 꼬여지게 물통을 한쪽으로 돌린 후, 물통을 조심스럽게 놓아주면 밧줄이 풀리면서 물통이 막 회전을 시작하는 시점의 모습이다. 물통이 막 회전하기 시작한 순간에는 물통의 물은 아직 회전하지 않는다. 이때 물의 표면은 평평한 상태를 유지한다. 시간이 조금 흐르면 (b)와 같이 물통이 본격적으로 회전하기 시작하고 물통 속의 물도 따라서 회전한다. 이때 수면의 중간 부분은 아래로 쳐져 오목하게 변한다. 제법 시간이 흘러 (c)와 같이 물통이 반대 방향으로 완전히 꼬이면 물통은 정지하지만, 물은 계속 회전하는 상황이 만들어진다. 이 경우 수면은 오목한 상태를 그대로 유지한다. 최종적으로 충분한 시간이 흘러 (d)와 같이 물통과 물이 완전히 회전을 멈추고 정지하고 나면 수면은 다시 평평한 상태로 되돌아온다. 누구나 쉽게 논리를 따라갈 수 있는 간단한 사고실험이다. 그런데 왜 이 물통실험이 물리학자들의 골머리를 썩이고 있다는 말인가? 아무것도 존재하지 않는 텅 비어있는 우주 공간에서 똑같

표 2.1 뉴턴의 물통실험 결과와 물의 상대 운동 상태를 비교. 물의 표면을 물통을 기준으로 한 물의 상대 운동과 비교하면 모순적 상황이 발생한다. 표의 가장 아래쪽 줄에 정리한 것과 같이, 물이 절대 공간을 기준으로 회전하고 있으면 수면이 오목하고 정지해 있으면 평평하다.

	(a)의 경우	(b)의 경우	(c)의 경우	(d)의 경우
물의 표면 상태	평평	오목	오목	평평
물통을 기준으로 한 물의 상대 운동	회전	정지	회전	정지
절대 공간을 기준으로 한 물의 상대 운동	정지	회전	회전	정지

은 물통실험을 해도 결과가 같을 것이라는데에 누구나 쉽게 동의한다. 이제 정말로 중요한 질문에 대답할 순간이 되었다. (b)와 (c)의 경우 왜 수면의 중간 부분이 오목한가? "당연히 물이 회전하고 있기 때문이지. 버스가 사거리에서 급하게 한쪽으로 회전하면 승객들의 몸이 바깥쪽으로 쏠리는 것과 마찬가지로 물이 회전하기 때문에 물통의 중앙 부분에 있던 물이 바깥쪽으로 밀려 나가 중앙 부분의 수면이 내려가는 거야"라고 대답할 것이다. 그리고 "(a)와 (d)의 상황은 물이 회전하고 있지 않기 때문에 물통의 수면은 평평하게 유지되는 것이지. 어때, 이만하면 설명이 완벽하지?"라고 대답하면 "그래 맞아!"라고 동의할 것이다. 그러나 역설적으로 이렇게 쉬운 대답을 얻어내는 순간 우리는 어렵고도 새로운 질문인 "좋아요, 그렇다면 당신은 텅 빈 우주에서 물이 회전한다는 것을 어떻게 알 수 있나요?"와 마주하게 된다. 완전히 텅 비어있는 우주 공간에서 물통실험을 수행했다고 가정했기 때문에 물의 회전을 판단하는 기준은 물 이외에 유일하게 존재하는 물통일 수밖에 없다. 그러므로 당연히 물이 회전하는지를 판단하는 유일한 비교 대상인 물통을 기준으로 물통실험 결과를 해석해야 한다. 그림 2.3의 (a)로 다시 돌아가자. 물통은 이제 막 회전을 시작했지만, 아직 물은 물통을 따라서 돌지 않는 상태이므로, 물통과 물은 상대적으로 회전하고 있다. (b)의 경우, 물과 물통이 모두 회전하고 있으므로 물은 물통에 대해 정지한 상태이다. 같은 방식으로 논리를 계속 전개해 나가면 (c)의 경우, 물통은 정지해 있고 물은 아직 회전하는 상태이므로, 물은 물통에 대해 회전하고 있다. 마지막으로 (d)의 경우, 물통과 물이 모두 정지해 있으므로 물은 물통에 대해서도 정지한 상태이다. 이렇게 모두 네 가지 경우에 대해 물통을 기준으로 물의 회전 상태를 살펴본 결과를 표 2.1에 정리했다. (a)와 (c)의 경우 물이 물통에 대해 회전하는 상태이고 (b)와 (d)는 물이 정지한 상태다. 그런데 물의 수면이 오목하게 유지되는

것은 (b)와 (c)의 경우이다. 아까 우리는 "물의 수면이 오목하게 되는 것은 물이 회전하기 때문이다"라는 대답에 동의했다. 그런데 물이 물통에 대해 회전하는 상태인 (a)에서는 수면이 평평하고 (c)의 경우에는 오목하다. 반대로 물이 물통에 대해 정지한 상태인 (b)의 경우 수면은 오목하고 (d)의 경우에는 반대로 평평하다. 그러므로 물이 물통에 대해 회전한다는 사실로 수면이 오목하거나 평평하다고 판단하면, 즉 표1의 2열과 3열인 '물의 표면 상태와 물통을 기준으로 한 물의 운동 상태'를 비교해 보면 모순된 상황이 발생한다. 따라서 물통실험의 합리적인 결론을 끌어내기 위해서는 물통이 물의 회전 상태를 판단하는 기준이 될 수 없다. 뉴턴은 이 문제를 절대 공간을 도입해 말끔히 해결했다. 뉴턴의 설명은 지극히 간단하다. (b)와 (c)는 물통 속의 물이 절대 공간에 대해 회전하고 있으며 (a)와 (d)는 절대 공간에 대해 정지해 있다. 절대 공간에 대해 회전하고 있는 경우인 (b)와 (c)의 경우에 수면이 오목해진다. 표 1의 마지막 열에서 볼 수 있는 것처럼 뉴턴의 절대 공간을 도입하면 물통실험의 결과는 완벽하고 군더더기 없이 설명할 수 있다. 뉴턴은 비록 절대 공간을 직접 증명하지는 못했지만, 사고실험을 통해 절대 공간이 존재해야 하는 이유를 확인시켰다. 라이프니츠는 물통실험을 기초하여 절대 공간이 존재해야 한다는 뉴턴의 완벽한 논리에 승복하면서, "나는 물체의 진정한 운동과 겉보기 상대 운동 사이에 명백한 차이가 있음을 인정한다"라고 시인했다. 이로써 공간의 실체 즉 절대 공간에 대한 논쟁은 해결된 것처럼 보였다.

뉴턴의 물통실험 해석의 명료함과 간결함 그리고 뉴턴의 권위에 눌려 절대 공간 문제는 19세기에 이르기까지 더는 논란거리가 되지 않았다. 하지만 그렇다고 절대 공간 문제가 종결된 것은 아니었다. 운동의 기준인 절대 공간은 20세기 초 아인슈타인의 상대성이론과 함께 과학사의 주인공으로 재등장한다.

2.2 | 상상할 수 있는 가장 큰 공간 - 우주의 크기 -

우주는 우리의 상상력도 빛이 바래는 신비한 존재이다. 우주는 무한한가? 그리고 끝이 없는가?

공간문제를 다루면서 우주에 대한 논의를 비껴갈 수 없다. 우리가 상상할 수 있는 가장 큰 공간인 우주는 인간이 가지고 있는 지적 호기심의 원천이라 해도 과언이 아니다. 먼

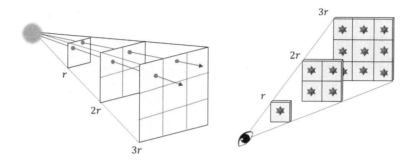

(a) 광원의 밝기: ~$1/r^2$　　　　(b) 태양과 같은 별의 개수: ~r^2

그림 2.4 올베르스의 역설을 설명하는 도식도. (a) 별에서 거리 r만큼 떨어져 있는 관측자를 비추는 별빛의 양을 L이라 하자. 별과 관측자의 거리가 2배 멀어지게 되면 별빛의 밝기는 $L/4$로 감소한다. 즉 광원의 밝기는 광원과 관찰자 사이의 거리 제곱에 반비례한다. (b) 우주에 별들이 균일하고 등방적으로 분포하고 있으므로, 관찰자를 비추는 별의 수는 거리의 제곱에 비례하여 늘어난다.

저 '우주는 무한한가?'라는 질문에 대해 고민해보자. 이 질문에 최초로 논리적인 답을 제시한 사람은 독일의 천문학자 올베르스[9] Heinrich Wilhelm Matthäus Olbers다. 1823년 올베르스는 '왜 낮은 밝고 밤은 어두운가?'에 주목했다. 우리는 낮에는 해가 떠서 밝고 밤에는 해가 져서 어둡다고 생각한다. 올베르스는 밤과 낮의 차이를 당연히 받아들이지 않고 유명한 '올베르스의 역설 또는 어두운 밤하늘의 역설'을 제기한다. 올베르스는 아래의 네 가지를 가정했다.

(1) 우주가 모든 방향으로 무한하게 펼쳐져 있다.
(2) 우주는 영원히 존재하며 정적이다.
(3) 우주를 큰 규모로 살펴보면 별은 균일하고 등방적으로 분포한다.
(4) 모든 별의 크기와 밝기는 유한하다.

올베르스의 가정에 따르면 우주의 나이가 유한하다면 우주가 탄생한 이래로 빛이 공간을 이동하여 지구에 도달할 수 있는 거리 이내에 위치하는 별이 비추는 별빛만 지구에 도착한다. 만약 우주가 영원히 존재한다고 가정하면 무한히 멀리 있는 우주의 저편의 별빛까지도 지구에 도달한다. 별과 거리가 r인 위치에 있는 관측자에 도달하는 별빛의 양을 L이라고 하자. 만약 이 관측자가 별과 거리가 $2r$인 곳으로 이동하면 별빛의 양은 $L/4$로 줄어들어 별이 어둡게 보인다. 그림 2.4의 (a)와 같이 별의 밝기는 광원과 관찰자 사이의 거리 r의 제곱에 반비례한다는 것을 쉽게 알 수 있다. (b)는 올베르스의 세 번째 가정처럼 우주를 큰 틀에서 관찰하면 우주에는 유한한 밝기의 별들이 균일하고 등방적으로 분포하므로 관찰자를 비추는 별의 수는 거리의 제곱에 비례하여 증가한다. 따라서 지구와 별 사이의 거리가 멀어지면 별의 밝기가 $1/r^2$로 어두워지겠지만, 반면 별의 개수는 r^2로 늘어난다. 지구에서부터 거리가 멀어짐에 따라 별빛이 어두워지는 효과와 지구를 비추는 별의 개수가 늘어나는 효과가 정확히 상쇄된다. 만약 태양이 우주에 존재하는 특별한 별이 아니라면, 낮에 태양을 포함한 태양보다 멀리 있는 모든 별이 지구를 비추는 별빛의 총량이나 태양이 사라진 밤하늘을 비추는 별빛의 총량은 같아야 한다. 이렇게 지구를 밝게 비추는 태양도 우주에 존재하는 별들 중에서 지극히 평범한 별 중에 하나라는 점만 받아들인다면, 지구에는 밤과 낮의 구분이 사라져야 한다. 그런데 밤은 어둡고 낮은 밝다는 것을 매일 경험하고 있으므로, 올베르스의 가정과는 달리 '우리의 우주는 무한히 크지도 않고 또 영원히 존재하지 않는다'는 결론에 도달한다. 어두운 밤의 역설을 논리적으로 완벽하게 설명하기 위해서는 밤과 낮의 차이를 만드는 다른 가능성은 없는지 더 세심하게 살펴볼 필요가 있다. 우선 올베르스가 직접 제안한 바와 같이 우주에는 별빛을 흡수하는 먼지가 널리 퍼져있어 우주 저편에 멀리서부터 오는 별빛이 우주 먼지에 가려 지구에 도달할 수 없는 경우를 꼽을 수 있다. 하지만 흑체복사 현상을 현대물리학으로 해석하면, 별빛을 흡수한 먼지도 다시 빛을 발생해야 하므로 우주 먼지로 인해 어두운 밤이 생길 수는 없다. 물리학적으로 합리적 해석은 미국의 작가이자 아마추어 천문학자였던 포 Edgar Allan Poe의 '유레카'라는 제목의 산문시집에서 찾을 수 있다[10]. 포는 "광활한 우주 공간에 별이 존재할 수 없는 공간이 따로 있을 수는 없으므로, 우주 공간의 대부분이 비어있는 것처럼 보이는 것은 천체로부터 방출된 빛이 우리에게 도달하지 않았기 때문이다"라고 했다. 무한하고 영원히 존재하는 우주가 아니라는 포의 해석은 현대 우주론과도 맥을 같이 한다. 표준우주론에 따르면 가정 1과 2는 성립하지 않는다. 빅뱅 이후 우주의 나이는 138억 년 정도여서 별빛이 영원히 지구를 향해 다가올 수 없고 또 별들이 유한한 거리 안에만 존재하므로 밤과 낮의 차이가 생길 수밖에 없다. 또 우주가 계속 팽창하고 있어 아직 도달하지 못한 별빛이 세월이 흘러도 지구에 도달할 수 없어서 밤하늘의 밝기가 점차 밝아지는 현상도 나타나지 않는다. 유명한 '올베르스의 역설'은 간단하지만, 그 결론은 매우 흥미롭지 않은가? 결론은 우주의 나이와 크기는 유한하다는 것이다.

공간을 관념적 개념이 아닌 물리적 실체로 끌어들인 학문이 천체물리학이다. 우리가

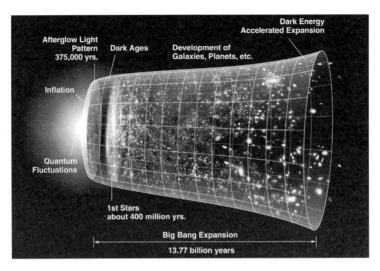

그림 2.5 빅뱅으로 탄생한 우주가 현재까지 팽창하고 있는 우주의 역사를 표현한 그래픽. 빅뱅 직후 인플레이션이라 불리는 급속한 팽창기를 지나 지금까지도 팽창을 지속하고 있다. 우주 탄생 후 100억 년이 지난 시점부터는 암흑에너지가 우주를 지배하기 시작하여 우주는 가속팽창하고 있다.

다룰 수 있는 가장 큰 공간인 우주가 천체물리학의 탐구대상이다. 표준우주론에 의하면 우주는 빅뱅으로 탄생했으며, 공간과 시간도 빅뱅과 함께 생겨났다. 그림 2.5는 빅뱅으로 탄생한 우주가 현시점까지 팽창하는 모습을 도식적으로 나타낸 그림이다. 우리의 우주는 플랑크 길이 정도 크기인 특이점에서 시작하여 감히 상상조차 할 수 없는 급속한 속력으로 팽창한 인플레이션 시기를 거쳐 138억 년 동안 팽창하며 계속해서 현재의 모습을 갖추고 있다. 더욱이 빅뱅 이후 100억 년이 경과 한 시점부터는 팽창속도가 가속되고 있다. 우주는 주어진 공간 속에서 팽창하는 것이 아니라 우주 공간 자체가 팽창한다는 사실에 주목해야 한다.

우주의 기하학적 구조를 간략히 살펴보자. 올베르스의 역설로 확인한 바와 같이 우주의 크기가 유한하다는 것이 곧 우주의 끝이 있다는 것을 의미하지 않는다. 이미 제 1장에서 살펴본 바와 같이 탁상용 지구본을 예로 들면 지구본은 책상에 올려놓을 수 있는 정도의 크기이지만, 지구본에서 한 방향으로 계속 전진해도 지구본의 끝에 도달하지 않는다. 3차원 구 모양의 지구본 표면과 같은 유한한 2차원 곡면이 끝이 없는 공간이라는 말은 이해할 수 있지만 유한하고 끝이 없는 3차원 공간은 상상하기 힘들다. 이처럼 우주는 유한하지만, 우주의 끝은 없는 것처럼 보인다. 그렇다면 우주는 팽창하고 있으며, 우주의 끝이 없다는 사실을 어떻게 알게 되었는가?

2.3 | 과학의 대상이 된 우주

> 두 가지가 무한한데, 하나는 우주이고 또 다른 하나는 인간의 어리석음이다. 그런데 우주에 관해서는 확실하지 않다.
>
> <A. Einstein>

인간은 인지 혁명의 시기를 거치며 언어로 소통하고 가상의 것도 생각할 수 있는 능력을 보유했고, 하늘을 바라보며 천상에 대한 동경심을 가지기 시작했다. 상상할 수 있는 가장 큰 공간인 우주는 경외의 대상인 동시에 궁극의 호기심의 대상이다. 우주가 관념적이거나 추상적인 대상에 머무르지 않고 과학적 탐구의 대상이 되기 시작한 시점을 특정하기는 힘들다. 그러나 팽창하는 우주를 관측함으로써 현대 우주론을 태동시킨 업적의 상당 부분을 허블Edwin Powell Hubble[11]에게 돌릴 수 있다. 허블은 우리의 우주관을 송두리째 바꾸어 놓았고 138억 년 동안 팽창을 계속하고 있고 진화하는 방대한 우주를 다루는 현대 우주론을 출범시켰다. 불과 90여 년 전까지만 하더라도 우리 주위를 둘러싸고 있는 우주의 실체에 대해 아는 것이 거의 없었다는 사실이 믿기지 않는다. 현재 관점에서 보면, 당연히 138억 년 전 빅뱅으로 시작하여 계속 팽창하는 우주 공간에서 수를 셀 수 없을 정도로 많은 은하가 점점 멀어지고 있는 우주의 모습을 이미 오래전부터 알고 있었을 것이라고 생각하기 쉽다. 허블이 발표한 논문인 '초은하 성운 사이의 거리와 방사속도의 관계'[12]는 인류가 가지고 있던 우주관을 혁명적으로 바꾸어 놓는다. 그의 짧은 논문에서, 허블은 과학사의 가장 위대한 발견 중 하나인 팽창하는 우주에 대한 직접적인 증거를 제시했다.

20세기 초 천문학자들이 풀지 못한 문제들 중 하나는 "성운이란 무엇인가?"라는 질문이었다. 1912년 슬립퍼Vesto Melvin Slipher는 나선형 성운(나선형 성운은 나선형 은하의 구식 용어)의 도플러 편이[13]를 측정했는데, 거의 모든 나선형 은하가 지구에서 멀어지고 있다는 것을 발견했다. 슬립퍼는 그의 관측결과가 어떤 우주론적 함의를 가지는지 파악하지 못했다. 허블은 당시 세계 최대 크기의 후커 망원경으로 슬리퍼의 실험을 더 정밀하게 확장하기로 마음먹었다. 후커 망원경으로 촬영한 관측 사진을 분석해 보니 더 작은 크기의 은하일수록 더 큰 적색편이를 보였는데, 이는 작은 크기의 은하가 우리 은하로부터 더 빨리 멀어진다는 것을 의미한다. 모든 은하의 스펙트럼은 붉은색 쪽으로 이동하는 적색편이 redshift를 보였고, 이 적색편이의 정도로부터 은하가 지구에서 멀어지는 후퇴속도 recession velocity v_r를 계산하였다. 허블은 1923년 안드로메다 은하를 관측하던 중 세페이드 변광성 몇 개를 찾아내는 성과를 올린다. 세페이드 변광성은 별의 밝기가 주기

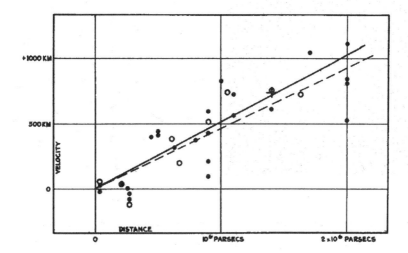

그림 2.6 은하의 후퇴속도와 은하까지 거리 사이의 상관관계를 나타내는 허블의
법칙(미주 12의 논문 "A relation between distance and radial velocity among
extra- galactic nebulae"를 참조).

적으로 변하는 특성을 보이는데, 별빛의 변화 주기와 최대 밝기가 정확히 비례한다.
1924년 허블은 변광성의 밝기 변화의 주기와 절대광도 사이의 관계로부터 세페이드 변
광성이 위치하는 은하까지의 거리를 성공적으로 밝혔는데, 안드로메다 은하까지의 거리
가 무려 90만 광년이라는 결론을 내린다.[14] 허블은 은하의 후퇴속도와 은하까지 거리의
관계가 정확히 선형적으로 비례한다는 점을 알아채고 그림 2.6과 같이 은하의 후퇴속도
와 거리를 그래프로 그렸다. 1929년 '후퇴속도−거리'의 관계식인

$$v_r = H_0 d$$

허블의 법칙이 세상에 모습을 드러내게 된다. 허블 법칙의 의미는 '모든 외계 은하는 지
구로부터 멀어지고 있고, 지구에서 멀어지는 속도는 은하까지의 거리에 비례한다'이다.
정적이고 무한하며 영원히 존재하는 우주가 아닌 은하와 별들이 서로 멀어지고 있는 우
주의 모습은 과학자뿐만 아니라 철학자와 종교인을 비롯한 일반인들에게도 큰 충격으로
다가왔다. 신이 창조한 완벽한 우주가 단숨에 무너졌다. 아인슈타인 자신도 '정적인 우
주'를 확신했고, 일반상대성이론의 핵심인 장 방정식 field equation이 정적 우주관에 부합하
도록 임의로 우주상수 cosmological constant Λ를 도입하기까지 했다. 아인슈타인이 우주상수
를 도입할 당시에는 모든 사람들이 우주는 영원히 존재하고 변하지 않는다고 믿었다.

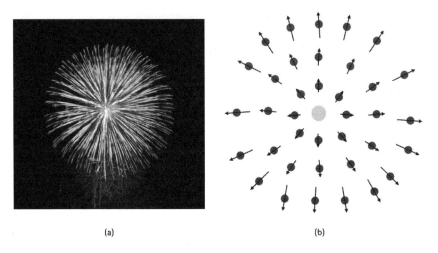

(a)　　　　　　　　　　　　　　　　(b)

그림 2.7 (a) 불꽃이 전방위로 펼쳐지는 아름다운 불꽃놀이 장면을 찍은 사진이다. (b)
폭죽의 중심부에서 바라보면 모든 불꽃은 중심부로부터 멀어지고 있다. 만약 관측자가 폭
발의 중심이 아닌 다른 장소에서 바라본다면 모든 불꽃이 등방적으로 자신에게서 멀어지
는 모습을 볼 수 없다.

만유인력은 끌어당기는 힘이기 때문에 모든 물체는 서로 모여들게 되며 그 결과 우주의
대충돌은 피할 수 없게 된다. 아인슈타인은 우주 대충돌의 징후를 어디에서도 찾을 수
없어, 공간에서 밀어내는 힘을 만들어주는 미지의 원인이 있어야 한다고 추측했다. 척력
으로 작용하는 우주상수를 적당히 도입하면 만유인력과 상쇄되어 우주 대충돌이 일어나
지 않는다. 이런 배경에서 아인슈타인이 다소 임의적으로 우주상수를 도입했다. 허블의
연구업적을 전해 들은 아인슈타인은 우주상수가 자신이 저지른 최대의 실수라고 고백할
정도였다.

　모든 외계 은하들이 지구로부터 멀어지고 있고 지구에서 멀어지는 속도가 은하까지
의 거리에 정비례한다는 결과를 어떻게 해석해야 할까? 우선 폭발물이 터져 공간으로
흩어지는 방식으로 설명해 보자. 그림 2.7의 (a)는 대형 폭죽이 밤하늘을 빛내는 장면을
찍은 사진인데, 폭발의 중심으로부터 화려한 불꽃들이 전방위로 퍼져나가는 모습이 인
상적이다. (b)와 같이 중심부에 자리 잡은 관찰자가 폭발 장면을 바라보면, 모든 불꽃이
자신에게서 전방위로 멀어져가는 모습을 볼 수 있다. 지구로부터 전방위로 멀어지는 은
하의 모습과 일치한다. 하지만 관찰자가 정확히 폭죽의 중심에 있지 않고 임의의 다른
장소로 자리를 옮기면 일부 불꽃은 자신을 향해 다가오기도 할 수 있으며, 모든 방향에
서 은하들이 지구로부터 등방적으로 멀어지고 있는 허블의 측정 결과를 설명할 수는 없

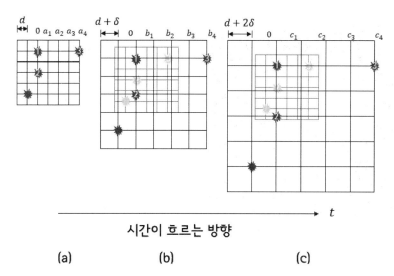

그림 2.8 시간은 (a)에서 (c) 방향으로 흐른다. (a) 얇은 고무판에 거리가 d인 격자가 인쇄되어 있다. 점 1을 고정점으로 두고 아래쪽으로 $2d$만큼 떨어진 곳에 점 2가 위치하고 오른쪽으로 거리가 $4d$인 장소에 점 3이 위치한다. (b) 일정한 시간 δt가 흐르면 고무판이 늘어나 고정점 1과 점 2 사이의 거리와 점 3 사이의 거리가 각각 $2d+2\delta$와 $4d+4\delta$가 된다. (c) $2\delta t$만큼 시간이 흐르면 고무판이 더 늘어나 고정점 1과 점 2 사이의 거리와 점 3 사이의 거리가 각각 $2d+4\delta$와 $4d+8\delta$가 된다.

다. 허블의 관측결과를 불꽃놀이 모형으로 해석하면 우리가 필연적으로 우주의 중심에 있어야 하는데, 코페르니쿠스 혁명 이후 인간은 충분히 겸손할 줄 알아서 감히 어느 누구도 지구가 우주의 중심에 있다고 주장하지 않는다. 지구에서 멀어지는 은하의 모습을 공간에서 퍼져나가는 파편의 모습으로 이해할 수는 없다. 획기적인 새로운 대안을 찾아야 한다.

바둑판 모양의 격자가 인쇄된 얇은 고무판을 가지고 놀이를 해보자. 그림 2.8 (a)에는 격자들 사이의 거리가 d인 고무판에 점 1, 2, 3이 그려져 있다. 점 2는 점 1에서 세로 방향으로 $2d$만큼 떨어진 장소에 위치하고 점 3은 가로 방향으로 $4d$만큼 떨어진 곳에 있다. (b)와 같이 일정한 시간 δt동안 고무판을 상하좌우로 잡아당겨 늘리면, 고정점 1을 기준으로 볼 때 점 2와 점 3은 모두 멀어진다. 점 1과 점 2 사이의 거리가 원래 $2d$였지만 $2d+2\delta$로 2δ만큼 늘어나고, $4d$이었던 점 1과 점 3 사이의 거리는 $4d+4\delta$로 4δ만큼 늘어난다. (c)와 같이 시간이 $2\delta t$가 흐르면 고무판은 조금 더 늘어나 점 1과 점 2 그리고 점 1과 점 3의 거리가 각각 4δ와 8δ만큼 늘어난다. (a)에서 (c)가 시간이 흐르는 방향이라 하면 시간이 흐름에 따라 고무판은 점점 늘어나고 고정점 1에 자리 잡은 관측자는 점 2와 점 3이 자신에게서 멀어지는 모습을 바라본다. 점 2와 점 3이 고정점 1에서 멀어지는 정도는 점 1과 나머지 점들 사이의 거리에 비례한다. (b)에서 점 1과 점 3 사이의 거리는 점 1과 점 2 사이의 거리에 2배고 이에 비례하여 늘어나는 거리도 2배가 된다. 또 (c)의 경우에도 점들 사이에 늘어나는 거리는 원래 거리에 정비례한다. 늘어나는 고무판의 예는 지구에서 전방위로 멀어지는 은하의 모습과 은하가 지구에서 멀어지는 후퇴속도가 은하까지의 거리에 정비례한다는 관측결과와 완벽하게 일치한다. 관측자가 특정한 장소인 고정점 1에 위치하지 않고 임의의 장소로 이동한다고 하더라도 관측자의 새로운 위치를 고정점이라고 하면 같은 결론을 얻는다. 이렇게 지구에서 멀어지는 은하의 모습을 늘어나는 고무판으로 해석하면, 지구가 우주의 중심이 아닌 지극히 평범한 장소에 위치한다는 인간의 겸손한 고백도 계속 유효하다.

그렇다면 고무판이 늘어나는 방식으로 우주의 모습이 변한다고 이해하면 되는데, 이런 해석은 어떤 의미일까? 고정점 1은 지구, 점 2와 점 3은 외계 은하라고 하면 은하들이 고무판 위에서 제자리에 머물러 있다고 하더라도 고무판 자체가 늘어남에 따라 고정점 1로부터 은하들은 거리에 비례하는 후퇴속도 v_r로 멀어진다. 따라서 은하가 멀어지는 모습은 은하가 공간을 이동해서가 아니라 우주 공간의 팽창으로 발생하는 현상이다. 은하는 폭죽의 불꽃과 같이 주어진 공간인 밤하늘에서 퍼져나가는 것이 아니라 공간의 팽창으로 인해 지구로부터 후퇴하는 것처럼 보인다. 이로써 팽창하는 우주의 모습이 인간 앞에 모습을 드러냈다. 우주의 팽창은 공간의 팽창이라는 점이 분명해졌다.

그림 2.8의 시간이 흐르는 방향을 되돌려 과거로 향하게 하면, 쉽게 과거의 공간은 현재의 우주 모습인 (a)보다 더 작았어야 한다는 결론을 내릴 수 있다. 시간을 과거로 되돌리면 과거 어느 시점에는 공간이 한 곳으로 모아 지는데, 바로 그 시점이 우주 탄생 순간이다. 우주가 특이점에서 출발하여 팽창하고 있다는 현대 우주론인 빅뱅이론이 된다.

허블의 법칙을 빅뱅으로 해석한 공간의 팽창은 올베르스의 역설로 알려진 "우주는 무한히 큰가? 아니면 유한한 크기인가?"를 밝히는 수수께끼와도 관련된다. 이미 앞에서 논의한 바와 같이 우주가 무한히 크고 정적이며 균일한 별의 분포로 채워졌다면 밤낮의 구분이 없이 전방위로 하늘은 밝아야 한다. 그러나 우리는 밤과 낮이 엄연히 구분된다는 사실을 매일 체험한다. 과거 천문학자들은 올베르스의 역설을 해결하기 위해 다양한 가설을 제안했지만, 현재 정설로 받아들여지고 있는 빅뱅이론과 우주의 팽창으로 쉽게 설명된다. 우주가 탄생한 이후 138억 년이라는 유한한 시간 동안 팽창하는 우주에서는 유한한 개수의 별들이 발사하는 별빛이 지구에 도달할 수 있을 뿐이라고 생각하면 올베르스의 역설은 해결된다.

우주가 빅뱅으로 탄생했다는 빅뱅이론은 관측결과를 잘 설명하고 있는가? 이 질문에 대답하기 위해서는 우주 초기의 역사를 간략히 살펴보아야 한다. 빅뱅의 순간부터 플랑크시간 Planck time인 10^{-43}초 까지에 해당하는 플랑크시대 Planck epoch에는 우주가 너무 뜨겁고 밀도도 높아 아직 물질이 형성되지 않은 상태였고, 물리학의 기본힘인 강한상호작용, 전기적약한상호작용 그리고 만유인력도 하나의 형태로 존재했을 것이라고 추측한다. 플랑크 시대를 이해하기 위해 필요한 물리이론인 소위 양자중력 quantum gravity이론은 아직 정립되지 않았다. 양자중력이론은 현대물리학의 양대 기둥인 양자물리학과 상대성이론을 결합한 궁극의 이론이라 할 수 있다. 뜨거운 우주는 팽창을 계속하며 냉각되기 시작하면서 기본힘인 중력이 가장 먼저 갈라져 나오고 10^{-35}초가 지난 시점에는 강한상호작용과 전기적약한상호작용이 나뉘었다. 놀라운 일은 10^{-35}초에서 10^{-32}초 사이의 인플레이션시대 inflation epoch라 불리는 지극히 짧은 시간 동안 우주는 상상할 수 없는 10^{26}배로 급속하게 팽창한다. 쭈글쭈글하게 접혀있는 풍선에 공기를 주입하여 팽창시키면 풍선의 표면은 주름이 없이 평평하고 매끈해진다. 마찬가지로 상상조차 할 수 없을 정도로 우주가 급속히 팽창했다는 인플레이션 이론은 왜 우주가 평평한지 그리고 균질하고 등방적인지를 잘 설명하고 있다. 인플레이션이 끝난 이후 우주의 나이가 10^{-12}초 가량이 되면 전자기힘과 약한상호작용이 나뉘어져 만유인력, 강한상호작용, 약한상호작용, 전자기력과 같은 네 가지 기본힘의 모습을 갖추게 된다. 우주가 쿼크시대 quark epoch, 강입자시대 hadron epoch, 경입자시대 lepton epoch를 거치며 짧은 시간 안에 다양한 종류의 기본입자들이 생성되고 아원자 입자 subatomic particle가 단계적으로 형성된다. 입자들이 생성될 때 같은 양의 물질과 반물질이 만들어졌는데, 대부분 물질과 반물질이 서로 충돌하여 쌍소멸로 빠르게 사라지고 우주에는 소량의 물질만 남았다.[15] 안정적인 핵자인 양성자와 중성자와 같은 핵자가 형성되고 빅뱅 이후 3분이 지난 시점부터는 핵융합 과정을 거치며 더 복잡한 원자핵을 형성했다. 양성자의 약 25%와 모든 중성자가 헬륨으로 변환되고 소량의 중수소와 리튬 그리고 다른 원소들이 소량 만들어졌고, 75%에 달하는 나머지 양성자는 수소 핵으로 남았다. 핵융합을 통한 원소들의 합성이 끝난 후, 우주는 광자 시대 photon epoch로 접어들었다. 아직 우주는 전자와 원자핵이 결합하여 원자를 형성하기에는 너무 뜨거웠기 때문에 음의 전하를 띄는 전자, 전기적 중성인 중성미자, 그리고 양의 전하를 띄는 핵들이 이온화되어 있는 플라즈마 상태를 유지하고 있었다. 약 38만 년이 지

(a)   (b)

그림 2.9 빅뱅의 유물인 우주배경복사. (a) 플랑크 위성이 측정한 우주배경복사인데, 2.725 K에 해당하는 균질하고 등방적인 마이크로파가 측정된다. (b) 균질한 (a)에서 10^{-5} 정도의 차이만 남도록 배경을 빼주고 나면 18 μK의 범위 초기 우주 모습을 볼 수 있다

나면서 우주는 전자와 핵이 안정된 원자를 형성할 수 있을 정도로 충분히 냉각되었다. 핵과 전자가 원자를 형성하는 시기를 재결합 recombination이라 부르는데, 전자와 핵이 처음으로 결합되었기 때문에 재결합은 잘못 지어진 이름이다. 광자들은 플라즈마 상태로 여기저기를 마구 이동하던 뜨거운 양성자와 전자들을 뚫고 지나갈 수 없었으나, 전자와 양성자가 수소 또는 헬륨 원자로 결합한 후에는 빛이 자유롭게 공간을 이동할 수 있게 되었다. 드디어 우주는 불투명한 상태를 벗어나 투명해졌다. 이렇게 원자들이 형성되는 과정에서 온도가 약 3,000 K에 달하는 광자가 방출되었다. 이것이 우주 초기의 개략적인 역사이다.

3,000 K의 광자는 노란색 또는 부드러운 흰색으로 눈으로 볼 수 있는 가시광선이었지만 우주가 팽창하는 영향으로 적색편이를 하여 현재는 우주배경복사(Cosmic Microwave Bachground: CMB)라 불리는 전자기파인 마이크로파로 관측된다. 1948년 알퍼 Ralph Alpher 와 허먼 Robert Heman이 우주배경복사의 존재를 예측했지만, 그들은 CMB의 온도가 5 K일 것이라 추측하였고, 2년 후에는 28 K으로 수정하였다. 1964년 소련의 천체물리학자 도로쉬케비치 A. G. Doroshkevich와 노비코프 Igor Novikov는 CMB가 측정 가능하다는 논문을 발표했다. 같은 해 미국의 천문학자 펜지어스와 윌슨이 무선통신 실험을 하다가 안테나를 조작하던 중 우연히 우주배경복사를 발견하고 빅뱅의 증거를 찾았다. 펜지어스와 윌슨은 CMB를 발견한 업적으로 1978년 노벨 물리학상을 수상한다. 그림 2.9는 플랑크 위성이 빅뱅 이후 38만 년이 지나 우주가 처음으로 투명해진 시점의 모습을 담은 마이크로파인 CMB를 측정한 결과이다. (a)처럼 CMB의 온도는 2.72548 ± 0.00057 K이며 모든 방향으로 18 μK의 범위 내에 균일하다. 이는 우주의 두 영역이 얼마나 멀리 떨어져 있

는지 상관없이 두 영역의 평균온도는 거의 똑같다는 의미이다. 우주배경복사가 얼마나 균일한지를 비유로 설명하면 두께가 10 mm인 유리판의 거칠기 정도로 균일하다고 이해하면 된다. 그렇다면 왜 우주배경복사가 이런 정도로 균일할까? 그냥 우연의 일치라고 하면 된다. 하지만 매우 찜찜하다. 일상생활에서 큰 물통에 찬물과 더운물을 한 바가지 더 부어 넣고 충분한 시간이 지나고 나면 물의 온도는 물통 어디에서나 똑같아진다. 그렇다면 우주도 모든 장소의 온도가 똑같아질 수 있을 정도로 충분한 시간을 가졌단 말인가? 기존의 빅뱅이론으로는 도저히 설명할 수 없다. 70년 말과 80년대 초에 당시 소련의 스타로빈스키 Alexei Starobinsky와 미국의 구스 Alan Guth가 각각 독립적으로 이 질문에 대한 아이디어를 제안한다. 두 사람이 제안한 가설의 핵심은 매우 유사하다. 우주 태초에 우주는 선형linear으로 팽창한 것이 아니라, 지수함수적 exponential으로 급속하게 팽창했다는 것이다. 10^{-35}초 또는 10^{-33}초라는 극히 짧은 시간 동안 우주는 플랑크 길이 정도의 영역에서 상상하기 힘든 엄청난 규모로 폭발적으로 팽창한다. 두 이론에 따르면 우주의 부피가 10^{33}배 또는 10^{100}배 정도 증가하였다. 이런 급속한 팽창을 인플레이션 inflation이라 부른다. 인플레이션으로 급속하게 팽창한 우주는 매우 균일하다. 그림 2.9의 (b)는 (a)의 우주배경복사에서 평균치를 뺀 결과를 나타낸 결과인데, 다시 유리판으로 비유하여 유리 표면의 거칠기를 확대해 나타낸 그림으로 이해하면 무리가 없다. (b)는 우주배경복사 온도의 미세한 차이를 나타내는데, 초기 우주에서 밀도의 차이가 존재했음을 의미한다. CMB의 미세한 차이가 씨앗이 되어 현재 우리가 보고 있는 우주에 분포하는 별들과 은하가 생겨났다. 우주의 모습을 빅뱅과 인플레이션으로 이해할 수 있다.

2.4 | 우리는 3차원 공간에 살고 있는가?

다차원 공간이란?
누구나 어린 시절 한 번쯤은 4차원 세계를 상상해 본 적이 있을 것이다. 4차원 세계는 어떤 모습이고, 거기에서는 무슨 일이 벌어질까?

수학적 차원은 공간에 존재하는 특정한 점 point[16]을 표시하거나 점의 위치를 결정하기 위해 필요한 최소한의 좌표 개수로 정의할 수 있다. 한 개의 점이 전부인 공간에는 오직 그 점 하나만 존재하므로 점의 위치를 결정하기 위한 추가적 정보는 필요 없다. 따

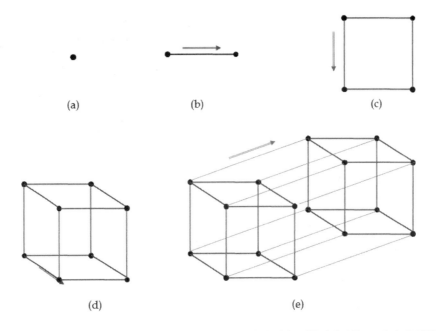

그림 2.10 다차원 공간의 하이퍼큐브를 그리는 방법. (a) 점은 '0'차원 공간의 유일한 도형이다. (b) 점을 한 쪽 방향으로 단위 길이 만큼 밀고 나가면 단위 길이의 직선이 만들어진다. (c) 이 직선에 수직한 방향으로 단위 길이 만큼 밀어 이동시키면 단위 면적의 정사각형이 만들어진다. (d) 다시 정사각형을 평면에 수직한 방향으로 단위 길이 만큼 밀어서 이동시키면 단위 부피의 정육면체(큐브)가 생긴다. (e) 이제 큐브를 3차원 공간에 수직한 방향(비록 상상할 수는 없지만)으로 단위 길이 만큼 밀어서 이동시키면 단위 부피의 4차원 하이퍼큐브가 탄생한다.

라서 점은 크기를 가지지 않는 0차원 공간으로 이해하면 된다. 직선 위에 있는 임의의 한 점 P가 기준점 O에서 거리가 'x'만큼 떨어진 곳에 있다면, 단 한 개의 좌표 x로 점의 위치를 완벽하게 정의할 수 있다. 직선은 위치를 1개의 좌표로 기술할 수 있는 1차원 공간이다. 평면 위에 있는 임의의 점은 두 개의 좌표로 기술할 수 있는데, 평면에서는 직교좌표계의 좌표 (x, y)로 표현하면 편리하다. 반면 축구공의 표면과 같은 구 표면의 점들을 표현하기 위해서는 구면좌표계 $Q(\theta, \phi)$를 이용하면 된다. 3차원 공간의 위치를 정의하려면 최소한 3개의 정보가 필요한데, 편이에 따라 직교좌표계, 원통좌표계, 구좌표계인 $P(x, y, z)$, $R(r, \theta, z)$, $Q(r, \theta, \phi)$[17] 중에 어느 하나를 골라 사용하면 된다.

이렇게 3차원 공간까지 이해했으니, 사고의 폭을 조금 더 넓혀 4차원, 5차원 아니 무한 차원까지 공간을 확장할 수 있는지 생각해 보자. 흥미로운 발상이지 않은가? 그림 2.10과 같이 직교좌표계를 이용하여 간단한 도형을 그려보면서 차원을 확장하는 방법을

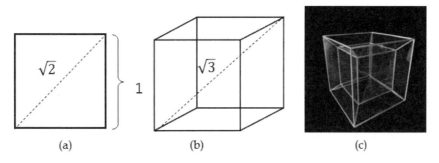

그림 2.11 한 변의 길이가 '1'인 정사각형과 정육면체의 대각선 길이는 각각 $\sqrt{2}$ 와 $\sqrt{3}$ 이다. 마찬가지로 이에 대응하는 n차원 공간에서 하이퍼큐브의 대각선 길이는 $\sqrt{n}$ 이 된다.

살펴보자. 여기서 직교좌표계[18]를 사용하는 이유는 우리가 일상생활에서 자주 접하는 좌표계인 동시에 직관적으로도 이해하기 쉽기 때문이다. 그림 2.10의 (a)와 같이 점은 0차원 공간의 유일한 도형이다. 이 점을 한쪽으로 단위 길이(예를 들어 SI 단위체계에서는 단위 길이가 1 m임)만큼 밀고 나가면 (b)와 같이 1차원 공간에서 단위 길이의 직선을 만들 수 있다. 이제 이 직선을 수직한 방향으로 단위 길이 만큼 밀고 나가면 (c)와 같이 2차원 공간에서 단위 면적(1 m^2)의 정사각형이 생긴다. 계속해서 정사각형을 평면에 수직한 높이 방향으로 단위 길이 만큼 밀고 나가면 (d)와 같이 단위 부피(1 m^3)의 정육면체(큐브)를 만들 수 있다. 0차원에서 3차원까지 도형들을 쉽게 그림으로 표현했다.

이 논리를 계속 적용하면 궁극적으로 무한히 반복할 수 있지 않을까? 우리가 3차원보다 더 높은 차원의 공간을 경험하지 못해 4차원 이상의 고차원 공간에서 도형을 그리는 방법을 상상하는 것은 불가능하다. 그러나 지금까지 이용한 논리를 계속 따라가면 이론적으로는 4차원 이상의 n차원 공간에서 단위 부피(1 m^n)의 하이퍼큐브hypercube[19]를 그릴 수 있다. 기하학에서 하이퍼큐브는 3차원 공간의 정육면체에 대응하는 n차원(4차원 이상)공간의 도형이다. 이제 4차원 공간의 하이퍼큐브를 만들어 보자. (e)와 같이 큐브를 3차원 공간에 수직한 방향으로 단위 길이 만큼 밀고 나가면 간단히 해결된다. 이론적으로는 이렇게 쉽게 4차원 하이퍼큐브를 완성할 수 있다. 불행하게도 우리 인간은 어떻게 3차원 공간에 수직한 방향으로 육면체를 밀고 나갈 수 있는지 알지 못한다.

이번에는 그림 2.11처럼 2, 3 또는 n차원 공간에서 정사각형과 정육면체 그리고 하이퍼큐브의 대각선 길이를 계산해 보자. 2차원 공간에서 한 변의 길이가 1인 정사각형의 대각선 길이는 피타고라스의 법칙을 이용하면 $\sqrt{1+1} = \sqrt{2}$ 이다. 같은 방법으로 3차원

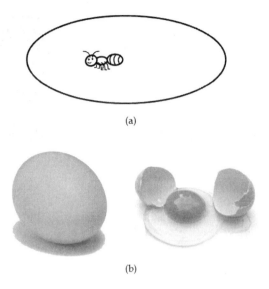

(a)

(b)

그림 2.12 (a) 책상 위에 있는 개미 둘레에 원을 그렸다. 개미를 원 밖으로 탈출시키는 방법을 찾아라. (b) 깨지지 않은 온전한 달걀이 있다. 왼쪽 사진과 같이 달걀을 깨지 않고 노른자위를 달걀 밖으로 꺼내는 방법을 찾아라.

정육면체의 대각선 길이는 $\sqrt{3}$ 가 되고, 논리를 계속 이어가면 n차원 공간에서 하이퍼큐브의 대 각선 길이는 $\sqrt{n}$ 이 된다. n차원 하이퍼큐브의 대각선 길이도 쉽게 계산했다.

하이퍼큐브를 n차원에서 구현하는 방법과 n차원 하이퍼큐브의 대각선 길이를 계산하는 논리는 알아들을 수 있는데, 여전히 하이퍼큐브 그리고 다차원 공간을 상상하는 것은 불가능하다. 지극히 당연하다. 인간 중에서 누구도 4차원 이상의 공간을 실질적으로 상상하거나 경험할 수 있는 초능력의 소유자는 없다는 사실로 위로받기 바란다.

그림 2.12의 예로 우리가 어떻게 3차원 이상의 고차원 공간을 받아들여야 하는지 상상해보자. (a)와 같이 책상을 기어다는 개미 둘레에 원을 그렸다. 개미에게는 지극히 미안한 사건이지만, 개미 둘레에 개미가 싫어하는 붕산으로 원을 그렸다면 개미는 원 밖으로 나올 수 없고 꼼짝없이 갇힌 신세가 된다. 하지만 옆에서 안타깝게 이 모습을 지켜보고 있던 초등학생 조카가 개미를 집어서 원 밖에 내려놓는다. 위기에서 탈출한 개미는 쏜살같이 기어 도망친다. 개미가 2차원 공간인 책상에서 기어 다니기만 하면 탈출이 불가능하지만, 조카가 개미를 집어 들고 책상 표면을 떠나 3차원 공간에서 이동시킨 후 다시 책상에 내려놓으면 손쉽게 해결되는 문제이다. 책상 위에서만 기어 다니는 개미의 관점에서는 원을 가로질러 통과하지 않고 원 밖으로 탈출하는 방법을 상상할 수 없다. 원 밖에서 이 모습을 보고 있던 또 다른 개미는 원 안에 있던 개미가 갑자기 사

라진 후 원격 이동하여 원 밖에서 다시 나타나는 놀라운 모습을 본다. 마치 신기한 마술 장면을 목격하는 것처럼 놀랄 것이다. 영화 '스타트렉 startrek'에서 커크 선장이 원격이동을 하는 장면이 떠오른다. 이쯤 해서 인간에게도 힘든 어려운 퀴즈를 풀어보자. (b)와 같이 달걀 껍질을 손상시키지 않고 노른자위를 달걀 껍질 밖으로 꺼내는 과제를 받았다. 마술사가 아니라면 이런 무모한 도전에 응하는 사람은 없다. 그런데 개미를 원 밖으로 꺼내는 방법과 똑같은 방법으로 노른자위를 꺼내면 어떨까? 3차원 공간에 차원을 하나 추가하면, 혹시 껍질을 깨지 않고 노른자위를 꺼낼 수 있지 않겠는가? 하이퍼큐브를 만들 때와 같은 방법으로 3차원 공간에 수직한 방향(4차원의 세계)으로 노른자위를 옮긴 후 껍질을 건너뛰어 다시 3차원 공간으로 되돌려 보내면 되지 않을까? 간단하지 않은가? 아마도 지금 이 글을 읽으면서 "순전히 말장난하고 있네"라며 헛웃음을 칠 것이다. 그러면서도 이런 질문을 떠올릴지 모른다. "과학자들이여, 정말로 그렇게 주장하시려거든, 3차원에 수직한 방향으로 추가 차원을 더 만들어 보여주세요. 그러면 믿을 것이다. Seeing is believing!"

상상력을 동원하여 수학적으로 3차원 공간에 그 이상의 차원을 추가시키는 도전에 응해보자. 그러기 위해서는 우선 벡터에 관해 조금 배워야 한다. 오른쪽으로 10 m를 이동한 후에 왼쪽으로 20 m를 움직인 경우, 총 이동 거리는 30 m이지만 최종적으로 출발점에서 왼쪽으로 10 m 떨어진 위치로 자리를 옮긴 셈이 된다. 최종 위치를 결정하기 위해서는 30 m라고 하는 총 이동 거리뿐만 아니라 어떤 방향으로 이동했는지를 함께 고려해야만 한다. 이렇게 크기와 방향을 모두 다 표현해야 할 경우 벡터 표기법을 사용하면 편리하다. 길이가 단위 길이(예를 들어 1 m)인 단위벡터 $\vec{i}$[20]를 도입하자.

벡터의 스칼라곱 scalar product[21]을 이용하여 4차원 이상의 고차원 공간을 직교좌표계를 이용하여 만드는 방법을 설명하려고 한다. 수학적 지식이 없이 이해할 수 있도록 핵심만을 요약하겠다. 그림 2.10에서 점은 크기를 가지지 않으므로 점을 한 방향으로 밀어서 만든 직선의 넓이도 0이라는 점을 기억하자. 임의의 직선에 수직한 방향으로 다른 직선을 그려 넣으면 2차원 평면이 만들어진다. 2차원 평면에 수직한 방향으로 또 다른 직선을 하나 더 그려 넣으면 3차원 공간이 탄생 된다. 이렇게 3차원 공간을 만들었다. 그림 2.13을 이용하여 수학적으로 어떻게 xyz 직교좌표계로 3차원 공간을 구축하는지 설명해보자. (a)와 같이 1차원 직선인 x축이 있다. (b)와 같이 x축에 수직한 방향으로 y축을 그려 넣으면 2차원 평면이 만들어진다. x축과 y축이 서로 수직하다는 것을 어떻게 알 수 있는가?

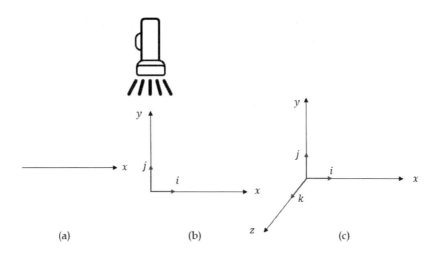

그림 2.13 (a) 한 쪽 방향으로 직선을 그리면 x축을 만들 수 있다. (b) x축에 수직한 방향으로 y축을 세울 수 있다. x축 방향의 단위벡터를 $\vec{i}$ 그리고 y축 방향의 단위벡터를 $\vec{j}$라고 하자. 손전등을 y축과 나란한 방향으로 x축을 향해 비춘다고 가정하자. $\vec{i}$와 $\vec{j}$가 서로 수직인 것은 $\vec{i}$의 길이인 1에 단위 벡터 $\vec{j}$의 그림자 길이를 곱한 값이 0이 되는지 확인하면 된다. 벡터의 스칼라곱을 취하면 된다. (c) 3차원 좌표계는 xy평면에 수직하게 z축을 세워 넣으면 된다.

(b)와 같이 y축과 나란하게 x축 방향으로 손전등을 비춘다고 가정하자. 만약 y축이 x축에 수직하게 세워졌다면 손전등의 불빛과 나란한 y축 방향의 단위 벡터인 $\vec{j}$의 그림자는 점이 된다. 이미 말한 것처럼 점의 크기는 '0'이다. 이 상황을 간단히 정리해 보자. 우선 x축과 y축 방향으로 단위 길이의 직선인 단위벡터 $\vec{i}$와 $\vec{j}$를 세워 놓는다. 그리고 $\vec{i}$에 수직하게 손전등을 비추어 x축에 드리워진 $\vec{j}$의 그림자 길이에 $\vec{i}$의 길이를 곱하자. 어떤 벡터의 길이에 위에서 비춘 불빛에 의해 만들어지는 다른 벡터의 그림자 길이를 곱하는 행위를 벡터의 스칼라곱 또는 내적inner product이라 부른다. (b)의 경우 $\vec{i}$의 길이는 단위 길이인 1이고 $\vec{j}$의 그림자 길이는 '0'을 곱하면 '1 × 0 = 0'이다. 결론적으로 x축과 y축은 수직하면 $\vec{i}$와 $\vec{j}$의 스칼라곱이 '0'이다. (c)에서도 같은 방법으로 z축을 세우면 되는데, z축 방향으로 단위벡터 $\vec{k}$를 그린 후 xy 평면으로 손전등을 비추어 직선 $\vec{k}$의 그림자 길이와 $\vec{i}$의 길이 그리고 $\vec{j}$의 길이를 곱해 그 곱이 각각 '0'이면 x축, y축 그리고 z축은 서로 수직하다. 이 방법을 계속 사용하면 이론적으로 네 번째 축인 l축을 x축, y축 그리고 z축에 모두 수직한 방향으로 세울 수 있다. 실제로 무한 차원의 공간을 만들 수 있다.

xyz공간에 수직한 네 번째 l축을 끼워 넣는 방법을 실제로 구현하는 것은 불가능하다. 아마도 우리의 지적 수준이 마치 개미에 머물러 있기 때문일 것이다. 그러나 수학적으로 서로 수직한 축들을 만들어가는 것은 간단히 그람-슈미트 과정 Gram-Schmidt process 으로 해결된다. 부록 1에 그람-슈미트 과정으로 수직한 n번째 축을 어떻게 만드는지를 설명하였고, n번째 축이 다른 축들과 각각 수직하다는 것을 증명하였다. 비록 수학적인 방법이지만, 지금까지 n차원 공간[22], 아니 더 일반화하여 무한 차원 공간을 어떻게 구현하는지 알아보았고 논리적으로 가능하다는 것을 확인했다.

이론적으로 n차원 공간이 가능하다면 "우리가 혹시 3차원이 아닌 고차원 공간에 살고 있지만, 고차원 공간을 인지하거나 상상조차 할 수 없는 한심한 개미의 지적 수준에 머물러 있는 것은 아닐까?"라는 질문이 문득 뇌리를 스친다. 이에 대한 현대물리학의 대답에 따르면 실험적으로 검증할 수 있는 정밀도 범위 내에서 우리는 3차원 공간에 사는 것같다. 우리가 3차원 공간에서 일어나는 사건을 경험하고 있는지, 아니면 실제로는 고차원에 살고 있지를 판명하는 방법이 있다. 물리학에 대한 약간의 사전 지식을 동원할 차례이다. 하지만 너무 겁먹지 말기 바란다. 중고등학교 다닐 때 이미 만유인력과 전기력에 대해 배웠다. 질량을 가진 두 물체 사이에는 끌어당기는 힘인 만유인력($F_G = Gm_1m_2/r^2$)이 작용하고, 전하를 가지고 있는 두 물체 사이에는 전기력($F_E = k_e q_1 q_2/r^2$)이 작용한다. 여기서 중요한 것은 만유인력이든 전기력이든 힘의 크기는 두 물체 사이의 거리 r의 제곱에 반비례한다는 점이다. 그렇다면 만유인력과 전기력이 $1/r^2$에 비례한다는 사실과 3차원 공간과는 어떤 상관관계가 있다는 말인가? 알아듣기 쉬운 예를 들어보겠다. 지도를 그릴 때 산의 높이와 경사도, 그리고 기울어진 방향을 손쉽게 표현하기 위해 등고선이라는 개념을 도입하면 된다. 익히 알고 있는 바와 같이 등고선은 지도에 필요한 정보를 추가하기 위한 보조수단인 가상의 곡선이다. 마찬가지로 물리학에서는 힘의 세기와 방향을 힘 선 field line (중력의 경우 중력선이고 전기력의 경우 전기력선)과 단위 면적당 힘 선의 개수인 선속 flux (힘 선의 밀도)이라는 개념을 도입하여 표현한다. 등고선이 조밀하면 경사도가 큰 것처럼, 힘 선이 조밀하면 다시 말해 선속이 크면 힘의 세기도 비례하여 커진다. 그림 2.14에 1차원, 2차원, 그리고 3차원 공간에서 점전하에 의한 전기력선을 표현하였다. (a)와 같이 1차원 공간에서는 직선의 폭이 '0'이기 때문에 힘의 세기에 비례하는 개수의 전기력선들을 그려 넣으려고 하면 직선 위에 서로 포개서 그릴 수밖에 없다. 원점에서 출발하여 직선을 따라 이동을 하더라도 전기력선은 직선을 벗어나

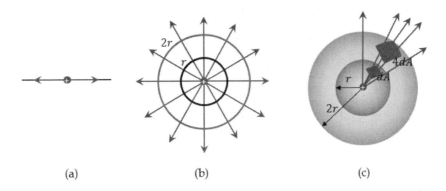

(a)   (b)   (c)

그림 2.14 (a) 1차원 공간에서 선속은 거리에 무관하게 일정하다. 따라서 전기력과 만유인력은 거리와 무관한 함수이다. (b) 2차원 공간에서는 선속은 거리에 반비례하므로, 힘은 거리에 반비례한다. (c) 3차원에서는 선속과 힘은 거리의 제곱에 반비례한다.

퍼져나갈 수 없으므로, 원점과의 거리가 변해도 전기력선의 개수는 바뀌지 않는다. 따라서 1차원의 세계에서는 거리가 변해도 전기력의 세기는 변하지 않아야 한다. 2차원의 경우는 (b)에 표시되어 있다. 원점에서 거리가 r인 원과 거리가 $2r$인 원을 통과하는 전기력선의 개수는 같다. 그러나 반지름이 r인 원과 $2r$인 원을 가로지르는 단위 길이당 전기력선의 개수 즉 전기 선속 electric flux은 다르다. 반지름이 r인 원의 원주는 $2\pi r$이고 반지름이 2배인 원의 원주는 $2\pi(2r) = 4\pi r$ 이다. 따라서 반지름이 $2r$인 원의 원주 위에서 전기 선속(단위 길이당 힘선의 개수)은 반지름이 r인 원 위의 선속에 비해 반으로 줄어든다. 전기력의 세기는 전기 선속에 비례하므로 2차원 공간에서 힘은 거리에 반비례한다. (c)와 같이 3차원의 경우 구 껍질의 면적은 $4\pi r^2$이므로 구 껍질 위의 전기 선속(이번에는 단위면적당 전기력선의 개수)은 반지름의 제곱인 r^2에 반비례하고 그에 상응하여 전기력도 r^2에 반비례한다. 현재까지는 정밀한 최첨단 장비를 이용하여 전기력의 세기를 측정해본 결과 전기력은 정확히 r^2에 반비례한다. 그러므로 전기력의 측정을 통해 우리가 3차원 세계에 산다는 것을 확인한 셈이다[23]. 이와 같은 힘의 거리 의존성을 일반화할 수 있는데, n차원 공간에서 원거리힘은 $1/r^{n-1}$에 비례해야 한다. 전기력은 정확히 거리의 제곱에 반비례하는 것이 밝혀졌는데, 만유인력의 경우는 어떤가? 만유인력은 전기력에 비해 엄청나게 작은 크기의 힘이라는 사실을 고려해야 한다. 전하와 질량을 동시에 가지고 있는 2개 양성자(수소 원자의 핵) 사이에 작용하는 전기력과 만유인력을 계산해 비교해 보면 전기력이 만유인력에 비해 약 10^{36}배[24] 1,000,000,000,000,000, 000,000,000,000,000,000배나 크다. 전기력이 만유인력에 비해 워낙 큰 힘이기 때문에 미약한 크기의 만유인력은 1/10 mm 이하의 짧은 거리에서 전기력에 가려져 있어 만유인력의 크기를 정확히 측정하기가 매우 어렵다. 측정 정밀도를 획기적으로 향상시켜 만유인력을 1/10 mm 이하의 영역까지 정확하게 측정할 수만 있다면, 만유인력이 크기가 r^2에 반비례하지 않는 경우를 발견하는 가능성 또한 배제할 수 없다. 포퍼에 따르면 $1/r^2$법칙이 아직 반증되지 않았을 따름이다.

만약 만유인력이 좁은 거리에서 $1/r^2$에 비례하지 않는다는 실험결과를 얻으면, 작은 크기에서 우리의 우주는 3차원이 아닌 고차원 세계여야 한다. 이 경우 3차원 이상의 고차원들은 아주 작은 공간에 밀집해 있다는 것을 의미하게 된다. 뿐만 아니라 만유인력의 법칙을 우리 은하를 넘어 광대한 우주 끝까지 정밀하게 측정해보지도 못했다. 혹시 우주 전체 크기에서 만유인력의 크기가 $1/r^2$에 비례하지 않는다면 어찌할 것인가? 그 경우에도 차원에 대한 해석은 달라져야 한다.

2.5 | 끈이론과 여분 차원

기본 입자가 끈이라는 최신이론인 초끈이론에 따르면 우리는 11차원의 세계에 살고 있다. 상상조차 어려운 주장이다. 끈과 막을 다루는 초끈이론은 인간이 가지고 있는 차원의 개념을 송두리째 흔들어 놓은 혁신적인 아이디어이지만, 초끈이론을 현대과학의 수준에서 검증하기는 어렵다.

지금까지 적어도 수학적으로는 3차원 이상의 고차원 공간을 어떻게 만들 수 있는지 알아보았다. 차원에 대한 논의가 순수 수학적 관점의 지적 유희 수준에 머무르는지, 아니면 물리적 탐구대상인지에 대해서는 논하지 않았다. "우주는 원래 고차원 공간이지만, 우리가 3차원 공간에 묶여있는 것은 아닌가?"라고 누군가 다소 생뚱맞게 들리는 질문을 한다면, 물리학자도 시원스럽게 대답할 수 없다. 맥스웰이 최초로 전기력과 자기력을 통일시킨 이후, 물리학자들은 계속해서 기본힘을 통일시켜 나가기 위해 부단히 노력하고 있다. 우주 초기에는 기본힘들이 궁극적으로는 하나의 통일된 모습을 하고 있었을 것이라고 생각하는 물리학자들이 많다. 독일 물리학자 칼루자 Theodor Kaluza[25]는 제1장에서 논의한 바와 같이 20세기 초 당시에 알려져 있던 두 개의 기본힘[26]인 전자기력과 중력을 통일하는 방법을 찾기 위해 고차원 공간을 진지하게 고민했다. 칼루자와 거의 동시대

인물인 아인슈타인도 공간과 시간의 문제를 해결하기 위해 노력했다. 아인슈타인은 뉴턴 시대 때부터 계속 논쟁거리로 남아있던 절대 공간 문제를 4차원의 시공간 spacetime이라는 대안을 제시해 해결했다.

4차원 시공간에서 물리적 사건을 정의하는 것이 당연하다. 예를 들어 오랜만에 친구에게 전화를 걸어 내일 점심 약속을 했다. 하지만 깜박하고 11시에 만나 간단한 쇼핑을 한 후 식사를 하자는 말을 하지 못했다. 11시 정각 약속 장소에 도착했는데, 친구의 모습은 어디에서도 찾을 수 없었다. 나는 50분 가량 기다리다 지쳐 집으로 돌아와 약속을 어긴 친구에게 전화를 걸어 화를 내었다. 그런데 놀랍게도 친구는 "점심을 같이 먹기로 약속했잖아. 지금도 약속장소에서 너를 기다리는 중이야"라고 대답했다. 그제서야 내가 약속 시간을 알려주지 않았다는 것을 떠올릴 수 있었다. 내가 깜빡하지 않고 약속 장소뿐만 아니라 약속 시간까지 알려주었다면, 오늘 친구와 쇼핑도 하고 같이 점심을 먹으며 즐거운 하루를 보낼 수 있었을 것이다. 이렇게 약속이 성사되려면 장소뿐만 아니라 시간을 알려주어야 한다. 마찬가지로 물리적 사건을 기술하려면 3차원 공간 좌표와 시간에 대한 정보를 모두 사용해야 한다. 3차원 공간과 시간으로 구성된 4차원 시공간을 운동의 절대기준으로 삼으면 물리학을 완벽하게 기술할 수 있다.

이제 시간을 제외한 순수한 공간으로 되돌아가 고차원 문제를 조금 더 깊이 살펴보자. 현대우주론은 휘어진 공간과 공간의 곡률[27]을 중요한 연구주제로 다루고 있어 물리학자들은 고차원 공간의 가능성을 열어놓고 있는 듯하다. '끈이론 string theory'이라는 새로운 이론이 4차원 이상의 고차원 공간을 본격적으로 물리학의 영역으로 끌어들였다. 3차원 공간 이상의 고차원 공간 문제를 다루면서 끈이론과 초끈이론 superstring theory을 피해갈 수 없다. 초끈이론은 끈이론의 문제점을 보완하기 위해 '초대칭 supersymmetry'을 추가한 최신 끈이론으로 이해하면 된다. 일부 이론물리학자는 초끈이론이 물리학 체계를 완성하는 궁극의 이론이라 추켜세우기도 한다. 하지만 끈이론이 제안하는 끈의 길이가 비현실적으로 짧아 실험으로 검증하는 것은 현실적으로 불가능해 보인다. 이러한 이유에서 다수의 물리학자는 물리학이 경험학문이라는 관점에서 실험적 검증을 허용치 않는(적어도 현대물리학의 수준에서 검증은 불가능하다) 끈이론을 과학이 아닌 철학이나 신학으로 분류해야 한다고 혹평하며 끈이론과 일정한 거리를 두려 한다. 끈이론은 '입자물리학의 표준모형'을 대체하기 위해 논의되고 있는 이론 중에서 강력한 후보임은 분명 하지만 적어도 현재까지 물리학계의 논란 거리로 남아있다. 만약 끈이론이 실험을 통해 검증될 수 있다고 하더라고, 모든 물리현상을 하나로 묶을 수 있는 궁극의 이론이라고까지 부

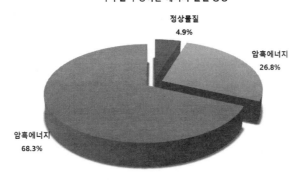

그림 2.15 우주를 구성하는 에너지-물질의 총량. Planck 우주선 관측결과에 따르면 우주는 정상물질은 4.9%, 암흑물질은 26.8%, 그리고 암흑에너지 68.3%로 구성된다.

르는 것은 적합해 보이지 않다. 그림 2.15와 같이 관측 가능한 정상물질이 우주 전체 에너지의 4.9%에 불과하고, 나머지 95.1%는 암흑물질 dark matter과 암흑에너지 dark energy 형태로 존재한다. 현시점의 최신 물리이론도 정상물질을 연구대상으로 취급하는 수준에 머물러 있다. 조금 너그럽게 생각하면 아마 현대물리학이 암흑물질까지는 연구 영역을 넓혀 나갈 수 있을 것 같다. 끈이론도 정상물질을 주요 연구대상으로 삼고 있고 초대칭 입자를 암흑물질의 후보로 취급하고 있으며 다양한 브레인 세계 시나리오에서 다른 가능한 후보물질도 등장한다. 하지만 끈이론이 암흑에너지까지 다루기에는 역부족인 것처럼 보여 궁극의 이론 후보라 부르는 것은 다소 과장된 표현이다.

물리학에 대한 사전 지식 없이 끈이론을 이해하기는 쉽지 않다. 그래도 끈이론과 초끈이론을 가능한 범위 내에서 이해할 수 있도록 설명하겠다. 20세기에 완성된 현대물리학의 쌍두마차라 할 수 있는 양자물리학과 상대성이론은 서로 '가까이하기엔 너무 먼 당신'[28]이다. 양자물리학과 상대성이론의 방정식들을 조합하면 무한대라는 황당한 결과를 얻는다. 무한대는 실험적으로 검증할 수 없는 크기이므로 어떤 물리적 의미도 부여할 수 없다. 다시 말해 양자물리학과 상대성이론을 결합한 이론인 양자장론 quantum field theory은 무한대가 발생하는 근본적인 문제점을 안고 있어, 양자물리학과 상대성이론을 조합하는 과정이 불완전하다고 유추할 수밖에 없다.

왜 물리학자들은 굳이 이렇게 심각한 문제를 일으키는 양자물리학과 상대성이론의 결합에 집착하는가? 우주의 팽창과 우주의 구조와 같은 거시세계의 문제들을 다루는 데 상대성이론을 사용하고, 분자, 원자, 그리고 소립자와 같은 미시세계의 물리현상을 다루는 데에는 양자물리학을 활용한다. 두 이론은 완전히 다른 길이의 세계에서 사용되므로, 구태여 두 이론을 결합할 필요가 없어 보인다. 느린 속도로 움직이는 물체의 운동을 특수상대성 이론으로 기술하면 뉴턴 역학과 같은 결과를 얻는다. 이들 비록 두 이론이 다른 모습을 가지고 있지만 주어진 조건(느린 속도)에서는 두 이론은 같은 결과를 제공한다. 느린 속도로 움직이는 물체를 기술하기 위해서는 뉴턴 역학이 충분하고 물체의 속도가 빛의 속도에 가까워지면 상대성이론을 사용해야 하는 것처럼, 미시세계에는 양자물리학을 거시세계에는 상대성이론을 사용하면 그만이지 않는가?

하지만 물리학자들은 반드시 양자물리학과 상대성이론을 동시에 사용해야 하는 물리현상이 존재한다는 사실을 잘 알고 있다. 블랙홀과 우주의 기원이 대표적인 사례이다. 블랙홀은 상상하기 힘들 정도의 엄청난 질량을 가지고 있지만 크기가 매우 작다. 블랙홀의 큰 질량으로 인해 블랙홀 주변의 공간이 심하게 왜곡되기 때문에 블랙홀을 다루려면 반드시 일반상대성이론을 적용해야 한다. 또 블랙홀이 차지하는 공간이 작아 양자물리학적 현상도 두드러지게 나타난다. 블랙홀 물리를 이해하기 위해서 왜 두 이론을 결합해야 하는지 그 이유가 분명해졌다. 블랙홀의 경우 사건의 지평선 event horizon[29]이 있어, 우리는 사건의 지평선 넘어 블랙홀 내부에서 일어나는 물리현상에 관한 정보를 얻을 수 없다. 그렇다면 군이 블랙홀 문제에 관심을 가져야 하냐고 반문할 수 있다. 비록 측정은 불가능하겠지만 물리법칙이 성립하지 않은 예외 상황이 엄연히 존재한다면, 우리의 물리체계가 논리적으로 불완전하다는 의미가 된다. 이러한 예외적 상황도 우리가 다루어야 하는 탐구 범주에 속한다.

양자물리학과 상대성이론을 결합해야 하는 두 번째 이유로 대폭발 즉 빅뱅이론을 꼽을 수 있다. 빅뱅이론에 의하면 우주는 특이점에서 출발하여 138억 년 동안 팽창하면서 현재의 우주 모습을 갖추게 되었다. 우주의 기원과 태초를 밝히려면 반드시 아주 좁은 영역에 초고온 상태로 밀집해 있는 초기 우주의 상태에 대해 알아야 한다. 우주의 근원에 관한 연구를 위해서라도 양자물리학과 상대성이론 사이에 일어나는 모순을 반드시 해결해야 한다. 현대물리학의 한계를 뛰어넘을 수 있는 새로운 이론이 필요하다는 것은 분명해졌다.

물리학계의 난제인 양자물리학과 상대성이론의 부조화를 일거에 해결할 수 있다고 등장한 이론이 바로 끈이론이다. 끈이론에 대한 자세한 설명은 그린 Brian Greene의 '우주의 구조'[30]를 참조하길 바란다. 끈이론은 아주 우연한 계기에 발견되었다. 이탈리아 이론물리학자인 베네치아노 Gabriele Veneziano는 1968년 스위스와 프랑스 국경 지역에 위치한 유럽입자물리연구소 CERN에서 입자가속기 실험 결과를 분석하고 있었다. 베네치아노는 신기하게도 많은 실험데이터가 오일러 베타함수로 잘 해석된다는 것을 발견했다. 그러나 그는 왜 실험 결과가 '오일러 베타함수 모델 Euler beta function model'과 잘 일치하는지 이유를 이해하지 못했다. 베네치아노의 발견 후 2년이 지난 1970년에 서스킨트 Leonard Susskind와 닐센 Holger Bech Nielsen 그리고 남부 Yoichiro Nambu가 오일러 베타함수 모델을 일반화하는 과정에서 물리적 의미를 찾아냈다. 이들은 '만약 두 개의 입자 사이에 아주 작고 가는 탄성을 가진 끈 같은 것이 연결되어 있고 그 줄을 통해 핵력이 전달된다고 가정하면, 양자역학적 해답은 오일러 방정식의 형태로 주어진다'라는 사실을 밝힌다. 이로써 초기 끈이론인 이중공명모델 dual resonance model이 제안되었다. 끈이론은 기본입자를 점입자 point-like particle로 간주하던 기존의 물리이론을 '1차원의 끈으로 대체'하는 매우 혁신적인 것이었지만, 다른 물리학자들의 이목을 끌지는 못했다. 그 당시에 등장한 양자색역학 quantum chromodynamics이 핵력과 관련된 실험데이터를 군더더기 없이 말끔하게 설명했기 때문에, 다소 황당하게 들리는 끈이론은 금방 사람들의 관심 밖으로 밀려났다. '모든 과학적 진술은 반증 될 수 있어야 한다'는 포퍼의 비판적 합리주의적 관점에서 끈이론의 의미를 살펴볼 필요가 있다. 끈이론은 양자물리학적이어야 하고 로렌츠 불변의 특성을 보여야 하며 낮은 에너지 한계 low energy limit에서는 아인슈타인의 상대성이론을 내포해야 한다. 그래서 양자물리학이나 로렌츠 변환 또는 일반상대성이론을 반증하는 것이 바로 끈이론을 반증하는 것이므로, 끈이론은 과학적 이론이 될 자격을 충분하게 갖추고는 있다. 끈의 길이보다 먼 거리에서 끈을 보면 질량과 전하 그리고 스핀을 가지고 있는 입자와 다름이 없어, 끈이론과 기존의 물리이론이 서로 상충되지도 않는다. 오히려 끈이론에서 입자는 일종의 진동하는 1차원의 끈이므로[31], 기본입자를 점입자로 취급하는 기존의 입자물리이론이 가지고 있는 문제를 해결할 수 있다는 장점이 있다. 우선 끈을 먼 거리에서 바라보면 점입자와 다름없어 거시적 관점에서는 기존의 역학 체계를 그대로 사용할 수 있다. 끈이론을 양자물리학적 방식으로 재해석하면 반드시 질량이 '0'이고 스핀이 '2'인 새로운 입자가 있어야 한다. 하지만 이러한 특성을 가지는 입자는 아직 발견되지 않았다. 중력의 매개 입자, 즉 중력자 graviton[32]가 존재한다고 하면, 바로 그 중력자의 질량은 '0'이고 스핀은 '2'일 것이라 예측된다. 끈이론이 예견한 입자가 바로 중력자일 가능성이 있다. 끈이론은 당초 핵력을 설명하는 수단으로 제안되고 연구되었지만, 중력자의 존재를 예견함으로써 양자중력이론 theory of quantum gravity으로 그 영역을 확장할 수 있는 발판을 마련했다. 이렇게 끈이론의 꺼져가던 불씨가 다시 살아나기 시작했지만, 기뻐

하기엔 너무 일렀다. 끈이론은 몇 가지 약점을 가지고 있다. 반복적으로 지적하지만 현재의 과학 수준으로는 끈이론을 실험적으로 검증하기가 현실적으로 불가능하다는 것이 첫 번째 약점이다. 끈의 길이가 길수록 매개하는 힘도 비례하여 커지므로, 크기가 매우 작은 중력을 끈이론으로 설명하려면 중력자의 길이가 플랑크 길이[33] 정도로 지극히 짧다고 가정해야 한다. 플랑크 길이는 실험을 통해 검증할 수 없는 짧은 길이이므로, 중력자를 입증하는 것도 요원하다. 경험론적 귀납주의에 따르면 물리학은 재연 가능한 자연현상을 기술해야 하는데, "실험적으로 검증 불가능한 이론인 끈이론을 연구하는 건 재미있긴 한데, 그것을 연구해서 뭘 어쩌겠다는 거냐?"는 지적에 직면한다. 즉 끈이론이 반증될 수 있어 과학적 진술이 될 자격을 갖추고는 있지만, 현실적으로는 반증의 도전을 허용하지 않는 셈이다.

끈이론은 수학적 어려움 때문에 아직까지도 완결된 이론으로 확립되지 않았다는 점도 결정적 약점이지만, 이 이론이 마주했던 두 번째 문제점은 표준모형이라는 너무나 강력한 경쟁자를 만난 것이었다. 1970년대에 집중적으로 연구되던 표준모형은 입자를 점으로 취급하며 입자물리 분야의 실험 결과를 잘 기술하는 성공적인 현상론적 모델 phenomenological model로서 위력을 발휘하고 있었다. 표준모형의 단점들은[34] 일단 미제의 문제로 남겨두고 중력을 제외한 다른 기본힘을 연구하는데 표준모형이 널리 사용되었다. 하지만 표준모형은 현상론적 모델이므로 분명한 물리적 한계점들을 가지고 있어 '이론'이라는 호칭도 얻지 못했다.

끈이론의 세 번째 약점은 소위 비정상 anomaly(게이지비정상, 혼합비정상 그리고 중력비정상)문제에 있었다. 어떤 이론도 비정상문제를 제대로 해결하지 못하면 이론으로서 가치를 인정받을 수 없다. 다행스럽게도 끈이론의 비정상문제(제I종 끈이론의 비정상문제)는 1984년 스워츠 John Henry Schwarz와 그린 Michael Boris Green이 해결했다. 비정상문제가 해결된 후, 비로써 끈이론은 물리적으로 의미 있는 새로운 이론으로 인정받게 된다. 여기서 재미있는 사실은 1980년대에 이르면서 중력을 제외한 다른 기본 세 가지 상호작용인 전자기적상호작용 electromagnetic interaction, 약한 상호작용 weak interaction, 그리고 강한상호작용 strong interaction이 상당 부분 실험을 통해 규명되었고 표준모형을 통해 잘 설명되었다는 점이다. 그래서 중력을 포함하지 못하는 근본적인 단점을 갖는 표준모형을 대체하는 진일보된 새로운 이론을 찾아 나서려는 동인動因이 생겼다. 이러한 물리학계의 지적 호기심은 끈이론이 새로운 중흥기를 맞이하는데 일조한다. 세상만사가 다 그렇지만 성공하려면 사람이나 이론이나 시대를 잘 만나야 한다.

끈이론이 심각한 단점들을 가지고 있지만, 결코 가볍게 볼 수 없는 장점을 가지고 있다. 표준모형은 입자를 크기가 없는 점으로 취급하는 반면, 끈이론은 끈을 1차원 대상으로 진동을 허용한다는 점을 상기하자. 표준모형이 기본입자를 크기가 없는 점입자로 간주하는데, '크기가 없는'에 방점이 찍혀있는 것이 아니라 '기본 입자가 내부 자유도 internal degree of freedom를 가질 수 없다'는 것으로 받아들여야 한다. 표준모형에서 크기가 없는 입자들이 모여 유한한 크기의 공간을 채우는 물질세계를 이룬다고 하면, 이것은 분명 우리의 직관에 반한다. 왜냐하면, 0에 0을 아무리 반복적으로 더해도 그 결과는 0일뿐이다. 끈과 끈의 진동이 뭐 그리 대단하냐고 할지 모르겠지만, 끈은 유한한 크기를 가지고 있고 또 끈의 진동을 통해 에너지를 저장할 수 있어 진동하는 패턴에 따라 내부적 세부구조 즉 내부 자유도를 가질 수 있다. 이런 끈이론의 과감한 아이디어를 받아들이면 물리학은 전통적 환원주의적 관점을 계속 유지할 수 있다. 환원주의적 관점에서 우주는 기본 구성 요소와 기본 상호작용인 소수의 기본 요소要素로 환원되어야 한다. 그러나 표준모형은 12개의 페르미온[35]과 4개의 게이지보존 그리고 1개의 힉스 보존, 이렇게 총 17개의 입자를 기본입자로 상정한다. 표준모형의 구조가 너무 복잡하고 기본입자의 개수가 너무 많아 보인다. 이에 반해서 끈이론에서는 물질을 구성하는 최소 단위가 유일하게 '끈'이다. 끈의 진동패턴에 따라 다른 형태의 입자로 모습을 드러낸다. 바이올린과 같은 현악기로 다양한 높이의 음을 연주할 수 있는데, 현은 여러 가지 패턴으로 진동한다. 한 개의 줄로 여러 가지 음을 만들어내듯이, 끈의 진동패턴을 변화시키면 여러 종류의 입자를 만들 수 있다.

끈이론에 의하면 모든 입자의 기본 단위인 끈의 길이가 너무 짧아 현존하는 최대 입자가속기인 LHC와 같은 대형 실험장치로도 점으로밖에 보이지 않는다. 끈이론은 실험적으로 검증 불가능한 탁상공론이란 비아냥이 뒤따를 수밖에 없다. 하지만 끈이론의 아름다움은 표준모형의 다양한 기본입자를 끈이라는 하나의 개념으로 통합하여 설명하는 간결함에 있다. 이런 굴곡의 역사적 배경 속에서 탄생한 끈이론은 계속되는 부침浮沈에도 불구하고 과학자들이 끈기있게 연구한 결과, 발전에 발전을 거듭하면서 표준모형을 대체하는 대안으로 물리학계의 주목을 받고 있다.

끈이론을 연구하다 보면 스핀이 1/2인 진동패턴(페르미온)에 대해 스핀이 1/2만큼 차이나는 스핀이 0인 진동패턴(보존)이 대응되고, 반대로 보존에 대해서는 페르미온이 항상 짝으로 대응된다는 것을 발견한다. 정수 스핀(보존)과 스핀이 1/2 차이 나는 스핀 1/2(페르미온)을 초입자 superpartner라 부르고, 이들 사이의 대칭 관계가 초대칭 supersymmetry

이다. 끈이론에 초대칭성을 포함한 한층 완결된 모습의 초끈이론 superstring theory이 제안되었다. 초끈이론은 중력문제를 포함한 기본힘을 모두 다룰 수 있을 뿐만 아니라 표준모형이 다소 지저분하게 보인다는 문제점도 단숨에 해결한다.

그러나 진일보한 초끈이론조차 해결하지 못한 단점이 있다. 끈의 다양한 진동패턴이 여러 종류의 입자를 재현할 수는 있지만, 끈이 가질 수 있는 진동패턴의 수가 한정되지 않아 무수히 많은 종류의 진동패턴이 만들어진다. 우리가 확실히 알고 있는 것은 우주에 존재하는 입자의 종류는 유한하다는 것이다. 이러한 사실은 무수히 많은 진동패턴을, 다시 말해 무수히 다양한 종류의 입자를 허용하는 초끈이론과 정면으로 배치된다. 또 초끈이론이 중력자를 포함하려면, 끈의 길이를 점차 줄여나가야 하고 길이가 짧은 끈은 엄청난 크기의 장력을 가지게 된다. 같은 굵기의 끈이라도 길이가 짧아지면 구부리기 어렵고 따라서 장력이 커진다. 초끈이론으로 중력을 설명하기 위한 입자의 에너지[36]를 계산해 보니, 상상을 초월하는 어마어마한 크기의 질량을 가져야 한다는 달갑지 않은 결론에 도달한다.

초끈이론은 꾸준히 단점들을 개선하여 발전했지만, 초끈이론을 3차원 공간에 적용하면 정말로 끔찍한 일이 발생한다. 문제를 해결하려면 반드시 3차원이 아닌 9차원 그리고 시간 차원 1개를 더해 10차원의 시공간을 도입해야 한다. 초끈이론 학자들은 감히 시도하지 않았던 3차원 공간을 버리고 10차원의 세계로 뛰어들었다. 20세기 초 양자물리학과 상대성이론과 같은 현대물리학이 눈부시게 발전했지만, 한 번도 3차원 공간에 관해 의심하지 않았다. 그런데 뜬금없이 초끈이론이 등장해서 상상조차 하지 않았던 10차원 시공간의 도입이 필요하다고 주장하면서 우리를 혼란에 빠뜨렸다.

그림 2.16 (a)는 민속촌에서 줄타기 명인이 외줄 위에서 공연하는 모습을 찍은 사진이다. 줄광대는 하늘로 솟아올랐다가 단 한 치의 오차도 없이 정확히 줄 위로 착지하는 아슬아슬한 곡예를 펼친다. 가느다란 줄(멀리서 보면 마치 폭이 없는 1차원 선처럼 보인다) 위에서 춤추며 흥겹게 공연한다. 그러나 공연이 끝난 후 공연장에 가까이 다가가 줄을 자세히 살펴보면, (b)와 같이 가늘게만 보이던 줄이 제법 굵직하다는데 놀란다. 줄에 붙어 있는 개미는 시계방향과 반시계방향으로 마음대로 돌아다닐 수 있고, 앞뒤로도 움직일 수도 있다. 이처럼 개미는 밧줄의 표면(2차원 표면)을 자유롭게 움직이지만, 멀리서 바라보는 관객에게 줄은 1차원 구조로 보이고 줄광대는 앞뒤 방향으로만 움직인다.

특정 차원(예를 들어 줄의 2차원적 표면)이 미세한 영역에 작은 크기로 숨어 있다면 찾아내기가 쉽지 않다. 마찬가지로 우주에 네 번째 공간 차원이 작은 크기로 숨어 있다

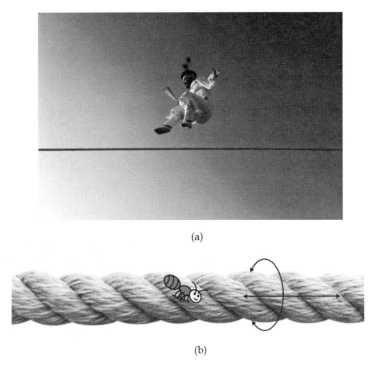

(a)

(b)

그림 2.16 (a) 줄타기 모습(민속촌 줄타기 홈페이지 참조). 줄을 타는 줄타기 명인은 하늘로 날아올랐다 한 치의 오차도 없이 정확히 줄 위로 다시 돌아온다. (b) 밧줄을 가까이에서 들여다보았을 때 개미가 한 마리 기어가고 있었다. 개미는 밧줄의 표면을 따라 돌 수도 있고 앞뒤로 움직일 수도 있다.

면, 아직까지 우리에게 발각되지 않고 비밀을 간직하고 있을 것이다. 1921년 칼루자가 당시까지 알려져 있던 기본힘인 중력과 전자기력을 통일시키기 위해 제안했던 고전적인 5차원 이론을 이용해 네 번째 공간 차원을 양자물리학으로 계산하면, 네 번째 차원의 크기는 대략 플랑크 길이 정도에 불과하다. 만약 추가 차원이 이렇게 작다면 왜 아직까지 발견되지 않았는지 쉽게 이해할 수 있다. 칼루자가 제안한 미세한 차원을 추가하는 방법을 이해하거나 상상할 수는 없을까? 3차원 공간에 여분 차원을 추가한 모습을 상상하는 것은 불가능하다. 그래도 추가 차원을 도식적으로 표현하기 위해 3차원 공간을 2차원 평면으로 대체하고, 그 2차원 평면에 여분 차원을 그려보자. 이 방법은 3차원 공간에 여분 차원을 추가하는 것과 원리적으로 똑같다. 그림 2.17의 (a)처럼 지름이 플랑크 길이 정도인 작은 원을 격자점마다 그려 넣었다. 비록 원의 크기는 플랑크 길이에 불과하지만, 원호를 따라 앞뒤로 무한히 움직일 수 있다는 측면에서 1차원 여분 차원인 작은 원은 일반적인 공간과 본질이 같다. (a)는 2차원 평면에 여분 차원을 너무 빽빽이

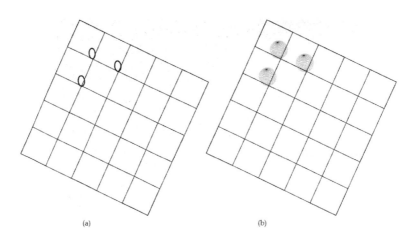

그림 2.17 (a) 3차원 세계(이해하기 쉽게 3차원 세계를 2차원 격자로 표시했음)에 미세한 크기의 네 번째 여분 차원을 그려 넣은 모습. 여분 차원 3개를 격자점에 표시하였다. (b) 같은 방법으로 3차원인 여분 차원을 2차원 표면으로 표시해 그려 넣었다.

그려 넣으면 복잡하게 보일 수 있어, 세 개의 여분 차원만 도식적으로 표시했다. 그림에는 여분 차원이 기존의 평면에 붙어 있는 것처럼 보이나(실제로는 비록 상상하기 힘들지만) 전혀 새로운 독립적인 차원이다. 원 모양의 여분 차원을 그림으로 표시할 수 있는 능력도 갖지 못하기 때문에 상상이라도 해보기 위해, 비록 엄밀한 의미의 여분 차원은 아니겠지만 그림에 도식적으로 표현했다. (b)는 원 대신 구면인 2차원 여분 차원을 포함하는 5차원 공간(2차원 평면으로 표현했지만, 일반적인 3차원인 공간과 2차원의 작은 구면)을 형상화했다. (b)에 2차원 구면을 3차원 구로 대체하면, 구의 내부로도 움직일 수 있어 6차원 공간이 만들어진다. '신기한 스쿨버스[37]'에 나오는 주인공들처럼 작아질 수만 있다면, 3차원 공간을 움직이다가 새로 추가된 미세한 크기의 3차원 여분 차원으로 들어가 거기서도 자유롭게 여행을 계속할 수 있다. 정말로 상상하기가 어렵지만 이렇게 여분 차원 아이디어를 계속 반복하면 원칙적으로 9차원의 공간 그리고 시간의 차원을 추가한 10차원의 시공간을 만들어 낼 수 있다. 만약 여분 차원이 플랑크 크기의 좁은 공간에 말려있다면, 우리는 멀리서 줄타기 공연을 관람하는 관객처럼 개미가 즐기고 있는 밧줄의 여분 차원을 알아채지 못한 채 9차원 공간을 3차원이라 믿고 살아갈 것이다.

칼루자는 중력과 전자기력을 통일하겠다는 실용적 이유에서 여분 차원을 도입했기 때문에 칼루자의 여분 차원은 논리적 필연성이 다소 결여된 순수한 영감에 기초한 반짝이는 아이디어 수준이다. 이러한 칼루자의 여분 차원 아이디어는 끈이론을 만나면서 물리적 의미를 얻게 되었다. 끈이론 체계에 기초하여 계산한 결과 놀랍게도 시공간의 차원은 10차원이어야 한다는 이론적 근거가 제시되었다. 끈이론의 방정식은 차원의 개수뿐만 아니라 차원의 형태까지 예견하고 있다. 소위 6차원인 칼라비−야우 형태의 여분 차원은 이미 수학자인 칼라비 Eugenio Calabi와 야우 Shing-Tung Yau에 의해 제안되었다. 우리가 인식하는 3차원 공간에 칼라비−야우 형태의 6차원의 여분 공간을 더하면 쉽게 끈이론이 요구하는 9차원의 공간을 얻는다. 여기서 궁금한 질문은 "왜 끈이론은 3차원 공간에 6차원의 여분 차원을 포함한 9차원 공간을 요구하는가?"이다. 수식을 동원하지 않고 그나마 이해할 수 있는 설명을 찾아내기가 쉽지 않다. 우선 2차원 평면에 놓여있는 끈을 생각해 보자. 2차원 평면에서 전후좌우 네방향으로 움직일 수 있어 끈은 진동패턴이 전후좌우 운동의 형태를 가질 수 있다. 그러나 1개의 차원을 추가한 3차원 공간에서는 진동패턴이 더욱 다양해진다. 끈이론에서 진동패턴의 성질은 이미 정해져 있다. 3차원 공간에서 가능한 진동패턴의 개수가 너무 작아 끈이론의 방정식을 충족하지 못한다. 반드시 공간 차원을 9차원으로 확대해야 만족한 결과를 얻는다. 끈이론이 9차원 공간을 요구하는 이유가 바로 여기에 있다.

나는 어떤 특정 문제에 대해 적절한 물리적인 설명을 제시하지 못하고 수식을 동원해 대답하려고 노력하는 사람들을 보면서 '아하 저 사람은 문제의 본질을 정확히 이해하지 못하고 있구나'라고 생각했다. 많은 경우 내 생각이 옳았다. 끈이론을 연구하는 이론물리학자들이 여분 차원에 관한 질문을 온갖 수식을 동원해 설명하는 것을 보면, 아직 끈이론 전공자들도 문제의 핵심을 이해하지 못하고 있는 것이 분명해 보인다. 아니 조금 더 공정하게 말해, 우리 인간의 지적 수준이 여분 차원 문제를 이해할 만큼 충분치 않다. 여분 차원의 정확한 크기와 형태가 끈의 진동패턴에 결정적인 영향을 미치고 입자의 특성은 차원의 크기에 따라 좌우된다. 끈이론의 조건을 만족하는 칼라비−야우 형태의 6차원의 여분 공간의 종류는 무려 수십만 개에 달한다. 안타깝게도 그중에 어느 것이 옳은 형태인지 골라내는 방법을 알아내지 못했다. 그리고 여분 차원이 얼마나 큰지도 알지 못한다.

우리가 사는 우주가 거시적인 3차원과 초미세 영역에 존재하는 6차원의 여분 차원으로 구성된 9차원 공간이라면, 우리가 바라보는 시공간의 구조는 어떤 모습일까? 끈이론이 중력문제를 다루려면 끈의 길이를 플랑크 길이까지 짧게 만들어야 한다. 플랑크 길이란 자연 상수인 플랑크 상수와 중력 상수 그리고 빛의 속도로 정의되는 길이이며 양자물리학적인 의미를 가지는 최소 단위이다. 그러면 플랑크 길이 수준의 초미세 공간과 초미세 시공간은 어떤 모습일까? 양자중력이론에 의하면 공간을 점점 작게 잘라 플랑크 길이 단위에 이르면, 양자효과가 중요해져 플랑크 길이보다 가까운 곳에 위치하는 두 점을 구분하는 것은 불가능하다. 마찬가지로 시간도 플랑크 시간[38]보다 더 세분화하는 것은 의미가 없다. 표준모형에서는 입자가 크기를 가지지 않기 때문에 우주를 무한히 작게 자를 수 있다. 하지만 끈이론의 관점에서는 공간을 잘게 자르는 작업의 한계가 있어, 우리가 사는 공간과 시간을 플랑크 스케일이 최소 단위인 불연속한 객체로 간주해야 한다. 조금 더 자세히 설명하면 플랑크 길이보다 공간을 더 세분화하여 자를 수 없다는 뜻이 아니라, 플랑크 길이보다 공간을 더 쪼개어 나간다는 발상은 "마치 길이는 아름다운 것일까?"에 대해 논쟁을 벌이는 것과 같이 아무런 의미가 없다는 뜻이다.

끈이론은 몇 가지 물리현상에 대한 대안을 제시했지만 20세기 말까지 매우 단편적이고 지엽적으로 개발되었다. 끈이론을 연구하는 물리학자들은 자연 현상을 설명하는 궁극의 이론을 개발한다는 거대한 포부를 밝혔지만, 그들은 우연히 발견한 지식의 조각들로 이론체계를 완성하려는 치기 어린 사람으로 비쳤다. 마치 전자상가에서 몇 가지 부속품을 구매해 지적인 인공지능을 가지는 수퍼컴퓨터를 조립하려는 시도에 비견할 수 있다. 수학적으로 합리성을 가지는 끈이론은 '제 I종, 제 IIA종, 제 IIB종, 상이한 형태 heterotic의 O형, 그리고 상이한 형태의 E형' 이렇게 무려 다섯 가지에 달한다. 이들 끈 이론은 공통으로 10차원의 시공간을 요구하지만, 서로 다른 이론인 것처럼 보인다. 이들 다섯 개 이론 중에서 어느 것이 옳은 것인지 불분명하고 또 이렇게 많은 이론이 존재한다면 어떻게 '끈이론이 의미 있는 이론이 될 수 있을까?'라는 회의에 빠져든다. 그러나 1995년 위튼 Edward Witten은 다섯 개의 이론을 하나로 통합하는 M-이론을 발표한다. M-이론의 정체는 아직 명확하지 않다. 아리랑의 원조라 알려진 경기아리랑이 입에서 입으로 구전되면서 서서히 변해 서울아리랑, 밀양아리랑, 진도아리랑, 정선아리랑, 그리고 춘천아리랑과 같이 다섯 가지 서로 다른 형태로 분화했다고 하자. 이들 다섯 가지 아리랑은 원곡인 경기아리랑을 통해서 서로 하나로 연결되는 것과 마찬가지로 M-이론도 다양한 변주곡인 다섯 가지 서로 다른 형태인 끈이론의 원곡 原曲이라는 해석이 가능하다. 다섯 가지 끈이론을 연결해주는 M-이론은 공간이 9차원 아니라 한 개의 차원이 추가된 10차원이며 그 결과 총 11차원인 시공간을 가정한다. 요약하면 끈이론 전공자들은 10차원 시공간에서 양자역학과 일반상대성이론을 통합하는 기틀을 마련했고, 위튼은 1차원을 추가하여 11차원의 시공간에서 다섯 개의 끈이론을 하나로 연결했다.

끈이론에서 모든 입자의 본질은 끈이다. 그러면 왜 하필 끈인가? 2차원 원반이나 3차

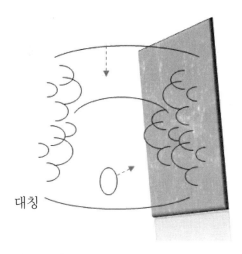

대칭

그림 2.18 브레인에 붙어 있는 닫힌 끈들과 열린 끈들. 열린 끈의 양 끝은 한 개의 브레인에 붙어 있을 수 있고, 두 개의 서로 다른 브레인에 붙어 있을 수도 있다. 점선으로 표시한 바와 같이 닫힌 끈들은 브레인을 자유롭게 벗어날 수 있지만 열린 끈들의 양 끝은 브레인에 구속되어 있어 브레인을 떠날 수 없다.

원 덩어리는 만물의 기본 단위가 될 수 없는가? 사실 양자역학의 태동기에 입자를 3차원 덩어리로 간주했던 이론도 제안되었다. 하지만 입자가 크기를 가지는 순간 "크기를 가지는 입자의 확률밀도가 0과 1 사이의 값을 가지지 않거나 빛보다 빠르게 운동을 하게 된다"는 모순적 상황에 직면한다. 확률은 0과 1사이(0% −100%)의 값을 가져야만 하고 상대성이론에 따르면 물질은 빛보다 빠르게 움직일 수 없다. 이러한 이유로 표준모형은 기본입자를 크기가 없는 '0'차원의 점으로 간주할 수밖에 없었다. 1차원의 끈은 이러한 물리적 모순을 야기하지 않는다. 만약 끈을 2차원 이상으로 확장시키면 수가 급격하게 줄어든다. 점은 기본적으로 무한한 대칭성을 가지고 있지만, 차원을 높여나가면 대칭성이 줄어들기 때문이다. 차원이 2차원 이상인 끈(아마도 끈이 아니라 얇은 막과 같은 형태이겠지만)은 너무 낮은 대칭성 때문에 끈이론의 방정식을 만족하지 않는다. 그러나 위튼은 2차원 이상의 요소도 M−이론에 포함될 수 있다는 사실을 알아낸다. 위튼에 따르면 만물의 근원은 2차원의 막인 브레인brane일 수도 있고 또는 3차원의 3−브레인 three-brane 나아가 p−차원의 p−브레인일 수 있다. 가히 혁신적인 시도라 할 수 있다. 이때 p는 물론 10보다 작은 값이다. 위튼의 M−이론에 의하면 1차원의 끈은 모든 것이 아니라 일부였던 셈이다. 그렇다면 M−이론 이전의 끈이론은 왜 이러한 브레인을 예견하지 못했을까? 이유는 기존의 끈이론은 근사적인 방정식을 사용했고 그래서 다양한 형태의 브레인을 구분해 낼 수 없었다. 실제로는 2차원 이상의 끈은 존재하지 않으므로 2차원 또는 고차원 끈으로 부르기가 불가능하여 p-브레인이라는 표현을 사용한다. 브레인 이론이 맞는다면 우리의 우주관에 커다란 변화를 가져오게 된다. 우주는 방대한 규모의 브레인일 수 있다. 브레인 세계관은 기존의 끈이론에 비해 나중에 등장한 최신이론이다. 그래서 보다 혁신적이고 더 믿기 힘든 우주관을 제공한다.

10차원 보다 낮은 임의의 차원을 가질 수 있는 p-브레인과 끈으로 이루어진 우주를 생각해 보자. 만물의 기본 단위라고 하는 끈은 끝이 열린 형태(U자 형태)와 끝이 닫힌 고리 모양(O자 형태)을 취할 수 있다. 끝이 열린 형태의 끈의 경우 그림 2.18에 도식적으로 표시한 바와 같이 브레인이 열린 끈의 양쪽 끝을 단단히 붙잡고 있다[39]. 열린 끈의 양쪽 끝은 브레인에서 떨어질 수 없어 브레인을 떠날 수 없다. 반면 타원 모양으로 표시된 닫힌 고리 형태의 끈은 끝이 없어 브레인에 구속되어 있지 않아 브레인을 떠날 수 있다. M-이론에 의하면 우리의 우주는 3-브레인(우리가 3차원으로 인지하는 우주)이다. 왜 우리는 3-브레인을 벗어나 여분 차원을 볼 수 없는가? 빛의 알갱이인 광자는 특정한 진동패턴을 가지고 있는 열린 끈에 해당한다. 열린 끈의 양쪽 끝은 브레인에 붙어 있어 광자는 3-브레인을 벗어날 수는 없고 브레인 내부에서만 이동할 수 있어 우리 눈에 우주는 완전히 투명하게 보인다. 전자기력을 매개하는 입자는 광자이므로 전자기력은 3-브레인에 갇혀있다. 그러면 우리의 3-브레인 이외의 여분 차원은 도대체 어디에 있다는 말인가? 여분 차원을 보기 위해서는 누군가는 여분 차원을 다녀와 우리에게 정보를 전달해야 한다. 물리적 기본힘에서 전자기력을 전달하는 입자인 광자가 가능한 매개체가 될 수 있다. 하지만 광자는 3차원 공간을 벗어날 수 없으므로 여분 차원을 다녀올 수 없다. 그렇다면 다른 기본힘을 매개하는 입자들의 경우는 어떤가? 안타깝게도 강한상호작용을 매개하는 글루온과 약한상호작용의 매개입자인 W 보존과 Z 보존 모두 열린 끈에 해당한다. 이들도 광자와 마찬가지로 여분 차원의 비밀을 벗겨줄 수 없다. 비록 우리 주위에 다른 거대한 브레인이 존재한다고 하더라도 우리가 그 브레인의 존재를 전혀 느끼지 못하고 살아갈 수밖에 없다. 그러나 중력을 전달해주는 가상의 입자인 중력자의 경우는 다르다. 중력자는 닫힌 고리 형태의 끈이고, 닫힌 끈이 3-브레인을 자유롭게 벗어날 수 있는 것처럼 중력자도 3-브레인을 빠져나갈 수 있다. 그래서 중력은 고차원 공간의 비밀을 밝혀줄 수 있는 유일한 희망인 셈이다. 중력자가 3-브레인을 벗어나 여분 차원으로 이동 가능하다면, 중력이 $1/r^2$의 거리 의존성을 벗어나는 다른 형태를 취해야 한다. 즉 우리의 우주가 n차원이라면 중력은 $1/r^{n-1}$의 거리 의존성을 보여야 한다. 중력은 너무 작은 크기의 힘이어서 짧은 거리에서 중력의 크기를 정밀하게 측정하는 것은 매우 어렵다. 중력이 1 mm 이내의 거리에서 $1/r^2$을 벗어나는지를 확인하는 노력은 현재진행형이다. 중력이 3차원 공간인 3-브레인을 벗어나 여분 차원으로의 이동이 가능하므로, 중력이 다른 기본 힘들에 비해 왜 엄청나게 작은지 이해할 수 있다. 많은 수의 중력자가 다른 여분 차원으로 사라지기 때문에 우리의 3차원에서 중력은 미미한 효과만을 남긴다. 고에너지의 입자를 서로 정면 충돌시키면 중력자가 생성될 수 있고 이들 중력자가 여분 차원으로 사라질 수도 있다. 중력자가 생성되는 충돌실험에서 충돌 전의 입자들의 에너지보다 충돌 후 입자들의 에너지가 작아진다면, 사라진 에너지는 중력자 형태로 우리의 3차원 공간을 이탈하는 것이다. 이러한 가정 아래 스위스 Cern의 거대강입자가속기LHC를 이용하여 중력자의 생성과 여분 차원으로의 이탈을 관찰하여 끈이론을 검증하려는 실험을 시도하고 있다. LHC 실험 결과로 중력자의 존재와 중력자가 여분 차원으로 사라지는 현상을 관측하게 된다면 끈이론이 적어도 간접적으로 검증되는 셈이다. 관심을 가지고 LHC 실험 결과를 지켜보아야 한다.

지금까지 끈이론과 초끈이론의 여러 관점을 살펴보았다. 조금 박하게 평하면, 초끈이론은 아직까지 어떤 실험 결과로도 검증이 되지 않은 가설 수준에 머물러 있다. 하지만 초끈이론이 표준모형을 대체하는 강력한 후보 중 하나라는 점은 분명하다. 아직까지는 어디로 튈지 모르는 럭비공처럼, 초끈이론이 제시하는 공간에 대한 이해가 기존의 우주관을 어떻게 변화시킬지 쉽게 예단할 수 없다. 확실한 것은 우리가 지금까지 절대적인 믿음을 가지고 받아들였던 3차원 공간을 비판적으로 바라보아야 한다는 것이다.

2.6 | 공간은 텅 비어있는가?

반야심경에 물질과 인연, 또는 인연과 물질의 관계를 표현한 "색즉시공色卽是空 공즉시색 空卽是色"[40]을 떠올린다.

"공간이 실제 존재하는지?" 여부에 대한 첨예한 논쟁을 펼쳤던 뉴턴과 라이프니츠도 묵시적으로 공간이 텅 비어있다는 사실에 동의했다. 그러나 우리는 3차원 우주에 살고 있다는 것조차 의심해야 하는 상황에 놓여있다. 이제 당연하게 생각했던 텅 비어있는 공간에 대한 인식도 비판적으로 되짚어 봐야 하지는 않을까?

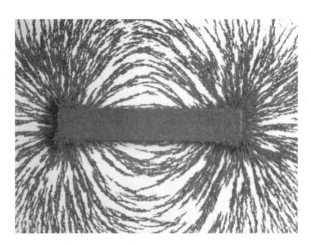

그림 2.19 막대자석 주위에 철가루를 뿌려 자석 주위에 존재하는 자기장을 시각화하였다. 철가루들은 자기력선을 따라 정렬한다. 자기장의 세기는 자기력선의 밀도에 비례하고 자기장의 방향은 자기력선의 접선 방향과 일치한다.

전기와 자기에 대한 현상을 네 개의 방정식으로 집대성한 맥스웰[41]의 생각을 살펴보자. 맥스웰은 19세기 당시에 혁신적인 아이디어인 장場 field이라는 개념을 물리학에 도입했다. 전기력과 자기력, 그리고 만유인력은 서로 떨어져 있는 물체 사이에 작용하는 힘인 원거리력long range force이다. 서로 떨어져 있는 물체들은 직접 힘을 주고받는다. 전하를 진공 용기에 집어넣어도 전기력이 작용한다. 밤하늘에서 가장 밝게 빛나는 시리우스(천랑성)는 지구와 약 8.6광년이나 떨어져 있다. 빛이 8.6년 동안 달려와야 지구에 도착할 수 있는데, 먼 거리에 있는 별과 우리가 상호작용을 하고 있다니 매우 흥미롭다. 엄청나게 멀리 떨어져 있는 두 물체가 어떻게 상호작용을 할 수 있을까? 아무것도 존재하지 않는 진공에서 힘이 어떤 방식으로 전달될까? 공간에서도 힘을 전달하는 매개체가 존재해야 하는가? 흥미로운 질문들이다. 만약 진공에 매질이 존재하지 않는다고 가정하면, 전자기파인 빛이 텅 비어있는 공간에서도 전파된다는 뜻이다. 빛이 어떻게 텅 비어있는 공간에서 전파되고 또 힘은 어떻게 전달되는가?

이러한 질문에 대답을 손쉽게 찾는 방법은 문제를 새로운 시각으로 재구성하는 것이다. 물체들이 서로 직접 힘을 주고받는 대신 주위에 장을 만든다고 생각하자. 전기장과 자기장 그리고 중력장은 물리학에서 보편적으로 사용된다. 논의를 좁히기 위해 우선 전자기장에 주목하자. 전하를 가지는 물체는 전기장을 만들어서 공간의 성질을 변화시킨다. 성질이 변화된 공간에 전하를 가진 또 하나의 물체가 들어오면 이 물체는 힘을 감지한다. 이런 방식으로 전기력을 정의하면 '대전된 물체에 작용하는 전기력은 다른 대전된 물체가 만드는 전기장에 의해 주어지는 것'이 된다. 자기장도 똑같은 방식으로 이해하면 된다. 그림 2.19에서 처럼 막대자석 주위에 철가루를 뿌려 자기장의 존재를 시각화했다. 철가루는 자기력선을 따라 정렬하는데 자기력선은 자기장의 방향과 일치하고 자기력선의 밀도는 자기장의 세기에 비례한다. 이처럼 자기장을 눈으로 확인했으니, 자기장의 존재를 받아들일 수 있다. 이번에는 전기장을 살펴보자. 전기 에너지를 저장하기 위해 축전기를 사용한다. 축전기는 전기 에너지를 저장하고, 축전기에 저장된 에너지를 방전시켜 전자 장비들을 구동시킨다. 축전기에 저장되는 에너지의 밀도는 축전기 내부에 존재하는 전기장의 제곱에 비례한다. 지금까지 논의한 내용을 정리해 보자. 전기장을 이용하여 전기력을 설명하였으므로 전기력이 전달되는 진공에도 전기장이 존재한다는 말이 된다. 또 전기장은 에너지를 가지고 있다. 따라서 진공에도 전기장 에너지가 존재한다는 뜻이 된다. 이 결론의 의미는 대단히 혁신적이다. 지금까지 진공을 텅 비어있는 공간으로 받아들였다. 진공이라는 공간에는 어떤 물질도 없지만, 진공에 전자기장은 존재할 수 있으며 그 때문에 에너지가 저장되어 있다. 진공, 즉 비어있는 공간이란 진정한 의미에서는 텅 비어있는 것이 아니다. 그러면 공간은 무엇인가로 채워져 있다는 뜻인가?

"공간은 물질로 채워져 있다"라는 생각은 오랜 역사를 가진다. 아리스토텔레스는 텅 비어있는 공간은 불가능하다는 입장을 견지하면서 천상의 요소라는 가상의 제5원소[42]로 공간이 채워져 있다고 생각했다. 맥스웰에 의해 빛도 전자기파의 일종임이 밝혀진 후 파동인 빛이 전달되기 위해서는 매질이 필요하다고 생각했다. 한가로운 오후에 아름다운 선율의 음악을 들으며 커피 한 잔의 여유를 즐긴다. 음악이라는 압력파의 일종인 소리를 전달하는 매질은 공기이다. 마찬가지로 빛이라는 파동도 우주 공간에서 전달되기 위해서는 매질이 필요하다고 생각했다. 에테르라 불리는 가상의 매질이 우주 공간을 채우고 있다는 아이디어를 받아들이면, 빛이 전달되는 과정을 쉽게 이해할 수 있다. 마이켈슨과 몰리는 1887년 여름 에테르를 찾는 실험인 마이켈슨–몰리 실험[43]을 수행했다. 마이켈슨–몰리 실험 결과는 매우 놀라운 것이었다. 실험장치의 정밀도는 에테르 바람을 측정하기에 충분했지만, 빛의 속도가 간섭계의 방향을 바꿔도 변하지 않는다는 사실만을 알아냈다. 이 실험으로 우주 공간은 우리가 생각하는 빛의 매질인 에테르로 채워져 있지 않다는 것을 알아냈다. 고대 그리스에서부터 19세기 말까지 꾸준히 제기되었던 천상의 물질인 제5원소 에테르를 탐색하는 실험을 정밀하게 수행했지만, 기대했던 천상의 물질을 발견하지는 못했다. 진공은 에테르로 채워져 있지 않았다. 그렇다면 "진공은 텅 비어있는 공간이냐?"는 질문으로 다시 돌아오게 된다.

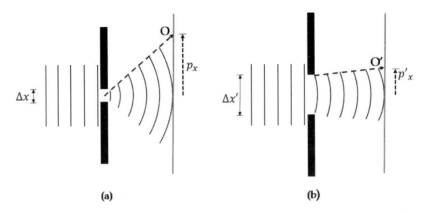

그림 2.20 빛의 회절 실험 (a) 빛이 좁은 구멍을 통과하면 오른쪽에 위치한 화면의 넓은 영역에서 회절 무늬를 만든다. (b) 빛이 넓은 구멍을 통과하면 좁은 구멍을 통과한 (a)에 비해 좁은 영역에서 회절 무늬가 관찰된다.

양자역학의 중요한 원리 중 하나인 하이젠베르그의 불확정성원리 uncertainty principle[44]에 따르면 장소와 운동량 또는 시간과 에너지를 짝으로 동시에 정확하게 측정할 수 없다. 즉 어떤 입자의 위치를 정확하게 측정하고 나면 그 입자의 운동량은 부정확해진다. 또 어떤 입자의 에너지를 정확하게 측정하려면 긴 측정 시간이 필요하다. 뉴턴을 비롯한 17~18세기의 물리학자들은 입자의 위치와 속도가 완벽하게 정해지면 물리적 탐구는 끝난 것이나 마찬가지라고 생각했다. 야구공이 공중을 날아가는 포물체 운동의 궤적을 생각해 보자. 공기의 저항을 고려하지 않는 경우 야구공을 던진 위치와 초기 속도를 알고 있다면, 임의의 시간 t에 야구공의 위치와 속도를 정확하게 계산할 수 있다. 물리법칙은 한 치의 오차도 없이 초기조건에 의해 결정된다는 결정론적 관점에 잘 부합한다. 19세기 말에 장이라는 개념이 도입된 이후에도 모든 지점에서 장의 크기와 그 변화율을 정확히 알고 있으면 역시 모든 것이 결정된다고 보았다. 그러나 이러한 결정론적 견해는 불확정성원리가 제안되고 실험적으로 확인되면서 한순간에 허물어지고 말았다. 불확정성원리는 빛의 회절 현상을 살펴보면 쉽게 이해할 수 있다. 빛도 불확정성원리를 따르는 광자다. 그림 2.20 (a)의 경우 왼쪽에서 들어오는 빛이 좁은 구멍을 통과하여 오른쪽의 스크린에 도달한다. 이때 우리가 알고 있는 확실한 정보는 빛이 구멍을 통과해 스크린에 도달했다는 사실이다. 빛이 구멍을 통과한 위치는 구멍의 크기인 Δx 범위 이내이다. 좁은 구멍을 통과 한 빛은 스크린에 밝고 어두운 회절 무늬를 만든다. 스크린 상의 점 O까지 넓은 영역으로 퍼져 회절 무늬가 만들어지기 때문에, 빛은 점선으로 표시된 경로를 따라 점 O까지 도달해야 한다. 빛이 수평 방향으로 직진하지 않고 위쪽으로도 이동해야 한다. 빛은, 즉 광자는 위쪽으로 운동한 속도 성분 또는 일반적으로 운동량의 크기 p_x를 가진다는 뜻이 된다. 아래쪽으로도 똑같은 원리로 $-p_x$만큼 운동량을 가져야 하므로 빛의 운동량에 관한 정보는 $\Delta p_x = 2p_x$이다. (b)의 경우, 빛은 (a)에 비해 훨씬 넓은 구멍을 통과한다. 빛의 위치에 대한 정보는 넓은 구멍의 크기만큼 $\Delta x'$로 확대된다. 이 경우 빛의 회절 무늬는 비교적 좁은 영역인 점 O'까지만 관찰된다. 점선으로 표시된 바와 같이 빛은 위쪽으로 조금밖에 움직일 필요가 없어, (a)의 경우에 비해 작은 크기의 p'_x를 가진다. 이 경우에는 위치의 불확실성은 $\Delta x'$으로 (a)에 비해 커졌으나(넓은 구멍) 반대로 운동량에 관한 불확실성은 $\Delta p'_x = 2p'_x$으로 (a)에 비해 작아졌다. (a)와 (b)의 경우 모두 불확정성원리에 따라 $\Delta x \cdot \Delta p \geq \hbar/2$를 만족시킨다.

위치-운동량에 관한 불확정성과 마찬가지로 에너지-시간의 불확정성 $\Delta E \cdot \Delta t \geq \hbar/2$도 성립한다. 짧은 시간 동안에 에너지의 불확실성이 매우 커질 수 있다. 불확정성원리에 따라 아무것도 존재하지 않는 텅 비어있는 진공에서도 극히 짧은 시간 동안 큰 에너지의 변화가 생겨날 수 있다. 즉 상대성이론의 질량-에너지의 등가성에 따라 극히 짧은 시간 동안 ΔE에 상응하는 가상 입자[45] virtual particle가 생성되었다 소멸하기를 반복한다. 가상 입자가 생성된 후 소멸하는 사이의 시간이 매우 짧아 실험적으로 확인할 수 없기 때문에 가상 입자라는 표현을 사용한다. 이렇게 짧은 시간 동안 가상 입자가 생성하고 소멸하는 현상을 진공 요동vacuum fluctuation 또는 양자 요동quantum fluctuation효과라고 부른다. 진공 요동에 의해 생성되는 가상 입자들은 불확정성원리가 허용하는 범위 내에서 임의의 에너지를 가질 수 있다. 1948년 네덜란드 물리학자인 카시미르Hendrick Casimir가 양자요동 효과가 실제로 자연에서 일어나는지를 실험적으로 확인했다. 카시미르Casimir 현상[46]이라고 불리는 실험에서 진공 속에서 서로 평행하게 마주 보는 두 개의 금속판을 아주 가까이 근접시켰더니, 두 금속판 사이에 미세하지만 서로 끌어당기는 힘이 작용하는 것을 관측했다. 고전물리학적으로는 전하를 띠지 않은 두 개의 금속판 사이에는 전기력을 작용하지 않고 오직 만유인력만이 작용한다. 금속판 사이의 만유인력은 무시할 만큼 작은 크기여서 두 금속판을 끌어당기는 힘을 설명할 수 없다. 카시미르 효과는 양자물리학으로 이해할 수밖에 없다. 양자요동 현상으로 가상광자virtual photon가 생성되고 소멸하는 현상이 반복적으로 발생하고 이들 가상광자의 생성과 소멸은 진공의 어느 위치에서나 같은 확률로 발생한다. 가상광자를 전자기파로 이해하면 된다. 전자기파는 두 금속판에 의해 반사되므로(빛이 거울에 반사되는 것과 같은 현상), 전자기파는 한 개의 금속판에 의해 반사되고 다시 마주 보는 금속판에 의해 반사되는 왕복운동을 한다. 전

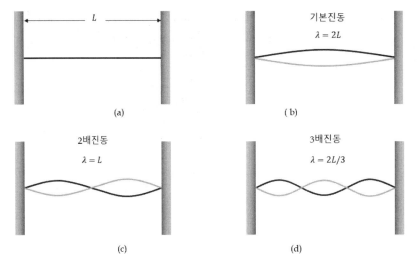

그림 2.21 양 끝이 고정된 줄에 발생하는 정상파. (a) 바이올린 현의 끝을 양쪽 벽면에 고정한다. (b) 현을 활로 밀어주면 현은 진동하기 시작하는데, 현의 양쪽 끝이 벽면에 묶여있어 정상파만 생겨난다. 기본진동에서 파장과 벽 사이의 거리 L의 관계는 $\lambda = 2L$이다. (b) 기본진동의 2배가 되는 경우에는 $\lambda = L$이다. (c) 기본진동의 3배가 되는 경우는 $\lambda = 2L/3$이다.

자기파가 두 금속판 사이에서 계속 반사되는 현상은 바이올린 현의 진동으로 쉽게 이해할 수 있다. 바이올린 현은 한쪽은 손가락에 의해 고정되고 다른 한쪽은 바이올린의 머리 부분의 줄감개에 묶여있다. 활을 켜서 현을 진동시켜주면, 현의 양쪽이 고정되어 있어 현에서 발생한 진행파들은 반사 과정을 되풀이하면서 극히 짧은 시간이 지나고 나면 정상파만 살아남는다. 그림 2.21과 같이 두 개의 고정점 사이의 거리가 반파장인 $\lambda/2$에 비례하는 정상파 standing wave만 존재한다. 마찬가지로 두 금속판 사이에도 가상광자에 의해 생겨나는 전자기파 중에서 두 금속판 사이의 거리 d가 반파장의 정수배에 해당하는 정상파인 전자기파가 살아남는다. 그림 2.22와 같이 금속판 사이의 간격을 수 나노미터까지 줄여가면, 두 금속판 사이의 거리가 반파장의 정수배에 해당하는 정상파 형태의 전자기파 밀도는 감소한다. 두 금속판 사이의 공기 입자의 개수가 금속판의 바깥보다 작으면, 공기압 차이에 의해 두 금속판 사이에 압력이 작용하여 거리가 가까워진다. 같은 원리로 두 금속판 바깥쪽의 에너지 밀도는 높고(다양한 파장의 전자기파가 존재함) 금속판 사이의 에너지 밀도는 상대적으로 낮다면(거리와 파장의 관계가 $n\lambda/2 = d$인 전자기파만 존재함), 두 금속판이 가까워지는 방향으로 압력이 작용하게 된다. 두 금속판의 질량이 만유인력은 무시할 수 있고 전기력도 작용하지 않기 때문에 두 금속판 사이

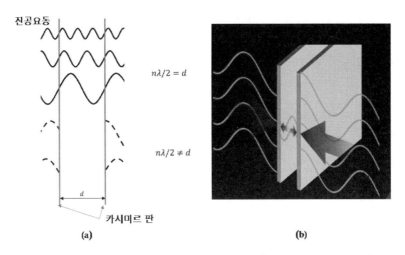

$n\lambda/2 = d$

$n\lambda/2 \neq d$

d

카시미르 판

(a)　　　　　　　　　　　(b)

그림 2.22 카시미르 효과. 거리와 파장의 관계가 $n\lambda/2 = d$인 전자기파만이 두 금속 판 사이에 살아남는다.

에 작용하는 힘은 오직 진공요동 현상에만 기인한다. 1948년 카시미르 실험의 정밀도는 그리 높지 않아 당시 물리학계는 실험 결과를 반신반의했다. 면적이 A인 두 금속판이 거리 L만큼 떨어져 있는 경우 카시미르 효과 때문에 발생하는 힘은

$$F = -\frac{\pi h c}{480 L^4} A$$

이다. 면적이 $1\,\mathrm{cm}^2$인 금속 두 개를 거리가 $10\,\mathrm{nm}$ 되도록 가까이 붙이면 카시미르 효과에 의해 끌어 당기는 힘은 $13\,\mathrm{N}$이어서 현대과학 기술로 충분히 정확하게 측정할 수 있는 크기이다. 1996년에 이르러 라모로[47] Steve K. Lamoreaux가 카시미르가 예측한 힘을 5%의 오차범위에서 정확하게 측정하는 데에 성공했다. 이로써 카시미르 효과는 이견의 여지 없이 실험적으로 확실하게 검증되었다.

　카시미르 효과의 의미는 비록 믿기 힘들지만, 아무것도 존재하지 않는 진공이 그 속 게 들어있는 두 개의 금속판에 의해 더 텅 비게 된다는 것이다. 또 양자요동 현상에 의해 진공에도 소위 진공 에너지 vacuum energy가 존재한다. 최신 양자장이론 quantum field theory에서는 진공을 텅 비어있는 공간이 아니라 오히려 전자기파의 요동으로 가득 차 있는 장소로 이해해야 한다. 물리학자들은 형이상학적 개념인 '아무것도 존재하지 않는 것에 대응되는 절대 진공은 존재하지 않고, 진공에서도 양자요동에 의한 진공에너지가 존재한다'는 입장을 받아들인다.

2.7 | 물질로 채워진 공간은 그렇다면 꽉 찬 공간인가?

결혼기념으로 받은 반지에 세팅된 다이아몬드가 실질적으로 텅 비어있다면 허무하지 않은가?

인류는 끊임없이 "물질의 기본입자는 무엇일까?"라는 질문을 던져왔고, 물리학도 기본입자를 탐색하는 연구를 지속하고 있다. "물질은 개별 단위들이 모여 구성된다"라는 생각은 매우 오랜 역사를 가지며, 고대 그리스와 인도 문명에서도 쉽게 찾아볼 수 있다. 물질의 기본 단위인 원자라는 용어는 고대 그리스 철학자들이 만들어 낸 개념이다. 고대 철학에서 물질의 기본 단위인 원자는 과학적인 또는 경험적인 의미로 사용되었다기보다 철학적이고 신학적인 의미를 내포하는 형이상학적 개념으로 통용되었다. 원자 개념은 19세기에 들어와서 돌턴이 화학반응 과정에서 원소의 질량이 왜 일정한 비율로만 반응하는지를 설명하면서 현대적 의미로 재해석되었다. 1897년 영국의 물리학자 톰슨이 음극관 실험을 통해 전자를 발견한다. 이로써 원자도 더는 나눌 수 없는 가장 작은 크기의 기본입자라는 지위를 내려놓게 되었다. 그 후 밀리컨 Robert Millikan[48]이 기름방울 실험으로 전자의 전하량을 측정하였다. 톰슨과 밀리컨에 의해 전자는 전하를 가지는 가장 작은 입자라는 사실이 드러난다. 19세기 말과 20세기 초에 걸쳐 전자의 정체가 밝혀진 후, 물리학자들이 갖게 된 질문은 "원자는 과연 어떤 모습이겠는가?"였다. 전자를 발견한 톰슨은 수박의 대부분을 차지하는 붉게 표시된 과육 부분은 양의 전하를 가지고 있고 수박씨처럼 작은 크기의 전자가 양의 전하들 사이에 박혀 있는 소위 수박모델을 제시했다. 톰슨의 원자 모형을 검증하기 위해 1911년 러더포드는 헬륨의 핵인 알파 입자를 두께가 얇은 금박에 충돌시켰다. 러더포드 실험 결과는 원자가 양의 전하를 가지고 있는 작은 것인 '핵'과 그리고 이미 톰슨이 발견한 '전자'로 구성되어있다는 사실이다.

20세기 초에 많은 천재 물리학자들이 동시대에 살면서 유기적으로 아이디어를 공유하였다. 당시 물리학자들은 집단지성을 발동시켜 양자물리학이라는 새로운 패러다임의 과학 체계를 성공적으로 구축하였다. 닐스 보어[49]는 "전자는 일정한 궤도를 돌고 있는 동안 에너지를 잃지 않을 뿐만 아니라, 특정 궤도에서 전자의 각운동량은 양자화된다"는 과감한 가설을 세워 러더포드 모형의 난제를 일거에 해결하였다. 보어 모델을 한 걸음 더 발전시켜, 현대물리학에서는 "전자는 핵 주위에 구름 형태로 넓은 영역에 걸쳐 분포하며 핵의 주위를 회전하는 각운동량은 양자화된다"는 원자 모델을 정설로 받아들인다.

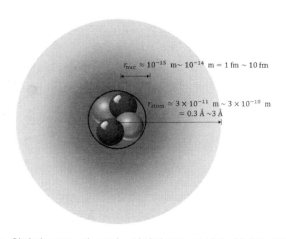

그림 2.23 원자의 구조 및 크기. 전기적으로 중성인 원자의 반지름은 대략 3×10^{-11} m ~ 3×10^{-10} m $(0.3$ Å ~ 3 Å$)$이고 원자의 중심에 위치하는 핵의 반지름은 1×10^{-15} m ~ 1×10^{-14} m $(1$ fm ~ 10 fm$)$정도이다.

원자의 크기를 결정하는 척도인 원자의 반지름은 핵의 위치로부터 핵 주위에 분포하고 있는 전자구름의 경계면까지의 평균 거리로 정의한다. 러더포드 행성 모형을 보면, 대략 핵으로 부터 가장 바깥쪽에 위치하는 전자까지의 거리를 원자 반지름으로 볼 수 있다. 그러나 양자물리학에 따르면 전자는 행성과 같이 잘 정의된 정확한 궤도를 따라 운동을 하는 것이 아니라, 일정 영역에 걸쳐 확률적으로 분포하므로 전자구름의 경계면은 그리 정확하지 않다. 또 물질 내부에 존재하는 원자의 반지름은 반데르발스 반지름, 이온 반지름 그리고 공유 반지름과 같은 세 가지의 다른 종류로 정의된다.

독립적으로 떨어져 존재하는 원자의 반지름을 살펴보자. 그림 2.23과 같이 원자 반지름은 대략 $0.3 \sim 3$ Å $(3 \times 10^{-11} \sim 3 \times 10^{-10}$ m$)$정도이다. 핵의 반지름은 $1 \sim 10$ fm $(1 \times 10^{-15} \sim 1 \times 10^{-14}$ m$)$에 불과하므로 원자의 반지름은 핵의 반지름에 비해 대략 10,000배 정도 크다. 핵의 부피와 원자의 부피를 비교하면 약 10^{12}배이므로 핵은 원자에 비해 약 1조 배나 작다. 전자는 기본입자이므로 원칙적으로 크기가 없는 입자로 취급된다. 그러므로 전자의 반지름을 논의하는 것은 무의미하다. 그러나 비양자물리학적 상대론 모델로 전자의 고전적 반지름을 계산하면 2.82×10^{-15} m $(2.82$ fm$)$[50]가 된다. 고전적으로 계산한 전자의 크기도 핵의 크기와 비슷한 수준이다. 결론적으로 원자를 구성하는 핵과 전자의 순수 자체 부피는 원자의 크기에 비하면 무시할 수 있다. 원자의 속은 실질적으로 완전히 텅 비어있다. 비유하자면 마치 반지름이 10 km인 큰 구형 공간에 달랑 사람 1명이 존재한다고 생각하면 된다. 그림 2.24의 (a)와 같이 건물이 하나도 없는 텅 비어있는 서

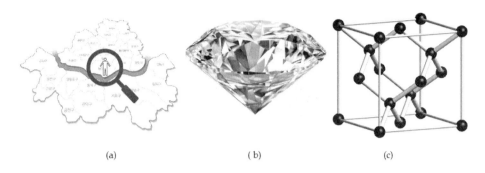

그림 2.24 (a) 서울이 원자의 크기라면 핵과 전자들은 사람 정도의 크기이다. 따라서 원자의 내부는 텅 비어있다고 할 수 있다. (b) 탄소 원자로 구성된 다이아몬드. (c) 다이아몬드의 결정 구조는 각 모서리와 6개의 면에 1개의 기본 basis가 위치하는 면심입방구조이다. 다이아몬드의 탄소 원자들은 이웃하는 원자들이 전자를 함께 소유하는 매우 강한 공유결합을 한다.

울만큼 큰 공간 한복판에 나 홀로 서 있는 모습을 상상하면 된다. 흥미롭게도 원자는 미시적 관점으로 보면 실질적으로 속이 텅 비어있는 공간이다.

  그렇다면 원자들이 결합해 이루어진 물질의 경우 상황은 달라지는가? (b)와 같이 지구상에 존재하는 물질 중에서 가장 단단한(경도가 높은) 다이아몬드를 예로 들어 살펴보자. 다이아몬드는 매우 단단한 물질이므로 다이아몬드는 적어도 속이 꽉 차 있다고 생각해 볼 수 있지 않겠는가? 다이아몬드는 화학적으로 탄소 원자로 구성된다. 탄소 원자가 성분인 물질은 다이아몬드 외에도 연필심의 재료인 흑연, 최근 주목받는 신물질인 그래핀, 그리고 탄소나노튜브 등으로 다양하다. 강한 경도 그리고 높은 열전도도와 같은 다이아몬드의 중요한 특성은 탄소 원자들 사이의 강한 공유결합에 기인한다. 흑연의 경우 기본 구성 원소는 다이아몬드의 경우와 같은 탄소이지만, 2차원 구조의 층들이 층층이 쌓여있는 층상구조를 가지고 있다. 탄소 원자들이 공유결합을 하여 벌집 모양의 2차원의 층을 만들고 이들 층을 겹겹이 쌓으면 흑연 구조가 완성된다. 흑연 구조에서 층과 층 사이의 결합은 매우 약해 약간의 힘을 가해도 쉽게 미끄러져 떨어져 나간다. 그래서 연필에 힘을 가하면 부드럽게 미끄러져 흑연 가루들이 떨어져 나가고 흑연 가루 흔적이 글씨가 된다. (c)에 표시한 바와 같이 다이아몬드는 결정구조적 측면에서 보면 면심입방격자구조 face centered cubic structure(fcc)를 가지고 있다. 탄소 원자를 속이 꽉 찬 구로 취급하더라도 탄소 원자들은 다이아몬드 부피의 34%[51]만 채운다. 다이아몬드에 탄소 원자들로 채워지지 않는 공간인 공극void이 66%에 달한다. 이미 위에서 논의한 바와 같이 탄소 원자는 속이 꽉 차있지 않고 이 같이 텅 비어있다. 따라서 다이아몬드는 실질적으로 텅 비어있는 공간이다. 인간은 이 같이 텅 비어있는 다이아몬드를 최고의 보석으로 여긴다. 지구 최대의 다이아몬드 광산이 있는 시에라리온에서 내전은 그치지 않고 있으며 다이아몬드를 둘러싼 각종 범죄가 오늘도 그치지 않고 반복되고 있으니, 인간의 어리석음은 끝이 없다. 2007년 개봉작 '블러드 다이아몬드'에 시에라리온의 내전과 피묻은 다이아몬드가 만드는 비극이 잘 드러난다.

중성미자라는 기본입자의 시각에서 보면 물질도 텅 비어있다는 공간과 별반 다르지 않다. 제 1장에서 소개한 바와 같이 중성미자는 수줍음을 많이 타는 매우 신기한 입자다. 전자가 베타 붕괴하는 핵반응에서는 에너지가 보존되지 않는다는 사실을 설명하기 위하여 1930년 파울리가 전자중성미자 electron neutrino의 존재를 예견했다. 1956년 카원과 라이너가 이끄는 팀이 이 이론이 예견하였던 중성미자를 실험으로 확인했다. 중성미자는 우주의 탄생 때부터 생성되기 시작하여 우주에 가장 많이 남아있는 입자이지만 우리에게 잘 알려지지 않은 이유가 중성미자의 독특한 성질 때문이다. 우리 우주를 구성하는 기본입자들 중 하나인 중성미자는 전하를 가지고 있지 않고 스핀이 1/2인 페르미온 fermion이다. 중성미자는 전기적으로 중성이어서 전기력은 작용하지 않고 만유인력과 약한 상호작용만 작용한다. 표준모형에서 중성미자는 질량을 가지고 있지 않다고 취급하지만, 1999년 이후 여러 가지 실험으로 중성미자의 질량은 전자의 질량에 비해서도 극히 작은 크기이지만 0은 아니라고 알려졌다. 그러나 아직 중성미자의 질량이 정확히 얼마인지는 수수께끼로 남아있고 단지 중성미자의 질량의 최댓값만 알고 있다. 이처럼 중성미자의 질량에 대한 정보가 부족해서, 한때 가장 무거운 중성미자인 타우 중성미자가 우주의 25%를 차지하는 암흑물질의 후보군으로 연구되기도 했다. 중성미자 질량의 최대값은 2.14×10^{-37} kg에 불과해 중성미자가 느끼는 만유인력을 정말로 무시해도 된다. 중성미자는 핵의 크기 정도에서만 작용하는 약한 상호작용과 매우 미약한 중력에 의한 상호작용만을 하므로, 지구 크기 정도의 물체도 거의 무사 통과한다. 지금 이 순간에도 태양의 핵반응에 의해 생성된 중성미자가 지구 표면에 1초마다 제곱 센티 미터당 6.5×10^{10} 개 쏟아진다. 지구에 쏟아지는 중성미자는 지구를 뚫고 지구 반대편으로 통과하는데, 지구에 들어오는 중성미자의 개수와 지구를 통과해 나가는 중성미자의 개수는 거의 변하지 않는다. 낮에는 중성미자가 하늘에서 쏟아지고 밤이 되면 지구를 뚫고 지나온 중성미자가 땅에서부터 솟는다. 우리도 매일 중성미자의 샤워를 받고 산다. 중성미자에게는 지구도 마치 텅 비어있는 공간이다.

지금까지 알아본 바와 같이 공간과 진공요동 문제는 현대물리학적 관점에서도 아직 완결된 주제가 아니다. 텅 비어있다고 생각되는 공간인 진공 속에 에너지가 존재하며, 속이 꽉 차 있다고 생각되는 물체 또한 미시적 관점에서 관찰하면 실상은 텅 비어있다. 반야심경의 '색불이공 공불이색 색즉시공 공즉시색(色不異空 空不異色 色卽是空 空卽是色)'이 떠오른다. 이 구절은 "물질세계(色)는 텅 빈 본질 세계(空)와 다르지 않고(不異), 텅 빈 그 본질 세계 또한 물질세계와 다르지 않다. 그래서 물질세계(色)는 곧(卽) 텅 빈 본질 세계(空)이며(是), 텅 빈 본질 세계는 곧 물질세계이다"로 해석된다. 불교 철학은 지금까지 살펴본 진공이 진정 비어있는 공간이 아니요, 물질도 실제로는 거의 비워진 공간이라는 우주의 본질과 맥을 같이한다. 참으로 흥미롭다.

그람–슈미트 과정

선형대수학에서 그람–슈미트 과정 Gram-Schmidt process은 스칼라곱이 정의된 n 차원 유클리드 공간 R^n(힐버트 공간)에서 서로 선형 독립적인 벡터 $\mathbf{v}_i$의 집합 $S = \{\mathbf{v}_1, ..., \mathbf{v}_k\}$을 서로 수직한 단위벡터 $\mathbf{e}_i$의 집합인 $S' = \{\mathbf{e}_1, ..., \mathbf{e}_k\}$로 만드는 과정이다. 여기서 S와 S'은 R^n의 k차원의 부분 공간이며 $k \leq n$이다.

우선 투영 연산자 projection operator를

$$\operatorname{proj}_{\mathbf{u}}(\mathbf{v}) = \frac{\langle \mathbf{v}, \mathbf{u} \rangle}{\langle \mathbf{u}, \mathbf{u} \rangle} \mathbf{u}$$

로 정의하자. 여기서 $\langle \mathbf{v}, \mathbf{u} \rangle$는 벡터 $\mathbf{u}$와 $\mathbf{v}$의 스칼라 곱(또는 내적 inner product)이다.

그림 A1을 이용하여 선형 독립적인 두 개의 벡터 $\mathbf{v}_1$와 $\mathbf{v}_2$로부터 서로 수직한 단위벡터 $\mathbf{e}_1$과 $\mathbf{e}_2$를 만드는 방법을 알아보자. (a)와 같이 벡터 $\mathbf{v}_1$과 똑같은 벡터를 $\mathbf{u}_1$이라고 한다. 벡터 $\mathbf{u}_1$에 벡터 $\mathbf{u}_1$의 길이 $\|\mathbf{u}_1\|$를 나누어 주면 단위벡터 $\mathbf{e}_1$이 된다. (b)와 같이 $\mathbf{v}_2$를 $\mathbf{u}_1$에 투영시켜 $\operatorname{proj}_{\mathbf{u}_1}(\mathbf{v}_2)$를 만든다. (c)와 같이 $\mathbf{v}_2$에 $-\operatorname{proj}_{\mathbf{u}_1}(\mathbf{v}_2)$를 더해서 $\mathbf{u}_2$를 만든다. (d) 이제 벡터 $\mathbf{u}_2$에 벡터 $\mathbf{u}_2$의 길이 $\|\mathbf{u}_2\|$를 나누어 주면 단위 벡터 $\mathbf{e}_2$가 된다. $\mathbf{e}_1$과 $\mathbf{e}_2$는 서로 수직하다.

이 방법을 k차원까지 일반화하면 k개의 서로 수직한 단위 벡터 $\mathbf{e}_i$를 만들 수 있다. $\mathbf{e}_i$를 만드는 방법을 선형대수적으로 표현하면

$$\mathbf{u}_1 = \mathbf{v}_1, \qquad\qquad \mathbf{e}_1 = \frac{\mathbf{u}_1}{\|\mathbf{u}_1\|}$$

$$\mathbf{u}_2 = \mathbf{v}_2 - \operatorname{proj}_{\mathbf{u}_1}(\mathbf{v}_2), \qquad\qquad \mathbf{e}_2 = \frac{\mathbf{u}_2}{\|\mathbf{u}_2\|}$$

$$\mathbf{u}_3 = \mathbf{v}_3 - \operatorname{proj}_{\mathbf{u}_1}(\mathbf{v}_3) - \operatorname{proj}_{\mathbf{u}_2}(\mathbf{v}_3), \qquad\qquad \mathbf{e}_3 = \frac{\mathbf{u}_3}{\|\mathbf{u}_3\|}$$

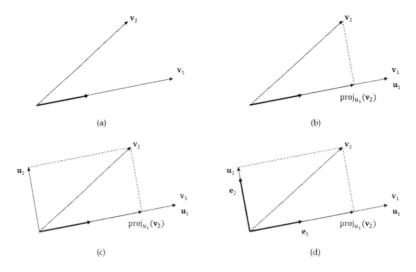

그림 A1 그람-슈미트 방법 (a) 선형 독립적인 두 개의 벡터 v_1과 v_2가 있다. v_1과 동일한 벡터를 u_1이라고 한다. u_1에 u_1의 길이 $\| u_1 \|$를 나누어주면, 단위벡터 e_1이 된다. (b) v_2를 u_1에 투영하여 벡터 $\mathrm{proj}_{u_1}(v_2)$를 만든다. u_1과 $\mathrm{proj}_{u_1}(v_2)$는 서로 평행하다. (c) v_2에 $-\mathrm{proj}_{u_1}(v_2)$를 더해서 u_2를 만든다. (d) u_2에 u_2의 길이 $\| u_2 \|$를 나누어주면 단위벡터 e_2가 된다.

$$\mathbf{u}_k = \mathbf{v}_k - \sum_{j=1}^{k-1}\mathrm{proj}_{\mathbf{u}_j}(\mathbf{v}_k), \qquad\qquad \mathbf{e}_k = \frac{\mathbf{u}_k}{\| \mathbf{u}_k \|}$$

이다.

이제 u_k 또는 e_k가 서로 수직한지를 알아보자. 만약 $i \neq j$인 경우 $\langle \mathbf{u}_i, \mathbf{u}_j \rangle = 0$이면 u_i와 u_j는 서로 수직하다.

$\langle \mathbf{u}_1, \mathbf{u}_2 \rangle = \langle \mathbf{u}_1, \mathbf{v}_2 \rangle - \dfrac{\langle \mathbf{u}_1, \mathbf{v}_2 \rangle}{\langle \mathbf{u}_1, \mathbf{u}_1 \rangle} \langle \mathbf{u}_1, \mathbf{u}_1 \rangle = 0$이다. 우변의 두 번째 항의 분모와 마지막 항은 서로 동일하므로 우변은 "0"이 된다.

$\langle \mathbf{u}_1, \mathbf{u}_3 \rangle = \langle \mathbf{u}_1, \mathbf{v}_3 \rangle - \dfrac{\langle \mathbf{u}_1, \mathbf{v}_3 \rangle}{\langle \mathbf{u}_1, \mathbf{u}_1 \rangle} \langle \mathbf{u}_1, \mathbf{u}_1 \rangle - \dfrac{\langle \mathbf{u}_2, \mathbf{v}_3 \rangle}{\langle \mathbf{u}_2, \mathbf{u}_2 \rangle} \langle \mathbf{u}_1, \mathbf{u}_2 \rangle = 0$인데, 우변의 마지막 항은 앞에서 증명한 바와 같이 $\langle \mathbf{u}_1, \mathbf{u}_2 \rangle = 0$ 이므로 우변은 "0"이 된다. 같은 방법으로 계속해서 $\langle \mathbf{u}_i, \mathbf{u}_j \rangle$를 계산하면 모두 "0"이 됨을 알 수 있다. 따라서 $i \neq j$인 경우 u_i와 u_j는 서로 수직하다.

서로 수직한 k개의 단위 벡터 e_k를 구했기 때문에 k차원의 직교좌표계를 만들 수 있다. 내적이 정의되는 벡터 공간을 유클리드 공간을 일반화한 힐버트 공간 Hibert space이라고 불린다. 그람-슈미트 과정을 이용하면 n차원의 힐버트 공간에서 직교좌표계를 만들 수 있다.

<hr>

1. 지구가 둥글다는 주장에 동의하지 않는 사람들은 지구의 반대편에 사는 사람들에게는 돌이 하늘로 떨어져야 하는데 말이 되는 소리냐며 반박했다. 일반적으로 중세 유럽에서는 '지구가 평평하다고 생각했다'라고 알고 있지만, 중세에도 지식인들은 지구가 둥글다는 사실을 잘 알고 있었다. 교육을 받지 못한 대다수 사람이 지구가 평평하다고 믿었을 뿐이다.

2. 일부 문헌에서는 1 스타디아가 157.5 m라는 학설도 제기되는데, 그렇다면 에라토스데네스가 얻은 결과는 실제 지구 둘레와 오차가 불과 1.6% 정도로 정밀하다. 그러나 당시 스타디아의 길이가 엄밀하게 정해져 있었던 것도 아니고 또 두 도시 사이의 거리도 걸음 수로 측정했던 것인 만큼 실제로 어느 정도의 정확도로 지구의 둘레를 구한 것인지를 논하는 것의 큰 의미는 없다.

3. 플레넘은 텅 비어있는 공간, 즉 진공에 대치되는 개념으로 천상의 물질로 가득 찬 공간을 의미한다.

4. 'Einzelding'은 독일어인데 개별적사물로 번역하였다. 'Einzel'은 하나의 또는 개별로 해석할 수 있고 'Ding'은 물건 또는 사물을 뜻한다.

5. 라이프니츠 Gottfried Wilhelm von Leibniz(1646-1716)는 수학, 과학, 그리고 철학 등 다양한 분야에 주요한 업적을 남겼다. 라이프니츠는 뉴턴과 동시대 인물로 뉴턴과 많은 분야에서 학문적 논쟁을 펼쳤다. 그들은 대표적으로 미적분학이 서로 자신의 업적이라고 치열하게 맞붙었다. 과학자들은 라이프니츠와 뉴턴이 서로 독립적으로 미적분에 관한 연구를 수행하였다고 믿고있다. 우리가 현재 사용하고 있는 미적분을 표기하는 방식은 라이프니츠가 제안한 것이다.

6. 아리스토텔레스의 세계관에서 우주의 크기는 유한하다. 우주의 중앙에 지구가 위치하고 별들이 매달려 있는 천구 celestial spheres는 플레넘의 가장 바깥 경계에 해당된다. 물체가 존재하고 움직일 수 있는 영역, 즉 플레넘의 가장 바깥쪽 경계는 천구이므로, 천구 밖에는 공간이 존재할 수 없다.

7. "The scientific revolution: an encyclopedia", W. E. Burns, (2001); Santa Barbara, California: ABC-CLIO. p. 84.

8. 사고실험(독일어 : Gedankenexperiment)은 특정 이론을 지지 또는 부정하거나 아니면 이해하기 쉽게 활용하는 보조수단이다. 사고실험은 주로 실험을 수행할 수 없거나 매우 제한적으로 수행할 수 있다는 경우에 활용한다. 완전히 텅 비어있는 공간을 만들 수 없으므로, 텅 비어있는 공간에서 물통을 회전시키는 실험을 통해 공간의 성질을 이해하려는 시도는 사고실험의 전형적인 사례이다.

9. 올베르스 Heinrich Wilhelm Matthäus Olbers(1758-1840)는 독일의 천문학자이자 물리학자였으며 의사였다. 그는 천문학에 관심을 가지고 있고 소행성 2 팔라스와 4 베스타, 그리고 올베르스 혜성을 발견하기도 했다.

10. 포의 작품인 유레카의 일부 : "Were the succession of stars endless, then the background of the sky would present us a uniform luminosity, like that displayed by the Galaxy-since there could be absolutely no point, in all that background, at which would not exist a star. The only mode, therefore, in which,

under such a state of affairs, we could comprehend the voids which our telescopes find in innumerable directions, would be by supposing the distance of the invisible background so immense that no ray from it has yet been able to reach us at all."

11. 허블 Edwin Powell Hubble(1889-1953)은 미국의 천문학자이다. 그는 1921년 세페이드 변광성 관측을 통해 외계 은하까지의 거리를 측정하였고 별빛의 적색 편이로부터 후퇴 속도를 계산하여 우주가 팽창한다는 허블의 법칙을 발표하였다. 허블의 발견은 빅뱅 이론의 기초가 되었다.

12. "A Relation between Distance and Radial Velocity among Extra-Galactic Nebulae", Hubble, Edwin(1929); Proceedings of the National Academy of Sciences of the United States of America, Volume 15, Issue 3, pp. 168-173.

13. 도플러 편이 Doppler shift는 1842년 도플러 Christian Doppler가 기술한 파동원 wave source과 관찰자의 상대 속도에 따라 파동의 진동수와 파장이 바뀌는 물리현상을 가리킨다. 파동원과 관찰자가 서로 가까워지면 파동이 원래의 파장보다 짧아지고, 반대로 서로 멀어지면 파장이 더 길어진다. 파장이 길어지면 적색 편이, 짧아지면 청색 편이라 부른다. 도플러 편이를 이용하면 파동원과 관찰자 사이의 상대 속도를 측정할 수 있다.

14. 우리 은하에서 가장 가까운 곳에 있는 안드로메다 은하 andromeda galaxy는 나선형 은하로, 허블 당시에는 안드로메다 성운이라 불렸다. 안드로메다 은하까지의 실제 거리는 지구로부터 250만 광년(약 780 파섹)이다.

15. 우주 초기에 쌍생성으로 만들어진 물질과 반물질은 쌍소멸로 대부분 사라졌다. 어떻게 소량으로 남아있던 물질과 반물질 중에서 유독 물질만 살아남았고, 현재 이 물질이 우주에서 관찰되는지는 제 3장의 케이온의 화살에서 다시 논의할 것이다.

16. 점 point은 공간을 이루는 원소들이다. 점의 크기는 '0'이다.

17. 3차원 공간의 점들을 직교좌표계 $P(x, y, z)$, 구형좌표계 $Q(r, \theta, \phi)$, 원통좌표계 $R(r, \theta, z)$ 등 다양한 좌표계로 위치를 정할 수 있다.

18. 3차원 직교좌표계는 서로 선형적으로 독립적이고 수직한 세 개의 축으로 구성할 수 있다. 여기서 선형독립이라는 의미는 x축에 수직한 y축에 상수를 곱하여 x축 성분을 만들 수 없다는 의미이다. 직선의 넓이는 '0'이므로 y축에 어떠한 상수를 곱하여도 x축 성분, 즉 넓이를 만들 수 없다.

19. 1차원의 단위 길이는 예를 들어 1 m(SI 단위) 또는 1 cm(CGS 단위)로 편의에 따라 정할 수 있다. 여기서는 SI 단위 체계로 단위 길이를 1 m로 정하도록 하겠다. 2차원 공간에서는 단위 면적이 1 m^2인 정사각형 그리고 3차원 공간에서는 1 m^3은 정육면체, 그리고 n차원 공간에서는 부피가 1 m^n인 정다면체인 하이퍼큐브를 만들 수 있다.

20. 벡터 표기 방식을 이용하였다. 벡터는 크기와 방향을 모두 가진다. 벡터의 스칼라곱을 이용하여 n차원의 공간을 만드는 방법을 설명하는 과정에서 벡터에 대한 지식이 없다는 것을 가정하고 요점을 정리하는 수준에서 설명하였다.

21. 수학에서 두 개의 벡터를 연산하여 한 개의 스칼라량으로 연산하는 것을 스칼라 곱(scalar product) 또는 내적(inner product)이라 한다. 스칼라 곱은 투영방식으로 이해할 수 있으며, 두 벡터 $\vec{i}$와 $\vec{j}$의 스칼라곱은 $\vec{i} \cdot \vec{j} = |\vec{i}||\vec{j}|\cos\theta$로 표시할 수 있다. 여기서 θ는 $\vec{i}$와 $\vec{j}$의 사이각이다.

22. 힐버트 공간 Hilbert space은 유클리드 공간을 일반화한 벡터의 내적을 정의할 수 있는 벡터 공간이다. 일상 생활에서 우리가 경험하는 3차원 공간이 힐버트 공간의 좋은 예이다.

23. 끈이론을 설명할 때 왜 전기력이 $1/r^2$에 비례하는지 다시 논의할 것이다. 만유인력도 정밀한 실험을 통해 얻은 결과에 따르면 $1/r^2$에 비례한다. 하지만 중력의 크기가 너무 미약해 가까운 거리에서 정밀하게 측정할 수 없기 때문에 중력의 법칙이 짧은 거리에서도 $1/r^2$에 비례하는지는 확인할 수 없다. 끈이론은 1/10 mm 이하의 미시 세계에서 $1/r^2$에 비례하지 않을 가능성을 열어놓고 있다.

24. 양성자의 질량은 1.67×10^{-27} kg이고 전하량은 1.60×10^{-19} C이다. 두 개의 양성자가 1 μm 거리로 떨어져 있는 경우 만유인력은 $F_G = 1.87 \times 10^{-52}$ N이고 전기력은 $F_E = 2.30 \times 10^{-16}$ N이다. 두 개의 양성자 사이에 작용하는 만유인력을 전기력과 비교하면 약 10^{-36}배나 미약한 힘이다.

25. 독일의 물리학자이자 수학자인 테오도르 칼루자 Theodor Franz Eduard Kaluza(1885~1954)는 1919년 아인슈타인에게 보낸 편지에서 중력과 전자기력을 통일시키는 새로운 이론체계를 구축하기 위해 4차원의 공간(5차원 시공간)을 제안한 바 있다.

26. 칼루자가 아인슈타인에게 편지를 보낼 당시였던 1919년에는 전자기력과 만유인력만 알려져 있었다. 또 다른 기본힘인 약한상호작용과 강한상호작용은 그 당시에서는 발견되지 않아서, 칼루자는 통일장을 만드는데 성공할 수 없었다.

27. 첫 번째, 곡률이 '0'인 평평한 공간, 두 번째, 구의 표면과 같이 양의 곡률을 가진 공간과 세 번째 말안장 표면과 같은 음의 곡률을 가진 공간이 있다. 현재까지 실험적으로 확인한 바에 의하면 우리 우주의 곡률은 거의 '0'이다.

28. 대중가요 가수 이광조의 인기 가요의 제목.

29. 천체의 질량밀도가 너무 커서 공간을 이동하는 빠른 속력인 빛의 속력으로도 천체를 벗어 날 수 없는 경우가 블랙홀이다. 즉 빛도 블랙홀을 탈출할 수 없으므로, 블랙홀 내부에서 일어난 사건에 대한 정보를 블랙홀 외부로 전달해 줄 수 있는 어떤 수단도 존재하지 않는다. 블랙홀 내부의 정보가 빠져 나올 수 없는 경계면을 사건의 지평선이라 부른다. 사건의 지평선은 제 4장에서 자세히 다룬다.

30. 브라이언 그린의 저서 「우주의 구조(승산, 2004)」를 참조하길 바란다.

31. 끈이론이 다루는 끈은 일반적인 끈이 아니라 끈처럼 여러 형태로 변형되는 어떤 물리적 대상으로 이해해야 한다. 즉 기본입자는 오직 한 가지 모습만으로 표현되지만, 끈은 휘어진 모습에 따라 다양하게 보인다. 끈의 다른 모습을 끈이 가지는 자유도로 이해해도 무방하다.

32. 현대물리학 관점에서는 힘은 힘을 전달하는 매개 입자를 서로 주고받는 것으로 이해하면 된다. 마치 얼음판에 서 있는 두 사람이 서로에게 공을 던져주면, 두 사람은 뒤로 미끄러져 서로 멀어지게 된다. 이렇게 공을 주고받는 모습을 상상하면 입자들 사이에 작용하는 힘의 전달과정을 쉽게 이해할 수 있다. 중력을 매개하기 위해 주고받는 가상의 입자는 중력자라 불린다.

33. 플랑크 길이는 $\ell_p = \sqrt{\hbar G/c^3} \approx 1.6162 \times 10^{-35}$ m이다.

34. 표준모형은 중력을 고려하지 않고 우주 총 질량의 26.8%를 차지하는 암흑물질과 우주의 가속팽창의 원인이라 믿고 있는 암흑에너지도 포함하지 않는다.

35. 스핀이 1/2인 진동은 페르미온 fermion 그리고 스핀이 정수인 진동은 보존 boson이다.

36. 에너지-질량 등가성에 따라 에너지는 질량에 대응된다.

37. 1986년 출간된 어린이용 그림책인 「매직스쿨버스」를 원작으로 제작한 애니메이션이다. 몸집이 작아진 아이들이 어디든 갈 수 있는 초미니 스쿨버스를 타고 모험을 떠나는 이야기이다.

38. 플랑크시간은 $t_p = \sqrt{\hbar G/c^5} \approx 5.39106 \times 10^{-44}$ s이다.

39. 그림 2.18과 같이 끈의 양 끝이 하나의 브레인에 붙어 있을 수도 있고, 양 끝단이 다른 브레인에 붙어 있을 수 있다.

40. 범어(梵語) 원문은 "이 세상에 있어 물질적 현상에는 실체가 없는 것이며 실체가 없기 때문에, 바로 물질적 현상이 있게 되는 것이다. 실체가 없다고 하더라도 그것은 물질적 현상을 떠나 있지는 않다. 또, 물질적 현상은 실체가 없는 것으로부터 떠나서 물질적 현상인 것이 아니다. 이리하여 물질적 현상이란 실체가 없는 것이다. 대개 실체가 없다는 것은 물질적 현상인 것이다"로 되어있다.

41. 맥스웰 James Clerk Maxwell(1831-1879)은 스코틀랜드 출신의 물리학자로서 전자기학을 4개의 맥스웰 방정식으로 집대성하는 위대한 업적을 남긴다. 4개의 맥스웰 방정식은 전기장에 대한 가우스의 법칙, 자기장에 대한 가우스의 법칙, 페러데이 법칙 그리고 암페어의 법칙이다. 맥스웰은 전자기장이 진공에서 빛의 속력으로 운동한다는 것을 알아냈고 빛이 전자기파의 일종이라고 밝혔다. 이로써 맥스웰은 전기장과 자기장을 통일시키는 최초로 통일장 이론을 성공했다고 할 수 있다.

42. 고대 그리스에서부터 중세에 이르기까지 지표면 위의 우주를 채우고 있는 제5원소 quintessence를 에테르ether 또는 aether라 불렀다. 빛과 중력이 전달되는 과정을 설명하기 위해 에테르가 자주 사용되었다.

43. 마이켈슨-몰리 실험은 상대성이론을 다루는 제 4장에 자세히 설명되어 있으니 참조하길 바란다.

44. 하이젠베르그의 불확정성 이론은 $\Delta x \cdot \Delta p \geq \hbar/2$, $\Delta E \cdot \Delta t \geq \hbar/2$로 요약된다. 즉 입자의 위치와 그 방향으로의 운동량을 동시에 정밀하게 측정할 수 없다는 뜻이다. 그리고 에너지를 정밀하게 측정하기 위해서는 긴 측정 시간이 필요하다는 의미를 가진다. 여기서 $\hbar = h/2\pi$이고 플랑크 상수는 $h = 6.626 \times 10^{-34}$ J · s 이다.

45. 입자들은 지극히 짧은 시간 동안 쌍생성 되었다가 쌍소멸 되므로, 실험적으로 입자의 존재를 검출할 수 없다. 이러한 이유에서 가상 입자라고 불린다.

46. "On the Attraction Between Two Perfectly Conducting Plates", H.B.G. Casimir (1948); Proc. Kon. Ned. Akad. Wetensch. B51, 793.

47. "Demonstration of the Casimir Force in the 0.6 to 6 μm Range", S. Lamoreaux(1996); Phys. Rev. Lett. 78, 5.

48. 밀리컨 Robert A. Millikan(1868-1953)은 톰슨이 전자를 발견하고 12년이 지난 후인 1909년에 전자의 전하량을 정밀하게 측정하였다. 이로써 전자의 전하량과 질량을 정밀하게 측정할 수 있게 되었다. 밀리컨은 전자의 전하량 측정과 광전 효과에 대한 연구 업적을 인정받아 1923년 노벨물리학상을 수상하였다.

49. 보어 Niels Henrik David Bohr(1885-1962)는 덴마크 물리학자로 원자 구조와 양자역학에 대한 연구를 수행했다. 보어의 원자 모델에 따르면 전자들의 에너지는 불연속적이고 핵 주위의 안정된 궤도를 따라 회전하다가 에너지가 다른 궤도로 옮겨갈 수 있다. 보어는 양자 역학과 원자 구조 해석의 업적을 인정받아 1922년 노벨상을 수상했다.

50. 미국 표준연구소인 NIST(The National Institute of Standards and Technology)의 과학기술데이터위원회(Committee on Data for Science and Technology, CODATA)가 발표한 2014년도 기본물리상수 자료 참조

51. "Introduction to solid state physics", C. Kittel; Wiley, 8th edition

제3장

시간

3.1 | 시간이란?

우리는 시간이 무엇인지 잘 알고 있다고 생각하지만, 정작 시간이 무엇이냐는 질문에 대답하려고 하면 시간이 무엇인지 알지 못한다. 〈아우구스틴 Augustine〉

아무리 생각해도 시간은 불가사의한 존재다. 시간에 대한 진지한 고민을 시작하기 전에, 독일의 극작가 쉴러가 공자의 잠언 1을 요약한 시를 음미해보자.

공자의 잠언 1 Sprüche des Konfuzius 1

프리드리히 쉴러 Friedrich Schiller

시간의 걸음은 세 단계 Dreifach ist der Schritt der Zeit:

미래는 머뭇거리며 다가오고 Zögernd kommt die Zukunft hergezogen,

현재는 쏜살같이 날아가고 Pfeilschnell ist das Jetzt entflogen,

과거는 영원한 고요 속에 머무네 Ewig still steht die Vergangenheit.

"시간이 무엇인가?"라는 질문에 답하기 위해 수많은 사람이 머리를 싸매고 고민했지만, 우리는 여전히 시간의 문제와 씨름하고 있다. 21세기 현대인은 '시간은 돈이다'라는 구호 아래 '시간 재테크'를 운운하면서 시간을 어떻게 효율적으로 사용해야 하는지 고민하며 살아간다. 아이러니하게도 우리는 시간에 집착하면 할수록 시간을 유익하게 사용하기보다 오히려 시간에 더 엄격하게 지배를 받는다.

1985년 개봉된 '백 투 더 퓨처 Back to the future'와 같은 SF 영화의 한 장면처럼 타임머신을 타고 과거와 미래를 넘나드는 시간여행은 가능한가? 시간은 실존하는가? 과거는 사라져 없어지는가? 시간은 우주를 구성하고 있는 요소인가? 시간은 정말 흐르고 있는가? 우리는 왜 죽어야 하는가? 시간은 단순한 환상에 불과한 것이 아닌가? 시간과 관련된 질문들은 일일이 나열할 수 없을 정도로 많이 떠오른다. 누구나 예외 없이 태어나서 성장하고 늙어가고 마침내 수명을 다하고 죽는, 단 한 번 주어지는 생로병사의 길을 걸어간다. 모든 인간은 예외 없이 매 순간 시간을 온몸으로 체감한다. "시간은 혹시 인간이 고안해낸 기발한 추상적인 개념일 수 있지 않을까?"라고 의심을 하는 이들도 간혹 있지만, 대부분 사람은 시간의 흐름을 의심하지 않는다. 많은 물리학자들도 시간과 시간의 흐름을 물리법칙으로 이해하려고 노력했지만, 아직 누구도 성공하지 못했다. 시간에 대한 최신 물리학적 해석인 아인슈타인의 상대론적 관점에 따르면 '시간은 흘러간다기보다 오히려 시공간에 얼어붙어 있는 것'이다. 이러한 상대론적 시간의 해석은 인간이 보편적으로 공유하는 직관에 정면으로 배치된다. 설상가상 양자물리학에서는 '과거가 현재보다 나중에 완성되는 경우'가 있다고까지 하니, 시간이 과거에서 현재 그리고 미래 순으로 흐른다는 통념까지 완전히 뒤집어 놓는다. 미스터리한 현대물리학적 시간은 제4장에서 자세히 다루도록 하겠다.

　　시간은 우주의 탄생과 밀접하게 관련된 근본적인 것으로 보이기 때문에, 시간의 본질에 대한 해답을 쉽게 찾을 수는 없을 것이다. 뉴턴이 절대 시간을 언급한 이후 많은 철학자들은 "시간이란 사건과는 무관하게 절대적으로 존재하는 것이며, 사건은 그 시간의 흐름 속에서 순차적으로 발생한다"라고 믿는다. 아리스토텔레스의 전통을 이어받은 또 다른 부류의 철학자들은 "과거는 이미 지나갔고 미래는 아직 도래하지 않았으므로 오직 현재만이 실존한다"라고 믿는다.

　　시간에 대해 생각해 보면 해볼수록, 시간은 더 신비한 모습으로 다가온다. "우리는 시간이 무엇인지 잘 알고 있다고 생각하지만, 정작 시간이 무엇이냐는 질문에 대답하려고 하면 시간이 무엇인지 알지 못한다"[1]라는 아우구스틴 Augustine의 고백처럼 '알 것 같기도 하고 모를 것 같기도 한' 것이 시간이다. 칸트 Immanuel Kant[2]는 "시간과 공간의 개념을 누락시킨 채로 우주를 설명하는 것은 아예 불가능하다"라고 했다. 어찌 생각해 보면 너무나 당연한 이야기다. 삼라만상은 공간 속에 자리 잡고 있으며, 시간의 흐름에 따라 사건들이 전개되기 때문이다. 우리가 살아가면서 느끼고 경험하는 모든 것들은 시간과 공간의 무대 위에서 펼쳐지는 사건이다.

그림 3.1 독일 남부 바덴뷰템베르크주의 대학도시 튜빙엔시의 성 게오르그 교회 내부에 안치된 무덤 위에 새겨진 바로크 형식의 부조 사진. ‘Memento Mori’라는 라틴어 문구가 선명하게 새겨져 있다.

뉴턴은 ‘프린키피아 Principia’라 불리는 ‘자연철학의 수학적 원리 Philosophiae naturalis principia mathematica’에서 시간의 절대성을 주장했다. ‘어떤 것에 의해서도 영향을 받지 않고, 일정하게 흐르는 수학적인 절대 시간’이라는 뉴턴의 정의는 200여 년간 서구 철학과 자연과학을 지배했다. 뉴턴은 "절대적 시간은 너무나 당연해서 더 이상의 설명이 필요 없다"라고 단언했다. 그런데 자신감에 넘친 뉴턴의 주장은 역설적이다. 아마 뉴턴도 자신의 시간에 관한 주장을 확신하지 못했기 때문에, "절대 시간은 너무나 당연하다는 식으로 얼버무리지 않을까?"라는 의심을 지울 수 없다. 당대 뉴턴과 쌍벽을 이루었던 라이프니츠는 뉴턴의 절대 시간에 반기를 들며, 시간을 ‘사건과 사건들 사이의 관계’로만 규정하려 했다. 뉴턴의 절대 시간이란 개념은 오랜 시간 동안 과학계를 지배했고, 20세기 초에 와서야 아인슈타인에 의해 상대적 시간의 개념으로 대체된다.

인간은 ‘물질과 물체로 채워진 공간과 그 공간에서 일어나는 변화, 그리고 그 변화와 연관된 시간과 그 시간의 흐름’을 당연하게 받아들인다. ‘제 3장 시간’에서는 물리학의 관점에서 시간이 과연 무엇인지 살펴보려 한다. 이 책에서 시간의 존재나 시간의 본질에 대한 결론을 도출할 수는 없다. 기껏해야 시간의 가장 기본적인 특성들 중의 하나인 ‘시간이 과거에서 미래로 흐른다’는 ‘시간의 화살 arrow of time’을 다양한 각도에서 분석하는 것에 만족해야 한다. 시간의 화살은 1927년 에딩턴[3]이 맨 처음으로 사용한 표현이다. 시간의 화살들을 살펴보면서 시간의 미스터리에 한 걸음 다가서자.

3.2 | 시간과 씨름했던 현인들

'메멘토 모리Memento Mori'는 "너도 반드시 죽는다는 것을 기억하라"는 뜻의 유명한 라틴어 명구다.

인간과 같이 일정 시간 동안 살아가는 유한한 생명체에게 시간은 가장 소중한 것이라 할 수 있다. 인간은 지구상의 생명체 중에서 시간의 의미에 대해 고민하는 유일한 존재임이 분명하다. 인간은 정자가 난자와 만나 수정한 후, 엄마의 자궁에서 약 10개월의 시간을 보내고, 세상에 태어나면서 울음을 터뜨리고, 눈을 뜨고, 엄마의 목소리를 듣는 것으로 일생을 시작한다. 신생아는 자라면서 점차 색깔도 알아보게 되고, 음악을 듣고 방긋방긋 웃기도 하고, 기억이라는 선물을 덤으로 받는다. 누구나 예외 없이 사랑과 실연, 성공과 실패를 거듭하면서, 늙고 병들어 죽어가는 생로병사의 길을 걷는다. 모든 사람에게 죽음은 두려움의 대상이다. 의학과 생명과학의 눈부신 발전 덕분에 현대인의 기대수명이 빠른 속도로 연장되고 있어, "2050년이 되면 기대수명은 매년 1년씩 늘어나므로 인간은 죽지 않고 영생하는 존재가 될 수 있다"라고 과감히 주장을 하는 미래학자도 있다4. 하지만 21세기 초반에 사는 우리는 여전히 100년 정도밖에 살 수 없다. 영생은 지구상의 인간이라면 누구나 한 번쯤 가져보는 꿈일 것이다. 우리가 가장 확실하게 알고 있고, 또 누구나 예외 없이 동의하는 것은 '나도 언젠가 죽는다'라는 사실이다. 그림 3.1은 독일 남부의 대학도시인 튜빙엔Tübingen 시내에 있는 성 게오르그 교회에 안치된 무덤 사진이다. '메멘토 모리 Memento Mori'는 유명한 라틴어 명구로 "너도 반드시 죽는다는 것을 기억하라"라는 뜻이다. 이 명구의 기원은 고대 로마 시대까지 거슬러 올라간다. 전투에서 승리하고 돌아온 개선장군이 환호하는 시민들 사이로 행진을 하는 동안, 개선장군의 뒤를 따라가는 노예가 "네가 죽고 난 이후를 생각하라. 너도 사람에 불과하다"라는 말을 반복적으로 되뇌었다고 한다. 개선장군이 승리에 도취해 오만함에 빠지는 것을 경고하려는 의도에서였다. 유럽에서는 이 전통이 중세 수도승에게로, 또 왕과 귀족을 풍자하는 광대에게로, 그리고 최근에는 정치인을 풍자하는 코미디언에게로 계승되었다. 그림 3.2와 같이 안동 하회별신굿의 양반탈과 승려탈을 보면 우리나라에서도 양반과 승려를 우스꽝스러운 모습으로 표현하면서 그들의 권위와 허식을 풍자하는 전통을 가지고 있었다. 양반과 승려와 같은 기득권에 대한 풍자와 해학은 삶을 정화하고 갈등을 해소하는 순기능을 했다.

그림 3.2 안동 하회탈춤 장면. 가면 미술의 걸작이라는 평을 받는 양반탈은 바보같이 웃는 표정을 짓고 있다. 전국을 떠돌며 탁발하는 파계승을 표현하는 승려탈은 초승달처럼 생긴 눈으로 승려들의 허물어진 윤리의식의 단면을 잘 나타낸다.

사람들이 자기반성을 하고 삶을 되돌아보며 성찰하는 이유는 아마도 인간의 수명이 유한하기 때문일 것이다. 만약 인간이 영생을 누리게 된다면 자신의 잘못을 반성할 필요를 느끼지 않을 것이다. 영생이 가능해진다고 해도 사고로 죽어 신체가 완전히 훼손된 사람까지 부활시킬 수는 없을 것이기 때문에 아무리 무모한 사람이라 하더라도 영생을 걸고 비행기에서 뛰어내리는 스카이다이빙을 시도하지 않을 것이고, 전쟁의 포화 속에서도 나라를 위해 영생을 포기하지 않을 것이다. 결과적으로 모험심과 국가에 대한 충성심도 사라지는 새로운 모습의 삶을 살아갈 것이 뻔하다.

지금부터 2000년 전 로마 시대의 평균수명은 25세에 불과했다. 전주이씨 무안대군파 가문의 족보 9권을 연구한 결과에 따르면 조선 시대 후기 양반의 평균수명도 30세 정도였다[5]. 일제강점기였던 1930년대 남자의 평균수명은 32세, 그리고 여자의 평균수명은 35세 수준이었다. 동서양을 막론하고 거의 2000년 동안 평균수명이 크게 연장되지 않았다. 1928년 영국 스코틀랜드 세균학자 플레밍 Alexander Fleming[6]은 우연히 푸른곰팡이가 포도구상균을 먹어버리는 것을 발견한다. 그는 뜬금없이 나타나 자신의 실험을 망친 푸른곰팡이의 특성을 연구해 페니실린이라는 항생제를 인류에게 선물했다. 페니실린을 시발점으로 다양한 항생제가 개발되어 의학이 한 단계 더 발전했다. 플레밍은 인류가 비로소 세균과의 전쟁에서 우위를 점하고 감염성 질병에 대항할 수 있도록 신시대를 열었다. 지금은 너무나 당연시하는 항생제의 역사가 이처럼 80년도 채 되지 않았다니 놀랍다. 20세기 후반에 이르러 평균수명이 급속한 속도로 연장되고, 2009년이 되면서 우리나라 평균수명도 80세에 육박하게 된다. 인간의 수명이 이렇게 급속도로 연장되고 있지만, 우주의 나이인 138억 년에 비하면 조족지혈인 셈이다. 우주의 나이에 비교해 찰나에 불과한

1만 년의 역사를 가지고 있는 인간이 감히 시간의 신비함을 이해하려고 하는 것은 어리석기 짝이 없는 노릇일 수 있다.

누구도 다시 젊어질 수는 없다. 시간이 거꾸로 흘러, 지금의 내 모습이 엄마 뱃속의 태아로 되돌아가 급기야 정자와 난자로 나뉘는 장면을 상상해보라. 영화 '벤자민 버튼의 시간은 거꾸로 간다'[7]처럼 노인의 모습이 점차 젊어져 결국 어린애로 변하는 장면들을 떠올리면 절로 미소짓게 된다. 왜 늙은이가 젊어지는 현상은 일어나지 않을까? 왜 시간은 과거에서 현재, 그리고 미래로 향하는 한 방향으로 흐르는 것일까?

시간에 대해 최초로 체계적인 고민을 한 사람으로 플라톤을 꼽을 수 있다. 그는 '시간은 영원함과 영원한 존재의 순간적인 현시顯示[8]'에 불과하다고 생각했다. 플라톤의 제자였던 아리스토텔레스는 시간을 다른 시각에서 조명했다. 그는 시간과 관련하여 세 가지 근본적인 질문에 대한 답을 찾으려 했다.

(1) 시간이 실제로 존재하는가?
(2) 우리가 현재라고 부르는 '지금'은 무엇을 의미하는가?
(3) 시간의 본질은 무엇인가?

아리스토텔레스는 '시간은 과거와 미래, 그리고 그들 사이에 존재하는 현재' 이렇게 세 가지 요소로 구성되어 있고, '시간을 양방향으로 영원히 연속적으로 연장할 수 있을 것'이라 생각했다. 과거는 이미 지나가 사라져 없어졌고, 미래는 아직 도래하지 않았으므로 존재할 수 있는 시간의 요소는 오직 현재라는 순간뿐이다. 다시 말하면 시간을 구성하는 세 가지 요소인 과거, 현재, 그리고 미래 중에서 오직 현재만이 존재할 수 있다. 그러나 존재하는 그 현재를 느끼려고 하는 순간, 현재는 바로 과거라 불리는 무無로 사라지고 만다. 그래서 아리스토텔레스는 현재는 과거의 끝점인 동시에 미래의 시작점, 즉 과거와 미래를 구분하는 한 개의 점에 불과하다고 생각했다. 그는 만약 현재를 시간의 한 부분이라고 한다면 한 시간 또는 하루와 같은 시간의 간격이 현재라는 점들의 집합으로 구성된다는 것을 인정하는 셈이 된다고 생각했다. 점들이 모여 연속적인 시간이 될 수 있다는 말을 받아들일 수 없었다. 점에 불과한 현재를 모아 과거와 미래로 연속적으로 연장되는 시간을 만들어 낼 수 없을 것이다. 그렇다면 과연 시간이 어디에 있는가?

그렇다면, 칸트가 말한 바와 같이, 시간은 주관적 직관의 형태로 우리에게 현실이라는 모습으로 나타나는 것에 불과하단 말인가? 시간은 균일하게 흘러가는가? 아니면 혹시 가속 팽창하는 공간처럼 가속되는가? 강물처럼 흘러가는 시간이 모이는 시간의 바다가 있고 미래의 원천인 시간의 발원지가 있는가? 의심하지 않는 사람은 진실을 찾아낼수 없다. 시간의 실존과 시간의 특징적인 모습에 대한 고찰이 필요한 까닭이다.

3.3 | 시간과 인과율, 그리고 시간여행

매일 반복적으로 일어나는 사건을 바탕으로 앞으로도 계속 똑같은 현상이 일어날 것이라 예측할 수는 없다.

푸른 목장의 소들은 매일 아침 일찍 일어나 밝게 웃으며 정성스레 여물을 주는 주인을 반갑게 맞이한다. 소들은 먹이와 물을 주고 병이 들면 걱정스런 얼굴을 지으며 자신들을 지극 정성으로 보살펴 주는 주인에게 무한한 신뢰를 보낸다. 그러나 어느 날 갑자기 목장 주인이 돌변하여 자신들을 도살장으로 몰고 가는 일이 발생할 수 있다. 매일 반복적으로 일어나는 사건을 바탕으로 앞으로도 계속 똑같은 일들이 일어날 것으로 예측할수는 없다. 그렇다면 세상이 돌아가는 원리를 어떤 방식으로 이해할 수 있을까? 세상의 작동원리를 이해하기 위해서는 우주에서 일어나는 사건을 연결해주는 접착제인 '인과율 causality'이 필요하다. 인과율은 원인과 그에 따른 결과 사이의 상관관계. 만약 당신이 지나가는 자동차가 울리는 경적을 듣고 있다면, 일차적으로 내가 소리를 들을 수 있는 귀를 가지고 있고 운전자가 경적을 울렸으며, 그 소리가 공기를 통해 전파되어 내 귀에 도달했기 때문이다. 원인이 있고 그에 따른 결과가 일어난다.

세상의 작동원리를 이해하려면 '원인과 결과를 정확히 분리할 수 있다'라는 전제가 필요하다. 어떤 결과의 원인으로 추측되는 A 이외에 또 다른 원인이 없다는 것을 어떻게 알 수 있는가? 혹시 직접적인 연관성이 없는 원인이 우연히 결과에 영향을 미치는 것은 불가능한가? 원인과 결과가 시차를 가지고 일어난다는 것은 선험적으로 알고 있다. 인간은 원인과 결과가 순서대로 일어난다는 사실에 근거하여 사건의 정보를 수집하고 두뇌활동을 통해 정리하면서 세상의 이치를 이해한다.

이제 물리학 특히 고전역학이 인과율을 어떻게 다루는지 알아보자. 고전역학의 체계 내에서 초기 상태의 위치와 속도 같은 초기조건을 모두 알고 있다면, 우주에서 일어나는 모든 현상을 계산할 수 있다. 이러한 결정론적 인과율의 대표적인 사례가 유명한 라플라스의 도깨비 Laplace's demon이다[9]. '원인과 결과가 강하게 연결되어 있다'는 강한 인과율은 초기조건의 미세한 차이가 결과를 그리 크게 바꾸지 않는다고 가정한다[10].

우주의 시작을 인과율의 관점에서 고민해보자. 우주 태초에 관해 고민하는 과정에서 인과율은 궁지에 몰린다. 우주는 태초 상태에서 시작해 현재의 모습을 갖추었다. 즉, 우주의 태초는 우주의 최초 원인이다. 하지만 태초 스스로는 원인을 가지지 않는 원인일 수밖에 없다. 아리스토텔레스가 말한 '자신을 제외한 모든 것을 운동시키지만 정작 본인은 본인보다 선행하는 자에 의해 움직여지지 않는 자'를 의미하는 '움직이지 않은 움직이는 자 unmoved mover' 또는 '태초의 움직이는 자 prime mover'와도 맥을 같이한다[11]. 모든 것의 시작인 대폭발 이전의 시간은 없다. 그래서 우주의 태초에 도달하면 더 이상의 원인을 찾을 수 없다. 태초는 인과율이 더는 적용되지 않는 한계 상황이다. 대폭발 이후에 일어나는 현상만이 인과율의 문제가 될 수 있다. 칸트는 '우리는 인간의 이성이 도저히 대답할 수 없는 질문까지도 던지고 있다'라고 안타까워했다. 우주의 태초가 바로 그 대답할 수 없는 질문들 중에 하나다.

이제 현대물리학으로 눈을 돌려보자. '물질의 근본 입자가 무엇이냐?'도 인간의 호기심을 자극하는 기본적인 질문 중에 하나이다. 데모크리토스는 더 나눌 수 없는 입자를 원자라고 했다. 현대물리학에 따르면 원자는 전자와 핵으로 구성된다. 핵은 다시 중성자와 양성자로, 그리고 중성자와 양성자는 궁극적으로 쿼크로 구성된다. 여기까지가 입자물리학의 표준모형이 바라보는 기본 입자에 대한 시각이다. 물론 최근에 기본 입자도 끈이 진동하는 다른 모습이라는 끈이론이 등장했지만, 아직까지 끈이론은 입자물리학의 정설로 자리 잡고 있지 못하다. 하이젠베르크의 불확정성원리는 양자 세계를 지배하는 매우 흥미로운 특성을 이야기해 준다. 불확정성원리에 따르면 장소와 운동량을 동시에 정확히 측정할 수 없고, 에너지를 정확히 측정하려면 긴 측정 시간이 필요하다. 이러한 미시세계를 다루는 양자물리학에서 인과율의 의미는 매우 다르게 해석된다. 상대론을 설명하며 언급하겠지만 민코프스키 Hermann Minkowski의 광원 뿔 light cone을 도입하면 세계선 world line 내부에 위치하는 시공간만이 인과율로 연결되고, 우리의 우주 밖까지 인과율이 적용되지는 않는다. 이미 언급한 바와 같이 도대체 무슨 일이 일어나고 있는지를 파악하려면 인과율의 구조를 피해갈 수 없다. 물리학이 인과율을 고집하는 이유가 바로 여기에 있다. 인과율 없이는 과학적 사고가 애당초 불가능하므로, 인과율을 배제하면 신화의 세계로 빠져들게 마련이다. 호기심은 과학의 근간이다. 우리는 종종 인과율이 작동하는 한계가 어디까지인지 알아보려고 한다.

흥미로운 시간여행 문제를 제 4장에서 논의하겠지만, 여기서는 인과율 측면에서 짧게 살펴보자. 우리가 존재한다는 사실이 바로 '아직까지 어떤 우주 생명체도 한 번의 시간여행을 하지 않았다는 증거'라고 할 수 있다. 당신이 이 책을 읽고 있는 것은 과거에 많은 불행한 사건들이 일어나지 않았기 때문이다. 예를 들면, 지난겨울 출판사가 극심한 경영난에 허덕였지만, 폐업 위기를 넘겨 책을 출판할 수 있게 되었다. 그리고 당신이 어제 서점에서 책을 샀고 또한 분실하지 않았기 때문에 지금 편안하게 이 책을 읽을 수 있다. '행운은 존재하지 않은 많은 불행이다'로 해석할 수 있다. 오늘 우리가 누리는 행운은 많은 불행한 사건들이 일어날 수 있었음에도 일어나지 않았기 때문이다. 이제 누군가가 시간여행을 해서 과거의 어느 한 시점으로 되돌아가 한 그루의 나무를 베어냈다고 상상하자. 나무를 베어낸 불행한 변화는 시간 여행자가 되돌아가야 하는 미래의 어느 한 시점(시간 여행자가 시간여행을 시작한 시점)에 그 나무는 원래 있었어야 할 장소에서 모습은 찾아볼 수 없게 만든다. 같은 논리로 과거로 되돌아간 시간 여행자가 만든 불행한 조그만 사건이 인과율로 꼬리에 꼬리를 물고 연쇄 작용하여 시간여행을 떠나려는 현재의 시간에 시간 여행자가 존재할 수 없게 만든다. 존재하지 않는 시간 여행자가 시간여행을 떠날 수는 없다. 적어도 누군가가 시간여행을 떠나려면 시간여행을 하려는 바로 그 자신은 존재해야 하기 때문이다. 그렇다면 현재의 시간 여행자가 존재할 수 있으려면 반드시 현재의 시간 여행자를 존재하게 만든 과거의 상태가 변하지 않아야 한다. 과거로 돌아간 시간 여행자는 되돌아간 과거의 바로 그 시점부터 시간여행을 시작한 현재 시점 사이에 경험한 모든 것들과 기억, 그리고 감정까지 잃어버리게 된다. 일반화시켜 표현하면 온 세상이 과거 시점의 그 모습으로 온전하게 되돌려져야 한다. 누군가가 시간여행을 하면 반드시 우주 전체가 과거의 시점으로 되돌아가야 한다는 뜻이다. 여기서 흥미로운 사실은 비록 시간여행이 가능하다고 가정하더라도 시간 여행자는 시간여행에 관한 어떤 정보나 기억도 가질 수 없고, 따라서 시간여행을 한 사실조차 알 수 없다. 이뿐만 아니라 시간여행으로 일어나는 작은 불행인 변화는 시간 여행자의 존재를 파괴하는 결과를 초래한다. 우리가 이렇게 안정된 모습으로 살아가고 있다는 사실은 우주의 어떤 생명체도 시간여행을 하지 않았다는 뜻이다. 우리가 현재의 모습으로 존재한다는 사실은 그동안 지구가 멸망하지 않았고 태양은 계속 빛나고 있으며 밤하늘의 별들도 사라지지 않았기 때문이다. 그래서 우주에는 어떠한 생명체도 시간여행을 하지 않았다는 뜻이 된다.

시간여행을 해서 과거를 변하게 할 수도 없고 과거는 현재에 일어나는 사건에 의해

(a)   (b)

그림 3.3 시공간에 존재하는 두 점을 연결하는 위상수학적 특징인 웜홀의 가상도. (a) 웜홀은 시공간의 두 점을 연결한다. (b) 언덕 위에 세워진 고층건물과 시내를 관통하며 흐르는 강을 연결하는 웜홀의 가상도.

서 영향을 받지도 않는다. 반면 미래는 현재 발생하는 사건들에 인과율로 영향을 받는다.

제4장에서 자세하게 설명하게 될 상대성이론에 따르면 빛보다 더 빠른 속도로 공간을 움직일 수 없다. 그리고 관측자의 운동 상태에 따라 시간이 흐르는 순서대로 정렬되는 사건의 모습이 다르게 보이기도 한다. 시공간에서 빛의 속도보다 더 빠른 속도로 움직일 수만 있다면 시간여행이 가능해진다. 빛보다 빨리 움직이는 가상의 입자를 타키온 tachyon이라 한다. 타키온에 대응되는 입자는 타디온 tardyon이라 부르는데 빛보다 느리게 운동하는 입자들이다. 빛을 제외하고 우리 우주에 존재하는 대부분의 입자가 타디온에 해당한다. 타키온은 타디온과는 반대로 에너지를 잃을수록 속도가 커진다. 타키온을 가상의 입자라고 했는데, 타키온이 다른 입자들과 상호작용을 하면서 에너지를 잃게 되면 더 빨라지기 때문에, 타키온의 속도가 무한히 커질 수 있다. 바로 이것이 많은 사람이 타키온의 존재를 믿지 않는 결정적인 이유다. 비록 타키온이 빛보다 빨리 움직여 미래로 시간여행을 한다고 하더라도 다른 입자들과 상호작용을 하지 않기 때문에, 타키온조차 미래로 정보를 전달할 수 없고, 따라서 인과율을 위반하지 않는다.

그렇다면 시간여행은 불가능하단 말인가? 그림 3.3과 같이 우주의 시공간에 특정한 형태의 웜홀 wormhole이 존재할 수는 있다. 1935년 아인슈타인과 로젠은 수학적으로 일반상대성이론의 장방정식의 특수한 해답의 형태로 웜홀을 예측했다. 그래서 웜홀은 원래 아인슈타인-로젠의 다리라고 불렸다. 조금 더 정확히 표현하면 웜홀은 시공간의 두 점을 연결하는 가상의 위상수학적 특성이다. 이론적으로 웜홀을 따라 이동하면 시간여행이 가능하다[12]. 그러나 웜홀의 존재 여부가 불투명할 뿐만 아니라 웜홀은 매우 짧은 시간 동안에 만들어지고 잠시 열렸다가 다시 닫혀 사라진다. 우리는 이런 웜홀의 안정성 문제를 완벽하게 이해하지 못한다. 웜홀을 통과해서 시간여행을 하는 것은 아직까지 공상과학영화 수준의 아이디어에 불과하다. 현재까지 과거로 그리고 미래로의 시간여행은 불가능하다고 보는 것이 타당하다.

3.4 │ 시간의 측정

우리는 시계를 볼 뿐이지 시간을 볼 수는 없다. 우리가 시간을 측정한다고 할 때 과연 측정하고 있는 것은 무엇인가?

시간으로 사건의 순서를 정할 수 있다. 또 시간은 사건이 지속되는 길이 duration와 사건과 사건 사이의 간격 interval을 결정하는데 사용한다. 시경 詩經 왕풍 王風이 쑥과 칡을 캐면서 부른 노래인 「채갈 采葛」이라는 시에서 유래한다는 일일여삼추 一日如三秋라는 말이 있다. 우리가 느끼는 시간의 흐름은 서로 비교하는 것만으로 객관화하는 것은 불가능하다. 시간 측정의 객관성을 확보하려면 반드시 공간에서 일어나는 주기 운동과 비교해야만 한다. 시간 측정에 대해 뉴턴도 비슷한 생각을 가졌다. 뉴턴은 시간 그 자체는 인지하거나 측정할 수는 없지만, 시간의 기간은 공간의 주기 운동으로 정의할 수 있다고 인식했다. 모든 사건에 시간이라는 수를 대응시킬 수 있어, 시계가 정확하기만 하다면 시계로 측정한 두 사건 사이의 간격이 서로 일치한다고 생각했다.

그림 3.4와 같이 선조들은 매일 아침 태양이 동쪽에서 뜨고 저녁에 서쪽으로 지는 모습을 보면서 하루가 지났음을 알고, 달이 차고 기우는 모습으로 한 달을, 그리고 계절의 변화를 기준으로 일 년이라는 시간 간격을 측정했다. 이처럼 일상생활에서 접하는 주기 현상을 시간의 척도로 사용하기 시작했다. 해시계뿐만 아니라 물시계 그리고 기계식 시계인 손목시계와 괘종시계의 작동원리도 모두 공간에서의 주기 운동이다. 그림 3.5와 같이 주기 운동이 시간 측정의 기본이라는 것을 잘 보여주는 진자시계를 살펴보자. 진자시계의 대표적인 사례가 바로 괘종시계다. (b)에 표시한 바와 같이 괘종시계의 진자는 평면에서 주기적으로 왕복운동을 한다. 괘종시계의 진자가 원래의 위치로 돌아오는 데까지 걸리는 시간을 주기 T라 부르는데 보통 1초다. 주기 운동으로 시간을 객관화할 수 있음을 잘 보여주고 있는데 시간과 공간을 분리해 따로 생각할 수 없는 이유를 확인할 수 있다.

(a)

(b)   (c)

그림 3.4 주기적으로 일어나는 천문 현상을 기준으로 하루, 한 달, 그리고 한 해를 정한다. (a) 매일 태양이 뜨고 지는 일출과 일몰의 주기가 하루이다. (b) 달은 한 달에 한 번 차고 기운다. (c) 계절의 모습은 일 년을 주기로 반복된다.

조선 시대 들판에서 땀을 흘려가며 농사일을 하던 농부는 시간을 정확하게 알 필요도 없었고, 설사 시간을 정확히 알고 싶어도 시간을 측정하는 시계를 가지고 있지 않았다. 시계와 시간표 없이도 동이 트면 들에 나가 밭을 매고 계절의 변화를 보면서 씨를 뿌리고 곡식을 추수하는 등 아무런 불편 없이 농사를 지을 수 있었다. 그리고 친구 집을 방문하기로 한 약속시간보다 늦게 갔다고 해서 화를 내는 사람은 아무도 없었을 것이다. 아마 내일 점심때 놀러 가겠다고 약속했을 것이기 때문에, 정확한 약속시간을 정하지 않았을 것이다. 조선의 도읍인 한양에 있던 해시계인 앙구일부와 평양에 설치된 해시계가 몇 분가량 시차를 가지고 있다 하더라도 확인할 방법도 없었고 비교할 필요성도 느끼지 못했을 것이다. 그러나 서양문물이 특히 철도라는 대중교통수단이 본격적으로 보급되면서 시간을 정확하게 측정하고 서로 비교해야 할 필요성을 느끼기 시작했다. 1899년 경인선 철도가 부설되고 기차가 서울과 제물포 사이를 정기적으로 운행하기 시작하면서, 전국 각지 정거장에 걸려있는 시계가 가리키는 시간을 표준화시키는 것이 중요해졌다. 기차는 역에 늦게 도착하는 승객을 기다려 주지 않고 야박하게 정시에 출발한다. 영국의 경우, 기차가 광범위하게 보급되기 시작한 1880년에 모든 시간은 그리니치

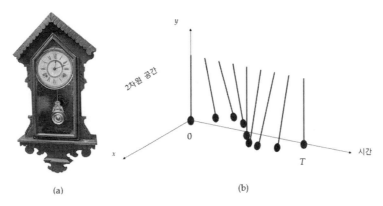

(a)　　　　　　　　　　　　(b)

그림 3.5 진자시계의 진자가 x축 방향으로 왕복운동을 한다. 괘종시계의 경우 진자가 다시 원래의 자리로 되돌아오는데 걸리는 시간 T가 1초가 된다.

의 표준시[13]를 따라야 한다는 법률이 제정되었다. 공중파 방송을 하는 라디오가 등장하면서 인간은 조금 더 시간에 예속되었는데, 모든 시계를 표준시에 정확히 맞추는 일이 생활화되었다. 매시간 라디오에서 울려 퍼지는 "삐 삐 삐" 부저 소리에 우리는 아무런 거부감도 표시하지 못한 채 시계를 들여다보면서 시간을 맞춘다. 우리가 인식하지 못하는 사이에 방송 매체들은 각 가정에 비치된 모든 시계를 표준시에 동기화시키라 강요하는 셈이다. 이른 아침에 야속하게 울어대는 휴대폰 알람 소리에 눈을 비비며 피곤한 몸을 일으켜 세워 일어나야 하고, 부지런히 세수하고 아침 식사를 마친 후 버스앱을 보면서 시내버스가 도착하는 시간을 확인한 후 서둘러 집을 나서 버스 정류장으로 향한다. 몇 시에 일과를 시작해야 하는지, 언제 휴식을 취할 수 있는지, 심지어 언제 식사하고 언제 잠자리에 들어야 하는지를 결정하는 것이 시간이다. 이렇게 시간은 현대인의 삶을 송두리째 지배하고 있다. 시간을 외면하면 사회에서 도태되고 만다. 시간을 잘 지키지 않는 사람과 시간을 활용하지 못하는 사람은 경쟁력이 없는 사람이라 낙인찍힌다. 시간의 재테크, 즉 시테크라는 말이 보편화 되고 있다. 이렇게 시간은 인간의 삶을 구속하는 강력한 힘을 발휘한다. 실체가 무엇인지 확신할 수도 없는 시간이 만물을 지배하고 자유의지를 가지고 있다고 자부하는 인간을 송두리째 지배하고 있다.

1967년 이전까지는 '1900년도 태양 평균일의 1/86,400에 해당하는 시간을 시간의 표준인 1초'로 사용했다. 태양일이란 태양이 하늘의 최고점에 위치하는 시각에서부터 다음 날 최고점에 도달하는 데까지 걸리는 시간이다. 그런데 그림 3.6과 같이 태양 평균일로 하루를 정의하면 하루의 길이가 매일 수 ms나 차이 나기 때문에 부정확한 평균태양일을 기준으로 표준시간을 정하는 것이 불편해졌다. 시간의 표준을 보다 정확하게 정의하

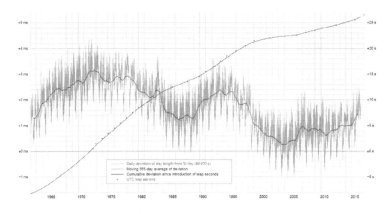

그림 3.6 태양일의 하루 길이는 지속적으로 변한다. 태양일의 길이를 태양의 평균일인 86,400초와 비교하면 매일 수 ms의 차이가 발생한다는 사실을 쉽게 알 수 있다.

기 위해 1967년부터 원자번호 133번인 세슘^{133}Cs 원자의 초미세 전이 hyperfine transition에 의해 방출되는 복사 진동의 주기에 9,192,631,700배 되는 시간을 1초의 표준으로 사용하고 있다. 세슘원자시계의 정확성은 약 $2/10^{14}$인데 이는 140만 년에 1초 정도의 오차가 발생할 수준이라고 하니 놀랍다. 최근에 개발된 이터븀 원자시계는 1억 년에 1초의 오차밖에 생기지 않는다니 정말 정밀한 시계이다. 이런 원자시계는 이미 우리의 일상에 깊숙이 파고들었다. 동기화된 원자시계들을 사용하고 일반상대성 효과에 의해 생겨나는 오차까지 보정하는 방식으로 운영되는 GPS global positioning system가 여러 방면에서 활용되고 있다. GPS는 내비게이션으로 길을 찾고, 항공기가 목표지까지 한 치의 오차도 없이 목적지에 도달할 수 있게 도와준다.

우리는 시간의 흐름을 너무나 분명하게 느끼고 있고 시간의 지배 아래 살아가고 있지만 정작 '시간이란 무엇인가?'에 대해 시원하게 대답할 수 없다. 어느 누구도 시간의 본질에 대한 질문에 대답할 수 없다. 그래서 시간이 왜 과거에서 미래로 향하는 한 방향으로만 흐르는지에 대한 대답을 찾으면서 시간의 미스터리를 하나씩 풀어보도록 하겠다. 누구나 의심하지 않고 시간은 과거에서 미래를 향해 흘러간다고 받아들이지만, 정작 이 문제는 그리 간단하지 않다. 자연을 기술하는 물리법칙은 시간이 반드시 한쪽으로만 흐른다고 전제하지 않는다. 예를 들어 테니스 선수가 친 공이 상대방 코트로 날아가는 장면을 찍은 녹화영상을 역방향으로 재생해 보자. 전혀 이상하다는 느낌을 받지 않을 것이다. 테니스 공의 궤적은 정확히 뉴턴의 운동방정식으로 표현된다. 거꾸로 재생하면 테니스 공이 반대 방향으로 날아가는데 그 또한 이상하지 않다. 이 말은 시간이 거꾸로 흘러가더라도 테니스 공의 궤적이 정확히 뉴턴의 운동방정식으로 기술되고 자연의 법칙을 위반하지 않는다는 것을 의미한다. 즉 뉴턴의 운동법칙은 시간이 거꾸로 흘러도 성립된다. 양자물리학의 기본이 되는 슈뢰딩어 방정식 Schrödinger equation과 특수 및 일반상대성이론 모두 시간이 거꾸로 흐르는 것을 원칙적으로 허용한다. 슈뢰딩어 방정식에서 시간이 거꾸로 흐른다는 것은 시간이 $-t$로 바뀌는 것을 의미하고 그에 따라 슈뢰딩어 방정식의 해답인 파동함수 wavefunction도 변한다. 얼핏 보면 슈뢰딩어 방정식은 시간에 대해 비대칭적인 것처럼 보인다. 우리가 실제로 측정할 수 있는 물리량인 확률밀도 probability density $n_s(x,t)$는 어떤 입자를 주어진 장소 x와 주어진 시간 t에서 찾을 수 있는 확률을 의미하고, 파동함수 $\psi(x,t)$와 파동함수의 복소수켤레 complex conjugate $\psi^\dagger(x,t)$의 곱으로 주어진다. 시간이 순방향으로 흐를 때 파동함수는 $\psi(x,t)$로 주어지고 그에 상응하는 확률밀도는 $n_s(x,t)=\psi(x,t)\psi^\dagger(x,t)$가 되고, 시간을 거꾸로 흐르게 하면 파동함수는 $\psi(x,-t)=\psi^\dagger(x,t)$로 주어지고 확률밀도는 $n_s(x,-t)=\psi^\dagger(x,t)\psi(x,t)=n(x,t)$가 된다. 그래서 양자역학에서 측정 가능한 물리량인 밀도함수는 시간에 대해 대칭적이다. 부록 2를 참조하면 뉴턴의 운동방정식과 슈뢰딩어 방정식이 시간에 대해 대칭임을 확인할 수 있다. 이처럼 대부분의 물리법칙은 시간을 거꾸로 되돌려도 성립한다. 시간에 대한 대칭적 성질을 '시간 되먹임 대칭 time reversal symmetry'이라 부른다.

대부분 물리현상에서 시간의 대칭성은 성립된다. 그렇다면 왜 우리가 살아가면서 시간은 한쪽으로만 흐른다고 느낄까? 왜 시간의 화살이 과거를 향하지 않고 미래로만 향하는가? 시간이 한쪽으로 흘러가야 한다는 법칙이 있는가? 이 질문에 대한 대답은 우주 탄생의 비밀과 밀접하게 연관된다. 이에 대해 우주의 엔트로피를 설명하며 자세히 다루겠다. 현대물리학은 이미 공간과 시간에 대해 많은 것을 이해하고 있다. 그렇지만 우리가 알고 있는 것보다 모르고 있는 것이 훨씬 더 많다는 사실도 부인할 수 없다.

3.5 | 뉴턴의 절대적 시간과 라이프니츠의 시간

"절대적이고 참된 수학적인 시간은 그 자체로 흘러가며, 본성상 균일하고 어떤 외적 대상과도 관계하지 않는다"   <아이작 뉴턴>

인류가 인지 능력을 보유하기 시작한 이래 "시간이란 무엇인가?"라는 질문을 수없이 던져왔다. 과거 많은 현인이 시간의 실체와 그 의미에 대해 고민했지만, 그리 만족할 수준의 해답을 찾지 못했다. 16세기 갈릴레오와 17세기 뉴턴이 시간을 처음으로 과학적이고 체계적인 방식으로 고민했다. 갈릴레오, 뉴턴, 그리고 맥스웰은 한결같이 비상대론적 고전물리학은 시간을 길이, 질량, 그리고 전하량과 같은 기본적인 스칼라 양 scalar quantity의 하나이고, 우주의 어느 곳에서나 똑같은 모습이며 절대적이고 보편적이라고 취급했다. 뉴턴은 30년도 넘게 공간과 시간에 대해 고민했다. 뉴턴에 따르면 절대적 시간은 우주의 어느 관측자에게나 일관된 방식으로 흐른다. 절대 시간과 절대 공간은 서로 독립적으로 존재하는 실체이며 시간과 공간은 서로에게 영향을 미칠 수 없다. 시간은 물리적 사건과 독립적으로 존재한다. 시간은 우주의 외적 요소로서 우주와는 무관하게 측정할 수 있다. 시간은 우주 공간에 존재하는 물질과 물체들을 모두 사라지게 만들어도 존재한다. 시간은 측정할 수 있으나 인지할 수는 없고 오직 수학적으로만 이해할 수 있다. 뉴턴은 시간이 실존함에도 인간과 같은 어리석은 피조물은 시간을 직접 인지할 수 없다고 생각했다. 우리가 측정할 수 있는 것은 상대적이고 시간의 겉보기 모습인 지속 duration이다. 뉴턴의 말을 인용하면, "절대적이고 참된 수학적 시간은 그 자체로 흘러가며, 본성상 균일하고 어떤 외적 대상과도 관계하지 않는다."14 신앙심이 매우 깊었던 뉴턴은 "기본적으로 전지전능한 조물주가 자연의 법칙을 창조했고, 물리학자의 임무는 단지 신이 창조한 신비로운 업적을 밝히는 데 있다"라고 생각했다. 그는 시간이 '신의 권위를 상징한다'라는 입장을 취했다.

　진자시계는 뉴턴과 동시대에 살았던 거장인 라이프니츠가 10대일 때 발명되었다. 진자시계의 등장 전에는 시간을 대략 15분 단위로 측정하는 것이 보편적이었지만, 진자시계 덕분에 분과 초의 단위로 정확하고 균일하게 시간을 측정할 수 있게 되었다. 뉴턴과 라이프니츠는 자연스럽게 근대의 발명품인 진자시계를 경험하면서 객관적 시간에 대해 깊이 사유할 기회를 가졌다. 라이프니츠는 시간에 대해 뉴턴과 다르게 생각했다. 그는 절대 시간의 존재를 인정하지 않았고, 시간을 단순히 사건과 사건 사이의 질서라고만 생각했다. "나는 공간을 시간과 마찬가지로 상대적인 것으로 여긴다고 여러 번 강조했다. 시간은 동시에 존재하지 않는 사건의 질서이다. 이로써 시간은 변화의 보편적 질서가 된다"라고 말한 대목에서 라이프니츠의 시간론이 잘 드러난다. 그는 사건이 계속되는 지속은 실제 경험할 수 있지만, 시간 자체는 아무런 양이나 크기를 갖지 않는다고 보았다. 따라서 시간은 사건들 사이의 관계, 즉 순차적 질서일 뿐이라고 결론짓는다. 라이프니츠가 가졌던 자연의 변천 과정에 관한 사상은 흥미롭다. 자연은 비약하지 않고 이유 없이 일어나는 일도 없으므로, 모든 새로운 상태는 이전의 상태와 수학적 법칙을 통해서 묶인다. 변화의 매 순간을 관통하여 인과율적 연결이 작용한다고 생각하고 현재는 항상 미래를 잉태하고 있으며, 모든 상태는 선행하는 상태를 통해 자연스러운 방식으로 설명될 수 있다.

뉴턴과 라이프니츠가 벌인 시간의 존재에 대한 치열한 논란에 대한 최종 결론을 도출할 수 없었지만, 뉴턴의 권위에 영향을 받은 물리학계는 거의 200년 동안 절대 시간의 존재를 받아들였다. 아인슈타인에 의해 특수상대성이론의 틀 안에서 시간의 상대성이 확고하게 자리 잡는다. 그리고 그는 한 번 "뉴턴, 용서 바랍니다"라고 썼다. 여기서 다시 강조할 점은 시간에 대한 뉴턴의 관점은 훌륭한 근사이며, 우리가 살아가고 경험하는 시간의 특성을 잘 대변해 주고 있다. 즉 상대론적 시간은 빛의 속도로 움직이고 있는 경우거나 극히 강한 중력이 작용하는 한정적 상황에만 두드러지게 나타나는 현상이다.

3.6 시간의 화살

"So far as physics is concerned, time's arrow is a property of entropy alone."

<아서 에딩턴>

장난꾸러기 어린 동생이 방안을 이리저리 뛰어다니다 탁자 위에 놓여있던 화병을 바닥에 떨어뜨려 산산조각 냈다. 엄마에게 꾸중을 들을까 걱정하던 동생이 두 손을 모아 깨진 화병 조각들이 달라 붙어 깨지기 전의 온전한 모습으로 되돌아가게 해달라고 빌어봤자 부질없는 짓이다. 깨끗한 물이 가득 담겨있는 물병에 검은 물감을 몇 방울 떨어뜨리면 물은 서서히 검게 변한다. 하지만 검게 변한 물병의 물은 시간이 흘러도 맑은 물과 검은색 물감으로 되돌아가지 않는다.

그림 3.7은 모 햄버거 회사가 개발해 특허를 얻은 신개념 포장 용기다. 햄버거의 햄과 계란, 그리고 치즈가 들어있는 부분은 따뜻하게 그리고 토마토와 상치가 놓여있는 부분은 차게 보관하기 위해 양쪽에 햄버거의 위쪽과 아래쪽 부분을 분리해 포장하도록 개발한 용기다. 신개념 포장 용기에 담긴 햄버거를 집으로 들고 와 따뜻한 쪽과 차게 보

그림 3.7 모 햄버거 회사의 제품. 상치와 토마토가 포함된 부분은 차게 그리고 햄과 계란이 포함된 부분은 따뜻하게 보관하는 용기를 개발하였다. 주문한 햄버거를 받고 집으로 돌아와 두 부분을 포개서 먹으면 최적의 맛을 즐길 수 있다. 햄버거 회사도 열역학 제 2법칙에 순응하여 특수용기를 개발하였고 특허를 얻었다.

관된 쪽을 나란히 포개어 먹으면 맛있게 신선한 햄버거를 먹을 수 있다. 왜 이렇게 햄버거를 번거롭게 포장하는 아이디어를 냈을까? 그것은 열이 항상 뜨거운 곳에서 찬 곳으로 이동하기 때문이다. 그렇다면 열이 항상 온도가 높은 곳에서 온도가 낮은 곳으로 이동해야 한다는 물리법칙이 있는가?

과거와 미래는 분명히 구분된다. 우리는 한 번 일어난 사건이 원래의 상태로 되돌아가지 않는 비가역적인 세상에 살고 있다. 열심히 운동하면 건강을 유지할 수 있는 것처럼 우리는 미래에 영향을 미칠 수 있는 행위를 할 수 있지만, 과거의 실수를 되돌리는 행위는 할 수 없다. 영화 '벤자민버튼 시간은 거꾸로 간다'에서처럼 나이든 주인공이 다시 젊어져 어린애로 돌아갈 수는 없다. 과거는 미래와 다르다는 것을 삼척동자도 안다. 우리가 관측하는 우주에서 일어나는 모든 현상을 통해 확인할 수 있듯이 시간은 항상 과거에서 미래로 흐른다. 마치 화살이 과녁을 향해 날아가듯 시간의 화살은 의심의 여지 없이 과거에서 미래로 향하고 있다. 시간의 화살을 처음으로 언급한 에딩턴은 우주 반대편에 있는 외계 생명체에게도 시간의 화살은 적용된다고 생각했다. 에딩턴에 따르면 시간의 화살은 시간 자체와 같은 것이 아니라 우주의 특성과 우주가 진화하는 방식이다. 인간과 같이 거시적macroscopic 존재가 인지하는 사건과 경험이 한 방향으로 향한다는 사실은 분명하다. 2020년 노벨물리학상 수상자인 영국의 물리학자이며 수학자인 펜로즈Roger Penrose는 7가지 시간의 화살을 언급했다.

(1) 엔트로피의 화살entropy arrow : 비가역적 열역학 과정에서 고립계의 엔트로피는 항상

증가한다.

(2) 기억의 화살 memory arrow : 우리는 과거에 일어난 사건들만 기억하며 미래에 대한 기억은 가지고 있지 않다.

(3) 우주의 화살 cosmological arrow : 우주는 팽창하고 있지만 수축하지 않는다. 만약 우주가 수축하면 시간은 거꾸로 흐를까?

(4) 전자기적 화살 electromagnetic arrow : 전자기파는 원천source에서 퍼져나가지만, 공간에 퍼져 있는 빛이 다시 원천으로 모여드는 일은 일어나지 않는다.

(5) 케이온의 화살 kaon arrow : 케이온의 붕괴는 시간에 대해 대칭적이지 않다. 시간이 거꾸로 흐르는 우주에서는 케이온이 다른 비율로 붕괴한다.

(6) 블랙홀의 화살 black hole arrow : 블랙홀은 존재하지만, 화이트홀은 존재하지 않는다 (적어도 아직까지 확인하지 못함).

(7) 양자역학적 화살 quantum arrow : 양자역학에서 측정을 수행하면 파동함수는 붕괴collapse되지만, 붕괴된 파동함수가 원상태로 복원uncollapse되지 않는다.

펜로즈의 7가지 시간의 화살을 간단히 살펴볼 것이다. 엔트로피의 화살을 가정 먼저 논의하고 엔트로피의 화살을 중심으로 나머지 시간의 화살을 논의하겠다. 블랙홀의 화살은 3.3과 3.6.3에서 인과율 문제를 언급할 때 논의한 내용과 우주의 화살과 관련하여 블랙홀의 엔트로피를 논의한 것으로 대체한다. 양자역학적 화살은 제 4장에서 양자 함수의 붕괴와 관련된 양자물리학의 해석을 다룰 때 자세히 설명할 것이다.

3.6.1 엔트로피의 화살

엔트로피 entropy S 는 물리학에서 가장 흥미로운 물리량인 것 같다. 엔트로피를 물리학 전공자 수준으로 자세히 다루지 않고 시간의 화살을 논의하는데 필요한 정도로만 살펴볼 것이다. '고립계isolated system[15]의 총 엔트로피는 감소하지 않는다'는 열역학 제 2법칙을 엔트로피의 화살로 이해하면 된다. 친구와 만나 카페에 들러 커피를 주문하니 바리스타가 정성스레 커피를 내린다. 그런데 커피잔을 받아들고 보니 커피가 너무 뜨거웠다. 친구와 담소하면서 잠시 기다리면 커피는 마시기 적당하게 식는다. 그런데 커피를 거의 다 마시고 마지막 남은 한 모금을 마시려고 하면 커피가 너무 미지근해 조금만 더 따뜻했으면 하는 생각이 든다. 이런 소박한 희망을 저버리고 식은 커피는 다시 따뜻해질 줄

그림 3.8 경상북도 봉화군에 소재하는 청량산의 청량사 경내로 올라가
는 나무 계단을 찍은 사진을 35조각 퍼즐로 만들었다.

모른다. 왜 뜨거운 커피는 식기만 하고 한번 식은 커피는 다시 뜨거워지지 않는가? 식
어가는 커피는 엔트로피의 화살과 관련되어 있다.

엔트로피의 화살을 쉽게 이해하기 위해 퍼즐 맞추기 놀이를 예로 들어보자. 지난 주
말 모처럼 여유가 생겨 퍼즐 놀이를 하며 시간을 보내기로 했다. 집 근처 문구점을 들
러 그림 3.8과 같은 35조각짜리 퍼즐을 사서 집으로 돌아왔다. 들뜬 마음에 아무 생각
없이 포장을 뜯어 퍼즐 조각을 책상 위에 쏟아부었다. 그런데 불행하게도 상자 포장에
서나 상자 속 어디에서도 퍼즐 맞추기에 참고할 사진 원본을 찾을 수 없었다. 참고할
그림이 없어 완성된 퍼즐의 모습을 알 수 없는 상황에서 무작정 퍼즐을 맞추자고 마음
먹었다. 마침 주말이라 시간도 넉넉히 있어 책상 위에 펼쳐 놓은 퍼즐 조각을 아무거나
하나씩 집어서 1번 위치에, 그리고 그 다음 조각은 2번 위치에 차례로 가져다 놓는 방
식으로 퍼즐을 맞추기로 했다. 운이 좋으면 힘들지 않게 퍼즐을 완성할 수 있을 것이라
기대를 하고서. 그랬더니 신기하게도 20번째 시도에서 경상북도 봉화군에 소재한 청량
사의 아름다운 경내 사진을 완성할 수 있었다. 이런 행운이 찾아올 수 있는가? 이 행운
의 확률은 얼마일까?

퍼즐 맞추기 문제를 조금 쉽게 해석하기 위해 간단한 카드놀이로 확률을 계산하는
방법을 알아보자. 그림 3.9와 같이 2에서 4까지 세장의 카드 중에서 한 장씩 뽑아 왼쪽

그림 3.9 2에서 4까지의 카드 세장을 정렬하는 방법은 총 6가지이다.

에서 오른쪽으로 나란히 정렬시키자. 무작위로 뽑은 첫 번째 카드는 2, 3, 4 중의 하나가 된다. 가장 왼쪽에 위치하게 되는 첫 번째 카드의 경우의 수는 2, 3, 4, 이렇게 세 가지다. 이제 두 번째 카드는 첫 번째 카드를 제외한 나머지 두장의 카드 중에서 한 장을 고를 수 있으므로 총 두 가지 경우가 가능하다. 마지막으로 남아있는 카드 한 장은 가장 오른쪽에 옮겨 놓으면 된다. 이런 방식으로 카드를 정렬하는 모든 경우의 수는 3 팩토리얼 $3 \times 2 \times 1 = 3! = 6$이 된다. 그림 3.9에 가능한 여섯 가지 경우를 모두 나타냈다. 그런데 세 장의 카드가 가장 작은 수인 2에서 시작하여 순서대로 정렬되는 경우는 총 여섯 가지 가능한 경우 중에서 오직 첫 번째가 유일하다. 그래서 무작위로 카드를 골라 줄을 세워 놓았을 때 2에서 4까지 순서대로 정렬되는 확률은 1/6이 된다.

사전 지식을 조금 얻었으니, 이제 35조각 퍼즐 놀이로 돌아가자. 35개 퍼즐 조각 중에서 무작위로 하나씩 골라 처음부터 순서대로 퍼즐 조각들을 옮겨 놓아 퍼즐을 맞춘다고 생각할 때, 가능한 총 경우의 수는 세장의 카드놀이 게임 때와 마찬가지로 35 팩토리얼 즉, $35 \times 34 \times \cdots \times 1 = 35! = 10333147966386100000000000000000000000000$이다. 모든 퍼즐 조각을 정확히 순서대로 골라야만 청량사 경내의 모습을 갖춘 그림이 완성된다. 따라서 1.0333×10^{40}번 시도하면 한번 퍼즐을 정확하게 맞출 수 있다. 이제 무작위로 한 조각씩 골라 퍼즐 맞추기 놀이를 하는데 얼마나 시간이 소요되는지 계산해 보자. 퍼즐 맞추기를 하면서 점차 실력이 늘어, 35 개 조각의 퍼즐을 골라 위치에 옮겨 놓은 후 그림이 올바르게 완성되었는지 확인하고 다시 퍼즐 조각을 상자에 흩어 놓는데 걸리는 시간이 1초라고 가정하자.[16] 1.0333×10^{40}번 시도 중에서 단 한 번만 정확하게 청량사의 경내 사진이 완성되므로, 무작위로 퍼즐을 맞추어 그림을 완성하기 위해서는 1.0333×10^{40}초가 소요되고 이를 년 단위로 환산하면 3.28×10^{32}년이 된다. 우주의 나이가 138억 년[17]에 불과하므로 3.28×10^{32}년은 우주의 나이에 비해서도

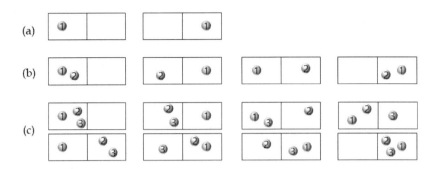

그림 3.10 (a) 구슬 한 개가 두 개의 상자 중에서 왼쪽 상자에 위치하는 확률은 $1/2$ 이다. (b) 두 개의 구슬 모두가 왼쪽 상자에 위치할 확률은 $1/2^2$이다. (c) 구슬이 세 개 인 경우에는 $1/2^3$이다.

23,700,000,000,000,000,000,000배나 긴 시간이다. 우리의 상상을 초월할 만큼 많은 횟수의 우주가 반복되는 시간이 지나야 퍼즐을 한번 정확히 맞출 수 있다는 뜻이다. 이 시간은 실질적으로 영겁의 시간에 해당하므로 35개의 퍼즐을 무작위로 뽑아서 맞추는 시도는 애당초 하지 않는 것이 현명하다. 프랑스의 수학자이자 물리학자인 푸앙카레 Jules Henri Poincaré[18]는 '닫힌 역학계 또는 고립계는 충분한 시간이 경과한 뒤 임의의 초기 상태에 가까운 상태로 돌아간다'라고 가정하고 이 시간을 회귀시간 recurrence time이라 명명했다. 퍼즐 맞추기의 푸앙카레 회귀시간은 3.28×10^{32}년이다.

그림 3.10의 (a)와 같이 구슬이 오른쪽과 왼쪽 상자들 사이를 자유롭게 이동할 수 있다고 가정하자. 구슬 한 개를 상자에 넣으면, 구슬이 왼쪽 상자에 위치하거나 오른쪽 상자에 위치하는 확률은 같다. 이제 (b)와 같이 제1번 구슬과 제2번 구슬을 상자에 넣어보자. 첫 번째 그림과 네 번째 그림처럼 왼쪽 상자에 두 개의 구슬 모두가 위치하거나 왼쪽 상자에 하나의 구슬도 위치하지 않는(오른쪽 상자에 구슬 두 개가 위치하는) 상태는 각각 한 가지이다. 왼쪽과 오른쪽 상자에 각각 한 개의 구슬이 위치하는 상태는 그림에서 볼 수 있는 바와 같이 두 가지다. 주어진 특정한 거시적 상태 macroscopic state(예를 들어 왼쪽 상자에 위치하는 구슬의 개수)를 바꾸지 않으면서 내부 상태의 배열을 바꿀 수 있는 경우의 수를 미시상태 microstate의 수 Ω라 부른다. 왼쪽 상자에 구슬이 하나도 없는 거시적 상태를 '0'이라고 하면, 거시상태 '0'에 해당하는 미시상태는 구슬 두 개 모두가 오른쪽에 위치하는 한 가지이므로 $\Omega = 1$이 된다. 구슬 두 개 모두가 왼쪽 상자에 있는 거시상태 '2'의 미시상태도 단 한 가지여서 $\Omega = 1$이다. 반면 왼쪽 상자와 오른쪽 상자에 구슬 한 개씩 위치하는 경우는 제1번 구슬 또는 제2번 구슬이 왼쪽에 위치하는 경우

이므로 거시상태 '1'의 미시상태 수는 $\Omega = 2$이다. 특정 거시적 상태의 확률은 해당 미시상태의 수에 비례하는데, 거시상태 '0과 2'의 확률은 미시상태의 수 $\Omega = 1$을 가능한 미시상태의 총수 4로 나눈 값인 1/4이고 거시상태 '1'의 미시상태 수는 $\Omega = 2$이므로 확률은 2/4 = 1/2이다. (c)의 경우에는 구슬이 세 개 있으므로 거시적 상태는 '0', '1', '2', '3' 이렇게 네 가지이고 총 미시상태의 수는 $2^3 = 8$이다. 구슬 세 개가 모두 왼쪽 상자에 위치하는 거시적 상태 '3'의 미시상태의 수는 1이고 확률은 $1/2^3$이 된다. 왼쪽 상자에 있는 구슬의 개수가 '0'개인 경우인 거시적 상태 '0'의 미시상태의 수는 $\Omega = 1$이다. 같은 방법으로 생각하면 거시적 상태 '1과 2'의 미시상태의 수는 각각 $\Omega = 3$이고 확률은 3/8이다. 이제 구슬의 개수를 열개로 늘려보자. 거시적 상태 '0과 10'의 미시상태의 수는 각각 $\Omega = 1$이다. 왼쪽 상자와 오른쪽 상자에 구슬이 각각 다섯 개씩 들어있는 거시상태 '5'의 미시상태의 수는 $\Omega = 252$다[19]. 따라서 거시상태 '0 또는 10'이 될 확률은 $1/2^{10} = 1/1024 = 0.001$이 되고 거시상태 '5'의 확률은 $252/2^{10} = 0.25$가 된다. 구슬이 모두 왼쪽 또는 오른쪽에 있을 확률보다 구슬이 양쪽 상자에 다섯 개씩 골고루 분포할 확률이 월등히 높다.

열역학적 계 thermodynamic system의 정확한 의미를 자세히 정의하는 대신 우리가 확률을 계산하기 위해 살펴본 구슬과 상자를 계라고 칭하자. 일반적으로 자유롭게 움직일 수 있는 구슬 n개는 시간이 흐르면서 모두 왼쪽 상자에 있던 초기 상태인 거시상태 'n'에 머물러 있지 않고 이리저리 자유롭게 움직이며 계속해서 위치를 바꾼다. 따라서 계의 상태는 가능한 모든 미시상태를 돌아다닌다. 구슬 10개의 예에서처럼 거시적 상태 '5'에 대응되는 미시상태의 수는 252로 거시적 상태 '0'의 미시상태의 수 1에 비해 압도적으로 많다. 그러므로 양쪽 상자에 골고루 분포하는 거시적 상태의 확률이 월등히 크기 때문에 시간이 지나면서 자연스럽게 구슬이 양쪽에 균일하게 위치한다. 특정 거시상태의 확률은 해당 미시상태의 개수 Ω에 비례하므로, 비가역적 과정에서 거시상태는 그에 대응되는 미시상태의 수 Ω가 증가하는 방향으로 변하고 최종적으로 최대인 상태가 된다. 여기서 비가역적 과정이란 거시상태가 원래 출발했던 초기 상태로 되돌아갈 수 없다는 의미이다. 구슬이 10개인 경우에는 시간이 많이 흘러(푸앙카레의 회귀시간 만큼 지나면) 거시적 상태 '1'로 되돌아가는 것이 가능하겠지만, 구슬의 수가 10^{23}개[20] 정도가 되면 푸앙카레의 회귀시간은 실질적으로 무한대가 되어 계는 초기 상태로 되돌아갈 수 없다. 그래서 원래 상태로 되돌아가지 않는다는 뜻의 비가역적이라는 표현이 적절하다. 그림 3.11과 같이 따뜻한 커피에 우유를 넣으면 우유는 커피에 골고루 퍼지고 부드러운 밀크

그림 3.11 아침에 커피를 마시기 위해 우유를 부었다. 시간이 지나면 우유는 골고루 퍼져 향기로운 밀크커피로 변한다. 하지만 아무리 오랜 시간을 기다려도 커피와 우유가 분리되는 사건은 일어나지 않는다.

커피가 된다. 그러나 밀크커피는 시간이 지나도 커피와 우유로 분리된 원래의 상태로 되돌아가지 않는다. 그 이유는 고립계의 엔트로피는 감소하지 않는다는 열역학 제 2법칙과 연관되어 있다.

통계역학과 열역학에서 중요한 개념인 엔트로피는

$$S = k_B \ln \Omega$$

로 표현한다. 엔트로피는 주어진 거시상태에 대응하는 미시상태의 수 Ω 에 자연로그를 취하고 볼츠만 상수 k_B를 곱해 얻는 값이다. '고립계에서 자발적으로 일어나는 열역학적 과정에서 엔트로피는 감소하지 않는다'는 열역학 제 2법칙은

$$\Delta S \geq 0$$

로 표현할 수 있다.

이제 현실로 돌아와서 구슬 대신 기체 분자 1몰이 두 상자에 어떻게 분포하는지 분석해 보자. 1몰의 분자 개수는 아보가드로 상수 Avogadro constant($N_A = 6.022 \times 10^{23}\,\mathrm{mol}^{-1}$)로 주어지므로 모든 기체 분자가 왼쪽 상자에 있을 확률은 $1/2^{N_A}$이다. 2^{N_A}이라는 수는 도저히 상상할 수 없는 큰 수이므로 모든 기체 분자가 왼쪽 상자에 위치할 확률은 실질적으로 0이다. 왼쪽 상자에 기체를 주입하여 모든 기체 분자가 왼쪽 상자에만 있는 초기 상태를 만들었다. 시간이 흐르면 당연히 기체가 왼쪽 상자에서 오른쪽 상자로 퍼져

나가고 충분한 시간이 흐르면 기체 분자들은 확률이 월등히 높은, 즉 엔트로피가 최대인 '두 개의 상자에 골고루 분포하는 상태'가 된다. 이 경우 모든 기체 분자가 다시 초기 상태인 왼쪽 상자로 되돌아가는데 걸리는 시간인 푸앙카레의 회귀시간이 우주의 나이와 비교할 수도 없는 긴 시간이므로 실질적으로 무한대라 해도 무관하다.

이제 왜 공기 분자들은 아무리 시간이 경과 하더라도 자발적으로 왼쪽 상자로 다시 돌아가지 않는지 이해할 수 있다. 결론적으로 모든 비가역적 과정은 엔트로피가 증가하는 방향으로 진행되고, 이를 엔트로피의 화살이라 부른다. 식은 커피가 다시 뜨거워지지 않는 이유도 같다. 뜨거운 물 입자를 구슬로 대체해서 해석하면 쉽게 이해된다.

열역학 제 2법칙은 우리 우주에서 적용되는 가장 확실한 물리법칙이다. "열역학 제 2법칙은 통계적 성질에 기초했으므로 엔트로피의 화살에 반하는 '미지근한 커피가 뜨거운 커피로 변하는 현상'도 비록 확률은 무시할 수 있을 정도로 낮지만, 언젠가는 한 번 일어날 수 있는 것은 아닌가?"는 질문을 던질 수 있다. 엔트로피가 극히 낮은 상태가 만들어지려면 푸앙카레의 회귀시간 정도를 기다려야 하는데, 아보가드로 상수에 해당하는 물질 1몰의 경우만 그러하더라도 푸앙카레의 회귀시간은 우주의 나이와 비교할 수 없는, 아니 영겁의 시간이므로, 적어도 우리 우주에서는 열역학 제 2법칙을 위반하는 엔트로피의 화살이 거꾸로 날아가는 현상을 관찰할 수 없다고 단언할 수 있다. 아인슈타인의 일반상대성이론을 실험적으로 검증해 유명한 에딩턴은 "열역학 제 2법칙이 물리학 중에 최고의 위치를 차지한다"라고 했다. "만일 새로운 이론이 맥스웰 방정식과 일치하지 않는다면 맥스웰 방정식이 잘못되었다고 주장할 수 있다. 실험에서 오류가 발생하므로 물리이론이 몇 차례 실험 결과와 모순된다고 해도 걱정할 필요가 없다. 그러나 만약 어떤 이론이 열역학 제 2법칙을 위반한다면 아무런 희망도 없다"라고 했다.

엔트로피를 낮추는 방법은 정말로 없는가? 창밖의 나무는 태양 빛과 물, 그리고 영양분을 흡수하여 아름드리로 성장하는데, '식물은 전형적인 엔트로피를 낮추는 기계인 것은 아닌지?' 궁금하다. 식물뿐만 아니라 사람을 포함한 모든 생명체는 무질서한 상태의 유기물을 정돈해 온전한 기능을 하는 유기체를 만들어 나가기 때문에 생명체는 생체 활동을 통해 엔트로피를 낮추고 있다. 식물은 태양에너지를 받아 수분과 영양분을 정렬하면서 성장하고, 동물도 식물이나 다른 동물을 먹이로 섭취해 에너지를 얻어 생활한다. 이 과정에서 생명체가 낮추는 엔트로피보다 주위환경의 엔트로피 증가가 더 크기 때문에 생명체와 주위환경을 포함하는 지구 전체를 고립계로 보면 여전히 엔트로피는 증가하고 열역학 제 2법칙은 유효하다.

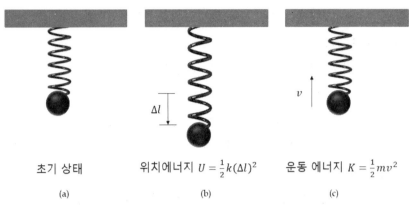

초기 상태   위치에너지 $U = \frac{1}{2}k(\Delta l)^2$ 운동 에너지 $K = \frac{1}{2}mv^2$

(a)   (b)   (c)

그림 3.12 용수철에 매달려 있는 구슬. (a) 구슬이 용수철에 매달려 정지한 초기 상태이다. (b) 구슬을 아래 방향으로 당겨 용수철의 길이가 Δl만큼 늘어난 상태의 위치에너지는 $U = k(\Delta l)^2/2$이다. (c) 구슬이 원래의 위치로 돌아간 상태에서는 위치에너지 $U = 0$이 되고 운동에너지는 $K = \frac{1}{2}mv^2$이다.

21세기 인류가 당면한 문제 중 하나는 에너지 고갈이다. 에너지 고갈은 인류가 지금처럼 에너지를 무분별하게 과소비하면 결국 에너지가 없어진다는 의미인데, 이 또한 열역학 제 2법칙과 연관되어 있다. 우선 그림 3.12의 (a)와 같이 질량이 m인 용수철에 매달려 있는 구슬을 살펴보자. (b)와 같이 용수철에 매달려 있는 구슬을 아래 방향으로 Δl만큼 잡아당긴 후에 놓아 주면 구슬은 위로 올라가고 최고점에 도달한 후 아래로 내려오는 왕복운동을 한다. 이 과정에서 구슬의 위치에너지는 운동에너지로, 그리고 운동에너지가 다시 위치에너지로 형태가 변한다. 운동에너지와 위치에너지를 역학적 에너지 mechanical energy라 부르는데 운동의 모습을 역학적 에너지 관점에서 해석하면 편리하다. 용수철을 Δl만큼 잡아당기면 최저점에서 구슬의 운동에너지는 $K = 0$이고 위치에너지는 $U_{\max} = \frac{1}{2}k\Delta l^2$이다. 여기서 k는 용수철 상수이다. 이제 구슬을 놓아주면 구슬은 위쪽으로 올라가면서 위치에너지는 감소하고 운동에너지는 $K = mv^2/2$로 증가한다. 용수철이 초기 위치인 평형점에 도달하면 위치에너지는 $U = 0$이 되고 구슬은 최고 속력 $v_{\max}$로 위로 올라가며, 이때 운동에너지는 $K_{\max} = mv_{\max}^2/2 = U_{\max}$로 최대값이다. 용수철의 왕복운동을 에너지 관점에서 재해석하면 최저점에서의 위치에너지가 운동에너지로, 다시 운동에너지가 위치에너지로 변환하는 가역적 과정이라 볼 수 있다. 이때 위치에너지와 운동에너지의 합인 총 역학적 에너지는 변하지 않는데, 이를 에너지 보존의 법칙이라 부른다.

이번에는 진흙 한 덩어리를 옥상으로 들고 올라가 바닥으로 떨어뜨리는 실험을 해보자. 진흙이 아래 방향으로 속력 v로 떨어지면 $K = mv^2/2$의 운동에너지를 가진다. 이 운동에너지는 어디서 나왔는가? 용수철 예에서 살펴본 바와 같이, 옥상의 높이가 h라 하면 옥상에서 진흙 덩어리는 $U = mgh$의 위치에너지를 가지고 진흙이 낙하하는 동안 지속적으로 위치에너지가 운동에너지로 바뀐다. 진흙 덩어리가 바닥에 닿으면 철퍼덕 소리를 내고 뭉개진다. 바닥에 떨어져 형태가 뭉개진 진흙 덩어리는 다시 옥상으로 되돌아 올라가지 않는다. 땅에 떨어져 뭉개진 진흙 덩어리의 운동에너지는 $K = 0$이고 위치에너지도 $U = 0$이다. 총 역학적 에너지가 사라졌다는 뜻이고, 에너지는 소멸하지 않고 형태만 바꾼다고 했는데 도대체 역학적 에너지는 모두 어디로 사라졌단 말인가? 진흙 덩어리는 땅에 떨어지면서 철퍼덕하고 소리를 내는데, 소리도 에너지를 가지고 있어 역학적 에너지의 일부는 소리 에너지로 변하고, 나머지 일부는 진흙 덩어리가 뭉개지며 모양이 변할 때 변형에너지로 바뀐다. 이렇게 역학적 에너지뿐만 아니라 소리 에너지, 그리고 변형에너지와 같은 다른 형태의 에너지까지 고려하면, 에너지는 사라지지 않고 단지 모습이 바뀔 뿐이다. 에너지 보존법칙은 용수철 운동과 같은 가역적 과정에서뿐만 아니라 진흙이 떨어지는 비가역적 과정에서도 보존된다. 진흙의 운동을 에너지 보존법칙만으로 고찰하면 비가역적 과정을 기술하기 힘든데, 엔트로피를 에너지 관점으로 해석하면 매우 유용하다. 엔트로피는 사용할 수 없는 에너지 또는 일을 할 수 없는 에너지로 이해할 수 있다. 소리 에너지라든지 진흙 덩어리의 내부에너지는 유용한 일을 할 수 없다. 즉 역학적 에너지는 감소하고 쓸모없는 에너지가 증가한 셈이다. 진흙 덩어리가 떨어지는 비가역적 과정에서 열역학 제 2법칙에 따라 사용할 수 없는 에너지인 엔트로피가 증가한다. 에너지는 사라진 것이 아니라 사용할 수 있는 에너지가 줄어든 것이다.

18세기에 시작한 산업혁명 이후 화석에너지를 본격적으로 사용하기 시작하면서 조상들이 누려보지 못한 풍요로운 삶을 영위하고 있다. 식물성 플랑크톤이나 다양한 종류의 식물은 광합성을 하면서 성장한다. 동물성 플랑크톤은 식물성 플랑크톤이 생성한 유기물을 이용하여 성장하고, 초식동물은 식물을 먹이로 삼는다. 먹이 사슬의 높은 위치를 점하는 육식동물은 다른 동물을 먹이로 살아간다. 이렇게 식물성 플랑크톤이나 동물성 플랑크톤, 그리고 동식물이 죽어 지하에 묻혀 화석화된 것이 바로 석유과 석탄이다. 지구가 오랜 시간 동안 태양에너지를 저장한 것이 화석에너지다. 인류는 무분별하게 에너지(사용 가능한 에너지)를 낭비하고 있다. 지구가 수십억 년 동안 저장한 (사용 가능한) 에너지를 불과 몇백 년 만에 고갈시키고 있다. 에너지 고갈만 문제가 되는 것은 아니다.

화석 연료를 연소하는 과정에서 이산화탄소가 생성되는데, 이산화탄소는 대표적인 온실가스다. 이와는 반대로 광합성 생물은 태양광을 받아 이산화탄소와 물로부터 탄수화물과 산소를 생성하므로, 광합성 생물은 이산화탄소를 저장하고 산소를 만드는 천연 공장인 셈이다. 화석 연료의 사용은 지구가 과거에 차곡차곡 저축해 땅속에 묻어둔 탄소를 산화시켜 이산화탄소로 만드는 행위이고, 열대우림의 훼손은 지금 현재 지구가 보유하고 있는 천연 산소공장을 파괴하는 행위이다. 화석 연료 사용과 열대우림의 훼손으로 말미암은 온실가스 배출량 증가는 급속하게 진행되는 지구 온난화의 주범이다. 지금 지구는 인간의 무절제한 탐욕으로 극심한 몸살을 앓고 있다. 에너지 위기와 지구 온난화에 대처하는 가장 값싸고 효과적인 방법은 오직 절약이다.

3.6.2 기억의 화살

지난 주말 생일을 맞아 친구들과 맛있는 저녁을 먹으면서 즐겁게 시간을 보낸 기억을 떠올리며 미소를 짓고 있다. 우리가 무엇을 기억한다는 것은 어떤 경험에 대한 정보를 저장하고 있다는 뜻이다. 물리학에서 자연 현상을 해석하려면 우선 탐구의 대상에 대한 정보를 관측해야 한다. 정보 이론은 정보 제공자, 채널 그리고 수신자를 모형화하여 정보 전달을 연구한다. 정보 제공자는 전달할 정보를 만들고 채널은 특정한 방식으로 메시지를 변경해 수송하고 수신자는 메시지가 어떤 의미인지 추론하는 역할을 담당한다. 이미 언급한 바와 같이 엔트로피는 무질서도 또는 불확실성을 의미하는데, 마구 어질러 놓은 공부방에서 원하는 책을 찾기는 쉽지 않다. 즉 엔트로피가 높은 상태를 정보가 부족한 상태로 이해하면 된다. 이러한 의미에서 엔트로피를 잃어버린 정보 missing information 또는 음의 정보 negative information 곧 네겐트로피 negentropy라 부른다.

주사위 던지기 놀이를 하는 경우 1, 2, 3, 4, 5, 6 중에 특정한 수가 나오는 확률은 각각 $p_i = 1/6$이고, 가능한 총 경우의 수는 $\Omega = 6$이다. 정보를 경우의 수인 Ω와 각 사건이 일어나는 확률 p_i을 이용해서

$$I = \sum_{i=1}^{\Omega} p_i \log p_i + I_0$$

와 같이 정의할 수 있다. 여기서 I_0는 필요에 따라 임의로 정할 수 있는 상수인데, 정보의 의미를 명확히 하도록 결정하면 된다. 정보는 어떤 사건이 일어날 수 있는 확률에 그 확률의 로그값을 곱한 뒤 모든 경우에 대해 더하기 때문에 확률의 로그값 평균으로

이해를 할 수 있다. 주사위 놀이의 경우, 정보는

$$I = \sum_{i=1}^{\Omega} p_i \log p_i + I_0 = \sum_{i=1}^{6} \frac{1}{6} log\left(\frac{1}{6}\right) + I_0 = \log\left(\frac{1}{6}\right) + I_0 = -\log 6 + I_0$$

가 된다.[21] 주사위를 던지기 전에는 어떤 수가 나올지 알 수 없으므로 아무런 정보도 가지고 있지 않다. 만약 $I_0 = \log 6$이라고 정하면, 주사위를 던지기 전의 정보가 $I = 0$이 되어 주사위 놀이의 상황을 정확히 반영한다. 주사위 놀이를 시작해 주사위를 던졌더니 5가 나왔다고 하자. 이 경우의 정보를 계산해 보자. 주사위가 던져진 상황에서 5가 나올 확률은 $p_5 = 1$이고, 나머지 경우인 1~4와 6이 나온 확률은 모두 $p_1 = 0, p_2 = 0,$ $p_3 = 0, p_4 = 0, p_6 = 0$이다. 이 경우 정보는

$$I = 0\log 0 + 0\log 0 + 0\log 0 + 0\log 0 + 1\log 1 + 0\log 0 + \log 6 = \log 6$$

가 되는데, 주사위를 던지기 전보다 정보가 $\log 6$만큼 늘어났다. 주사위 놀이와 같이 각 사건이 일어나는 확률이 $1/\Omega$이면 정보를

$$I - I_0 = \sum_{i=1}^{\Omega} p_i \log p_i = \sum_{i=1}^{\Omega} \frac{1}{\Omega} log\left(\frac{1}{\Omega}\right) = \log\left(\frac{1}{\Omega}\right) = -\log \Omega$$

와 같이 표현할 수 있다.

이제 위에서 정의한 정보와 엔트로피의 정의

$$S = k_B \log \Omega$$

를 비교하자. 단위를 맞추기 위해 곱해준 볼츠만 상수 k_B를 제외하면 정보($I - I_0$)는 부호가 바뀐 엔트로피와 같은 $-\log \Omega$가 된다. 주사위를 던지기 전에는 아무런 정보를 가지고 있지 않아 $I = 0$이고 엔트로피는 반대로 최댓값인 $S = \log 6$이다. 반면 주사위를 던진 후에 5가 나왔다면 주사위 놀이 결과에 대한 완전한 정보를 가지고 있어 최댓값인 $I = \log 6$가 되고, 5가 나온 한 가지 상태($\Omega = 1$)만 존재하므로 엔트로피는 $S = \log 1 = 0$이 되어 최소가 된다. 정보는 음의 엔트로피 또는 네겐트로피라고 부르는 이유가 확실하게 드러난다.

어떤 대상을 측정하여 정보를 얻으면 엔트로피가 감소하는데 엔트로피는 감소하지 않는다는 열역학 제 2법칙을 위반하는 것은 아닌지 궁금해진다. 측정대상의 엔트로피는 감소하지만 측정하는 사람의 엔트로피는 이보다 더 많이 증가해 측정대상과 측정하는

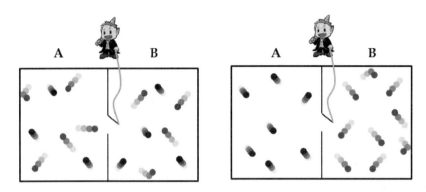

그림 3.13 맥스웰의 도깨비 사고실험. 꼬리가 짧은 기체 분자는 느리게 운동하고 꼬리가 긴 기체 분자는 빠르게 움직인다. 도깨비는 속력이 느린 분자가 왼쪽 상자에서 다가오면 문을 닫고 있고, 반대로 오른쪽 상자에서 다가오면 문을 열어준다. 반면 속력이 빠른 분자가 왼쪽 상자에서 다가오면 문을 열어준다. 시간이 지나면서 속력이 느린 차가운 기체는 왼쪽 상자에 모이고, 속력이 빠른 따뜻한 기체는 오른쪽 상자에 모인다.

사람을 포함한 고립계의 총 엔트로피는 증가하므로 열역학 제 2법칙이 위반되지 않는다.

기억의 화살은 엔트로피의 화살과 직접 연결되어 있다. 고립계의 총 엔트로피는 감소할 수 없는데, 기억하기 위한 정보는 네겐트로피이므로, 엔트로피가 증가하는 미래의 정보를 가질 수는 없고 엔트로피가 낮았던 과거에 대한 기억만 가질 수 있다. 다시말해 미래에 대한 정보를 가지고 있다는 말은 미래의 엔트로피가 낮아져야 한다는 뜻이 되므로 물리법칙 중에서 가장 확실한 법칙인 열역학 제 2법칙을 위반하게 된다. 미래에 대한 기억을 이야기하는 예언자나 점성술사는 물리학자의 입장으로 보면 가장 확실한 거짓말쟁이인 셈이다.

이제 전자기학을 집대성한 스코트랜드의 물리학자 맥스웰이 1867년 제안한 맥스웰 도깨비 Maxwell demon 문제를 다루어 보자. 맥스웰은 정말로 엔트로피를 낮출 수 없는지 확인하기 위한 기발한 아이디어를 떠올렸다. 도깨비는 무슨 일이든 척척 해낼 수 있는데, 신비한 능력자인 도깨비도 열역학 제 2법칙을 위반할 수 없는지를 따져보기 위해 설계한 사고실험이 맥스웰의 도깨비이다. 만약 기체에 일을 하지 않고도 온도 차이가 발생하는 장치를 고안할 수만 있다면, '열역학 제 2법칙이 깨진다'라는 것이 맥스웰이 제안한 도깨비 실험의 핵심이다. 맥스웰의 도깨비를 해석하면 엔트로피와 정보에 관해 많이 이해할 수 있다. 그림 3.13과 같이 완벽한 지적 존재인 도깨비가 모든 기체 분자의 움직임을 정확히 파악할 수 있다고 가정하자. 공기가 가득 채워진 상자의 온도는 일정하게 유지된다. 많은 개수의 기체 분자가 운동하는 속도의 평균값은 상자 어느 곳이든지 균일하다[22]. 그러나 자세히 들여다보면 상자 안에서 움직이는 개별 기체 분자는 균일하게 운동하지 않는다. 그림 3.13에서 상자의 중앙에 단열 칸막이를 설치해 왼쪽 상자와 오른쪽 상자를 분리하는데, 단열 칸막이에는 문이 달린 작은 구멍이 있다. 기체 분자의 속력을 측정하는 놀라운 능력을 지닌 도깨비가 양쪽 상자에 위치하는 기체 분자의 운동 상태를 보면서 뚜껑을 열거나 닫는 작업을 한다. 도깨비는 왼쪽 상자에 있는 기체 분자가 평균 속력보다 빠르게 뚜껑 쪽으로 다가오면 뚜껑을 열어 오른쪽 상자로 이동하도록 한다. 하지만 평균 속력보다 느리게 다가오는 기체 분자는 뚜껑을 닫아서 기체 분자가 탄성 충돌하여 왼쪽 상자에 남아있게 한다. 반대로 오른쪽 상자에 있는 기체 분자에 대해서는 평균 속력보다 느리게 다가오면 뚜껑을 열어주고, 평균 속력보다 빠르게 다가오면 뚜껑을 닫는다. 이처럼 도깨비가 선택적으로 기체 분자가 구멍을 통과하도록 뚜껑을 열거나 닫는 작업을 계속한다. 시간이 흐르면서 왼쪽 상자에는 속력이 느린 분자가 점점 늘어나고 오른쪽 상자에는 속력이 빠른 분자가 모이게 된다. 충분한 시간이 흐르면 왼쪽 상자에는 속력이 느린 기체 분자가 주로 모이게 되므로, 왼쪽 상자에 위치하는 기체 분자의 평균 속력은 감소한다. 그리고 기체 분자의 평균 속력은 절대온도에 비례하므로 느린 속력으로 움직이는 기체들이 모여 있는 왼쪽 상자의 온도는 낮아지고 반대로 빠르게 움직이는 기체들이 모여 있는 오른쪽 상자의 온도는 높아진다. 여기서 주목해야 하는 사실은 도깨비가 뚜껑을 열거나 닫는 행위를 하는 동안에 아무런 일도 하지 않는다는 점이다. 열역학적 일은 $W = pdV$로 정의하는데, 도깨비가 문을 열고 닫는 과정에서 상자의 부피가 변화하지 않아 $dV = 0$이다. 따라서 도깨비가 한 일은 $W = pdV = 0$이므로 비록 도깨비가 열심히 문을 열고 닫는다고 하더라도 물리적으로 한 일은 없다. 이렇게 도깨비가 일을 하지 않고도 양쪽에 온도 차이를 발생시켰기 때문에, 도깨비는 열역학 제 2법칙을 정면으로 위반했다. 만약 이런 방식으로 작동하는 맥스웰 도깨비를 구현할 수만 있다면 열역학 제 2법칙을 반증하는 것이고, 인류의 최대 현안인 에너지 문제를 단숨에 해결할 수 있다.

맥스웰이 열역학 제 2법칙을 위반할 수 있는 사고실험을 제안한 이래 물리학자들은 맥스웰 도깨비 문제를 풀기 위해 골머리를 앓았다. 정말로 맥스웰 도깨비가 열역학 제 2법칙을 위반할 수 있다는 말인가? 맥스웰 도깨비 실험이 실현 가능하다면, 여름에는 도깨비 상자의 왼쪽 상자를 방에 연결시키면 실내 온도가 내려가기 때문에 에어컨이 필요 없게 된다. 반대로 겨울철에는 도깨비 상자의 방향을 바꾸어 오른쪽 상자를 방에 연결시키면, 맥스웰 도깨비는 간단히 난방기 역할을 한다. 이렇게 일을 하지 않는 맥스웰 도깨비가 에너지 문제를 해결해준다. 기적 같은 일이 발생한다. 그런데 우리는 이러한 종류의 영구기관은 존재하지 않는다는 사실을 잘 알고 있다. 맥스웰 도깨비 실험에 논리적인 모순이 없어 보이는데, 그렇다면 열역학 제 2법칙이 완전하지 않다는 말인가?

물리학자들이 맥스웰의 도깨비 실험에 대해 열심히 연구한 결과, 맥스웰의 도깨비도 열역학 제 2법칙을 위반하지 않는다는 사실이 밝혀졌다. 어찌 보면 너무나 당연한 결론이다. 이들이 분석한 내용의 핵심은 도깨비가 기체 분자를 분류하려면 반드시 기체 분자의 속력을 측정해야 한다. 측정이란 정보를 얻는 행위이고, 정보를 측정하는 과정에서 엔트로피는 반드시 증가한다. 도깨비가 측정하는 과정에서 증가한 엔트로피는 도깨비가 측정한 정보를 이용해서 낮춘 엔트로피의 양과 정확하게 일치한다. 이와 같은 이상적인 상황에서도 두 가지 엔트로피는 상쇄되어 총 엔트로피는 감소하지 않아 열역학 제 2법칙은 여전히 유효하다. 실제 상황에서는 측정 과정에서 늘어나는 엔트로피가 도깨비 상자가 줄이는 엔트로피보다 많아 총 엔트로피는 오히려 증가한다. 왼쪽 상자와 오른쪽 상자 사이의 온도 차이로 생기는 에너지보다 기체 분자의 속력을 측정하고 분자들을 선택적으로 칸막이의 구멍을 통과시키면서 소비하는 에너지가 더 많다.

1929년 질라드Leó Szilárd가 맥스웰 도깨비를 면밀하게 해석하는 방법을 제안했고, 브릴루앙Léon Brillouin이 정교하게 다듬었다. 질라드의 지적에 따르면, 실제 세계에서 맥스웰 도깨비는 분자의 속력을 측정하고 정보를 저장하는 과정에서 에너지를 소비한다. 도깨비는 기체와 상호작용하므로, 기체와 도깨비를 모두 포함하는 고립계의 총 엔트로피를 고려해야 한다. 도깨비가 에너지를 소비하면 도깨비의 엔트로피는 증가하게 되고, 증가한 엔트로피의 양은 기체의 엔트로피가 줄어든 양보다 더 많다. 예를 들면, 만약 도깨비가 플래시 빛을 사용하여 분자의 위치를 파악한다고 가정하면, 분자의 속력을 측정하기 위해 광자를 생성해야 한다. 플래시의 건전지에서 화학작용이 일어나고 건전지의 에너지는 광자를 생성하는데 사용한다. 결과적으로 건전지의 엔트로피가 증가할 것이고, 이때 증가한 엔트로피는 줄어든 기체의 엔트로피보다 오히려 크다.

그림 3.14와 같이 질라드가 고안한 열기관으로 맥스웰 도깨비 문제의 엔트로피를 정량적으로 살펴보자. 맥스웰 도깨비는 분자의 에너지 상태인 온도를 측정해 문을 열거나 닫아두지만 질라드 열기관의 도깨비는 분자의 위치를 측정하고 아무것도 하지 않거나 분자를 왼쪽으로 이동시키는 행동을 한다. 그림 3.13의 맥스웰 도깨비 실험장치와 그림 3.14의 질라드 열기관은 서로 사뭇 다르게 보이지만, 도깨비가 기체 분자의 상태를 측정한 후 그 정보를 바탕으로 행동을 한다는 점에서 기본적인 작동원리는 똑같다. 이제 질

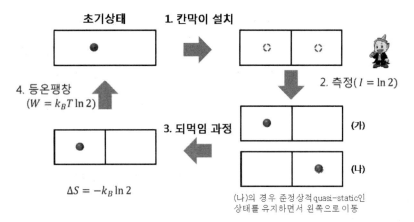

그림 3.14 주위 환경과 열적 평행 상태를 유지하고 있는 부피가 $2V_0$인 상자에 분자한 개를 넣은 초기 상태에서 질라드 열기관의 가동을 시작한다. 1. 도깨비가 칸막이를 설치한다. 2. 도깨비가 분자의 위치를 측정한다. 이 과정에서 $I = \ln 2$의 정보를 획득한다. 3. 되먹임과정에서 도깨비는 분자가 왼쪽 상자에 있는 경우 아무것도 하지 않지만, 분자가 오른쪽 상자에 있는 경우에는 준정상적인 상태를 유지하면서 왼쪽으로 이동시킨다. 4. 등온팽창을 하는 과정에서 $W = k_B T \ln 2$의 일을 하고 초기 상태로 돌아간다.

라드 열기관의 순환과정을 자세히 살펴보자. 질라드 열기관의 모든 실험 과정은 온도를 T로 일정하게 유지하는 등온과정이다.

- 초기상태 : 주위 환경과 열적 평행 상태를 유지하고 있는 부피가 $2V_0$인 상자에 분자 한 개를 넣는다.

(1) 칸막이 설치 : 상자 중앙에 칸막이를 설치하여 오른쪽과 왼쪽 상자의 부피가 각각 V_0가 되도록 한다. 이렇게 상자에 칸막이를 설치하는 과정에서 도깨비는 일을 하지 않는다.

(2) 측정 : 도깨비가 분자의 위치를 측정하는데, 도깨비는 분자 위치에 관한 1 비트의 정보를 획득한다. 예를 들면, 분자가 상자의 왼쪽에 위치하면 '1', 상자의 오른쪽에 위치하면 '0'으로 위치 정보를 저장하면 된다. 도깨비가 이 과정에서 얻은 정보의 총량은 $I = \ln 2$이다.

(3) 되먹임과정 : 기체 분자가 왼쪽에 위치하는 경우인 분자의 위치가 '1'이면, 도깨비는 아무것도 하지 않는다. 만약 기체 분자의 상태가 '0'이면 오른쪽 상자의 오른쪽 벽면을 준정상적^{quasi-static}인 상태를 유지하면서 왼쪽으로 이동시킨다. 이렇게

하면 기체 분자는 왼쪽에 위치하게 된다.

(4) **등온팽창** : 마지막으로 기체 분자가 위치하는 왼쪽 상자를 준정상적으로 팽창시킨다. 등온팽창과정에서 분자 한 개의 상태방정식은 $pV=k_BT$ 이다. 여기서 p, V, k_B, T는 각각 압력, 부피, 볼츠만 상수 그리고 온도이다. 등온팽창과정에서 질라드 엔진은

$$W=\int_{V_0}^{2V_0}dV\frac{k_BT}{V}=k_BT\{\ln(2V_0)-\ln V_0\}=k_BT\ln2$$

의 일을 하고 다시 원래의 초기 상태로 돌아간다.

질라드의 열기관은 네단계를 순환한 후 초기 상태로 돌아가는 과정에서 $k_BT\ln2$ 의 일을 한다. 그렇다면 질라드 열기관은 영구기관인가? 아니면 $k_BT\ln2$ 의 일을 하는 순환 과정에서 무엇인가를 간과한 것이 있는가? 여기서 주목해야 하는 흥미로운 사실은 질라드 열기관이 순환과정을 통해 한 일의 크기인 $k_BT\ln2$ 는 도깨비가 얻은 정보인 $I=\ln2$ 에 정확히 비례한다는 것이다. 이러한 사실로부터 도깨비가 얻은 정보가 질라드 열기관에서 결정적인 역할을 하고 있다는 것을 짐작할 수 있다. 그림 3.14의 2와 3의 과정에서 도깨비는 기체 분자의 위치 정보를 알아낸 후 어떤 경우에라도 분자를 왼쪽 상자에 위치하도록 조치해야 한다. 따라서 도깨비는 분자의 위치 정보 $I=\ln2$ 를 이용하여 질라드 열기관의 엔트로피를 $k_B\ln2$만큼 감소시킨다. 그런데 그림 3.14에서 질라드 열기관이 일을 하고 초기 상태로 되돌아가면 분자가 왼쪽에 위치하는지 아니면 오른쪽에 위치 하는지 알 수 없게 되어 분자의 위치 정보는 사라지고 질라드 열기관의 엔트로피는 증가 한다. 요약하면 도깨비는 위치 정보를 이용해 질라드 열기관의 엔트로피를 낮추는 역할을 한다. 도깨비의 정보가 질라드 열기관이 일하는 자원인 셈이다. 좀 더 자세히 설명하면 도깨비가 되먹임과정을 통해 분자가 항상 왼쪽에 있도록 조치하려면 정확한 분자의 위치 정보를 알고 기억해야 한다. 도깨비의 기억장치도 물리적 시스템이므로 분자의 위치 정보를 1 비트로 저장하면 도깨비 기억장치의 엔트로피는 $k_B\ln2$ 만큼 증가한다. 이렇게 되면 최소한 질라드 열기관의 엔트로피가 감소하는 만큼 도깨비 기억장치의 엔트로피가 증가하므로 열역학 제 2법칙을 위반하지 않게 된다.

1982년 베네트 Charles H. Bennett는 질라드의 통찰을 조금 더 확장한다. 이미 란다우 Rolf Landauer는 1960년에 만약 도깨비가 기체 분자의 에너지 상태를 알아보기 위해 사용

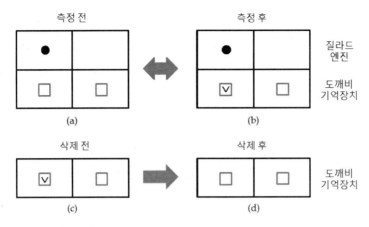

그림 3.15 란다우의 원리를 이용한 질라드 엔진의 해석. (a) 도깨비가 칸막이를 설치했지만 분자의 위치를 측정하기 전 상태이다. 이 경우 질라드 엔진과 도깨비의 기억장치는 서로 다른 상태에 있다. (b) 분자의 위치를 저장장치에 저장하면 질라드 엔진과 기억장치는 같은 상태가 된다. (c) 도깨비의 기억장치를 질라드 엔진에서 분리한 상태이다. (d) 도깨비의 기억장치에 기억된 정보를 삭제한 상태이다.

한 측정 방법이 열역학적으로 가역적인 것이라면 열역학적 엔트로피가 증가할 필요가 없다고 주장했다. 그렇다면 열역학적 엔트로피와 정보 엔트로피 사이의 관계를 분석해야 한다. 도깨비는 측정한 정보를 기억해야 하는데, 기록된 측정 결과는 지워지지 않아야 한다. 보다 구체적으로 표현하면 상자의 어느 한쪽에 분자를 위치시키려면, 도깨비는 분자가 어디에 있는지에 관한 위치 정보를 반드시 저장해야 한다. 베네트에 의하면 순환과정을 반복하면서 저장한 정보의 양은 계속 늘어나게 되므로 도깨비의 저장 공간은 언젠가는 가득 차게 될 것이다. 도깨비는 이전에 모았던 정보를 지우기 시작해야만 한다. 정보를 지운다는 것은 열역학적으로 비가역적인 과정이므로 계의 엔트로피를 증가시키게 된다.

베네트는 그림 3.15와 같이 란다우의 원리를 이용한 질라드 엔진에서 (a)-(d)를 거쳐 다시 초기 상태로 돌아가는 순환과정에서 도깨비가 기억을 지우기 위해 에너지를 사용하게 된다는 점을 확실하게 설명했다. 베네트는 이 사고실험을 이해하기 위해 질라드 엔진과 도깨비의 기억장치를 포함한 전체 시스템을 분석했다. 전체 시스템이 순환과정을 거쳐 초기 상태로 돌아오기 위해서는 질라드 엔진도 순환과정을 거쳐 초기 상태로 돌아와야 하고, 도깨비의 기억장치 역시 분자의 위치 정보를 기억하고 지우는 과정을 수행해야 한다. 그림 3.15의 (a)는 도깨비가 상자의 중앙에 칸막이를 설치했지만 도깨비가 분자의 위치를 측정하지 않은 상태로 분자의 위치를 모르고 있는 상태다. (b)는 도깨비가 분자의 위치를 측정했고, 그 결과를 기억장치에 저장했다. 도깨비가 분자의 위치를 측정하기 전인 (a)에서 질라드 열기관과 도깨비의 기억장치의 상태는 서로 일치하지 않지만, (b)와 같이 기체 분자의 위치를 측정한 결과를 저장하고 나면 질라드 열기관의 상태와 도깨비의 기억장치의 상태는 정확히 일치한다. 측정 전과 측정한 후 정보를 기억한 상태는 서로 1:1로 대응되어 가역적이다. 다시 말해 (a)로 부터 분자의 위치를 측정하고 그 결과를 저장하면 (b)가 되고, 반대로 (b)로부터 측정과 측정 결과를 저장하지 않은 상태로 돌이키면 (a)가 되므로 측정 과정은 순방향과 역방향으로의 돌이킬 수 있는 가역과정이다. 그러나 도깨비의 기억장치를 지우는 과정에서는 질라드 열기관과 분리되어야 한다. (c)의 저장된 정보를 지워 (d)가 되고 나면 분자의 위치 정보를 다시 복구시켜 (c)로 회귀할 수 없기 때문에 이 과정은 비가역적이다. 원칙적으로 가역적인 과정에서는 질라드 열기관과 도깨비 기억장치의 총 엔트로피는 변하지 않는다. 그러나 비가역적인 기억 삭제 과정을 살펴보면, 정보를 삭제한 후 도깨비 기억장치의 엔트로피는 $k_B \ln 2$ 만큼 감소하나 이 과정에서 최소한 $k_B T \ln 2$ 만큼의 열을 주위환경으로 내보내야 한다. 따라서 질라드 열기관은 열역학 제 2법칙과 일치하는 결과를 얻게된다. 베네트의 설명은 맥스웰 도깨비 역설의 일반적이고 근본적인 설명으로 받아들여지고 있다.

결론적으로 맥스웰은 도깨비 실험으로 열역학 제 2법칙이 깨어지는지 여부를 판단하려 했다. 오랜 시간 역설처럼 보였던 맥스웰 도깨비를 질라드, 란다우, 베네트가 정보와 엔트로피의 상관관계를 다양한 방식으로 분석했다. 이들의 연구에 따르면 완벽한 지적 존재인 맥스웰 도깨비도 열역학 제 2법칙을 위반하는데 실패했다. 열역학 제 2법칙의 철옹성은 아직까지 깨어지지 않고 있다.

일부 아마추어 발명가들은 열역학 제 2법칙을 위반하는 영구기관을 발명하려고 노력한다. 필자도 가끔 영구기관을 발명했다며 자신의 연구 결과를 살펴보길 요청하는 이메일을 받는다. 영구기관만 발명할 수 있다면, 인류가 직면하고 있는 최대 현안인 에너지 문제는 해결된다. 하지만 가장 견고한 물리법칙인 열역학 제 2법칙을 위반하는 영구기관의 발명은 특허청조차 거들떠보지 않는다.

3.6.3 우주의 화살

일식 · 월식 그리고 혜성의 출몰과 같은 천문 현상은 동서고금, 신화와 역사를 막론하고 인류의 오랜 관심사였다. 중국에서 가장 오래된 역사서인 '서경書經의 하서夏書'에

"제후로 임명된 희씨羲氏와 화씨和氏가 술에 빠져 정치를 등한시하는 바람에 세상이 어지러워지고 천상에 혼란을 가져왔다"라는 대목이 있는데, 이는 약 4천 년 전인 기원전 2128년의 기록으로 일식에 대한 역사적 기록 중에서 가장 오래된 것이다. 우리나라에도 삼국사기에 신라 시조 박혁거세 재위 61년 동안 총 7회나 일식이 있었다고 기록되어 있다. 7번의 일식 중에서 기원전 54년 신라 경주에서 관측된 일식이 기록으로 남아있는 가장 오래된 것이다. 옛날 사람들은 세상을 밝히던 태양이 갑자기 사라지는 일식을 무서운 사건으로 인식했고 하늘이 인간에게 특히 군주에게 내리는 벌로 간주했다. 자고로 태양을 군주의 상징으로 여겼으니, 일식을 하늘이 군주에 대한 신뢰를 거두어 드리는 것으로 간주했다. 일식 현상은 당연히 군주에게 큰 위협으로 다가왔다. 왕들은 갑자기 태양이 사라져 민심이 동요할 것을 우려해 일식을 정확히 예측하려고 많은 정성을 기울였다. 군주는 천체의 주기적 현상을 계산하고 예측하는 체계인 역법을 구축하기 위해 노력했다. 왕이 정확한 역법에 근거하여 언제 일식이 일어나는지를 예측하면, 백성들은 임금이 하늘과 소통하고 있다고 믿었다. 일부 왕들은 일식이 예보된 날에 제사를 지내며 하늘의 용서를 빌어 민심을 달래기도 했다. 이처럼 군주에게는 천문 현상을 예보할 수 있는 역법이 안정적 통치를 위한 필수불가결한 정치수단이었다.

수시력 授時曆은 1281년 원나라 때 편찬된 역법으로 중국의 역법 중에 가장 정밀하다고 인정받았다. 수시력은 명나라에서도 이름만 대통력大統曆으로 바뀐 채 17세기 중반까지 약 400년 동안 계속해서 사용되었다. 우리나라도 수시력을 고려 시대부터 조선 시대 초기까지 사용했다. 하지만 수시력은 중국을 기준으로 만들어진 역법이었기에 위도와 경도가 다른 우리나라에서 수시력을 그대로 사용하면 절기와 태양의 일출·일몰 시각의 오차가 발생할 수밖에 없었다. 세종대왕 재임기였던 1422년에 일어난 일식은 수시력이 예보한 시각보다 15분이나 빨리 시작했고, 1432년 정월 초하루에 예보된 일식은 아예 관측되지 않았다. 세종대왕은 일식을 제대로 예보하지 못한 수시력의 한계를 심각하게 받아들였다. 세종대왕은 우선 중국에서도 1432년의 일식이 예보되었는지, 또 실제로 일식이 관측되었는지 확인하라고 명했다. 중국에서는 일식이 예보된 정시에 일어났다고 보고받은 세종대왕은 조선이 중국의 역법인 수시력을 그대로 사용하기 때문에 생겨난 실수라는 생각을 굳혔다. 그래서 그는 일식을 잘못 예측한 관리들을 벌하는 대신 일식 연구와 관측에 더 많은 관심을 기울이도록 했다. 1432년 세종대왕은 중국의 천문학 이론을 개선해 우리나라에 맞는 역법을 제작하는 작업에 착수하라고 명한다. 왕명을 받아 정흠지, 정초, 정인지 등은 「칠정산 내편」을 그리고 이순지와 김담은 「칠정산 외편」을,

편찬했다. 10년간의 부단한 노력 끝에 1442년(세종 24년)에 '해와 달을 비롯해 수성, 금성, 화성, 목성, 토성 이렇게 칠정'을 중심으로 천체의 움직임을 계산하는 이론체계를 담은 '칠정산내외편 七政算內外篇'을 완성했다. 이로써 조선의 역법은 체계적으로 정비되었고 드디어 한양을 기준으로 한 역법 체계를 갖추게 되었다.

이제 유럽으로 눈을 돌려보자. 망원경의 발견으로 17세기부터는 단순히 육안으로 천체를 관측하던 한계에서 벗어나 먼 거리에 있는 천체들을 자세히 관측할 수 있게 되었다. 망원경에 대한 가장 오래된 기록은 이름을 알 수 없는 사람이 1608년 네덜란드 정부에 제출한 특허 신청서에서 찾을 수 있다. 1609년 갈릴레오는 망원경에 대한 소식을 전해 듣고 3배율의 망원경을 제작했다. 그리고 이후 성능을 개량해 30배율의 망원경을 제작했다. 그는 자신이 직접 개발한 갈릴레이 망원경으로 목성의 주위에 네 개의 위성이 돌고 있고, 금성도 달과 같이 위상이 변하는 현상을 발견했으며 태양의 흑점도 연구했다. 갈릴레오는 망원경을 이용해 행성을 관측한 결과를 바탕으로 코페르니쿠스가 주장한 지동설을 확신했다.

최근에는 광학망원경을 이용하여 가시광선으로 천체를 관측하는 것을 뛰어넘어 각종 첨단 망원경으로 라디오파에서 감마선에 이르는 광범위한 대역의 전자기파를 관측하여 우주가 보내는 신호를 감지한다. 심지어 2016에는 LIGO 실험을 통해 아인슈타인이 100년 전에 예측한 중력파 측정에 성공했다. 블랙홀이 충돌하는 현상을 관측한 LIGO는 일종의 중력파 망원경이라 할 수 있다. 인공지능의 발달로 대용량의 천문 관측자료를 과거와 비교할 수 없는 수준으로 신속하고 또 정확하게 해석할 수 있게 되었다. 측정장치의 개발과 분석기법의 발달로 21세기 인류는 어느 때보다 우주를 더 깊숙이 엿볼 수 있다. 이처럼 동양이나 서양, 그리고 옛날이나 현재처럼 장소와 시간을 가리지 않고 인간은 하늘에 떠 있는 천체를 바라보며 꿈을 키웠고 미래를 점쳤으며 자신의 운명을 예측했다.

최신 관측결과를 종합하면 약 138억 년 전 우주는 대폭발로 해석되는 빅뱅으로 탄생하였고 현재까지도 계속 팽창하고 있다. 우리는 폭발이라고 하면 포탄이 터지는 것을 연상하게 된다. 폭탄이 폭발하면 파편이 사방으로 퍼져나가고, 하늘로 날아오르던 파편은 시간이 지나면서 점점 속도를 잃고 정점에 도달한 후 땅으로 떨어진다. 폭탄의 파편은 처음에는 지구로부터 멀어지는 위쪽으로 날아가지만, 일정한 시간이 흐르고 나면 중력에 의해 바닥에 떨어진다. 폭발의 장면을 머릿속에 떠올리면, 우주 탄생 초기에는 대폭발의 영향으로 천체들은 서로 멀어져 우주가 팽창하겠지만 언젠가는 천체들 사이에

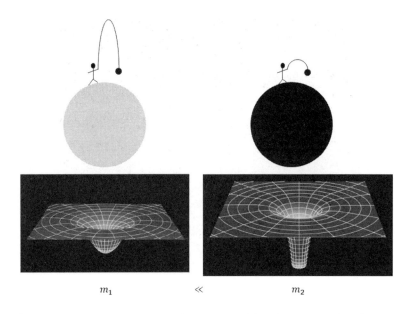

$$m_1 \qquad \ll \qquad m_2$$

그림 3.16 일반상대성이론에 따르면 질량이 공간을 왜곡시킨다. 휘어진 공간에서 공을 위쪽으로 쏘아 올리면 공은 위쪽으로 올라가다 되돌아온다. 질량이 증가하면 공간이 휘어지는 정도도 비례하여 증가한다. 밀도가 높은 천체에 의한 공간의 왜곡이 심하면 빛도 휘어진 공간을 벗어나지 못하게 되는데, 이러한 천체가 블랙홀이다.

작용하는 만유인력으로 팽창을 멈추고 다시 모여드는 '대수축 big crunch'이 일어나야 한다고 추측할 수 있다. 그런데 우주에 퍼져있는 물질과 에너지의 총량은 우주의 팽창을 멈추게 하고 궁극적으로 모든 천체가 다시 한 곳으로 모여드는 대수축이 일어나기에 충분치 않아 보인다. 우주의 팽창속도가 감속하지 않고 오히려 가속팽창하고 있으며, 심지어 영원히 팽창하는 것처럼 보인다. 1998년에 펄머터, 슈밋, 리스는 멀리 떨어져 있는 초신성들을 이용하여 우주의 가속팽창을 실험적으로 확인했고, 이들 세 사람은 우주 팽창의 증거를 찾은 업적을 인정받아 2011년 노벨물리학상을 수상한다.

우주의 지속적인 팽창이 바로 우주의 시간이 한 방향으로만 흐른다는 우주의 화살에 해당한다. 우주의 화살을 논의하기 위해 우주의 엔트로피를 (1) 빅뱅 초기와 (2) 현재 그리고 (3) 미래, 이렇게 세 부분으로 나누어 비교해 볼 필요가 있다. 빅뱅 초기 우주의 엔트로피는 얼마였을까? 대폭발이 일어난 시간인 $t = 0$에서부터 플랑크 시간 $t_{PL} \sim 10^{-43}$ s 이 지난 시점까지를 플랑크 시대 Planck era라고 부른다. 양자역학적으로 플랑크 시간보다 더 짧은 시간 간격에서는 어떤 변화도 구별할 수 없으므로 플랑크 시대를 우주의 원점이라고 간주한다. 최신우주론에 의하면 플랑크 시대의 우주는 반지름이 플랑크 길이

그림 3.17 슈바르츠쉴트 반지름 내부의 공간은 너무 심하게 왜곡되어 있어 빛도 빠져나올 수 없다. 반지름이 R_S인 구면이 만드는 경계면을 사건의 지평선이라 부른다.

$\ell_{PL} \sim 10^{-35}$ m 정도인 구의 모습을 하고 있었다. 플랑크 길이는 플랑크 시간에 빛의 속도를 곱한 값이다. 플랑크 길이 정도 크기의 우주에서는 일반상대성이론과 양자물리이론을 분리하여 다룰 수 없다. 하이젠베르크의 불확정성 이론에 의하면 플랑크 길이 정도의 공간에 존재할 수 있는 질량은 플랑크 질량 $m_{PL} = 10^{-5}$ g 정도다. 일반상대성이론에 따르면 플랑크 질량이 플랑크 길이에 해당하는 좁은 공간에 모여 있으면 일종의 블랙홀이 된다.

블랙홀은 수줍음이 많아 자신의 모습을 보여주지 않는 은둔의 존재이다. 블랙홀은 작은 공간에 질량이 엄청나게 많이 몰려있는 천체이다. 공을 하늘로 높이 던지면 포물선을 그리며 땅으로 떨어진다. 공을 조금 더 세게 던지면 더 높이 올라갔다 내려온다. 물리학적으로는 '공을 더 세게 던진다'가 아니라 '더 빠른 초기 속력으로 던진다'가 정확한 표현이다. 이제 상상의 나래를 펼쳐 공을 정말로 빠른 속력으로 던지면 공이 지구를 한 바퀴 돌아 내 머리 뒤편에 도착할 수 있다. 뚱딴지같은 소리로 들리겠지만 지구주위를 돌고 있는 인공위성이 이에 해당한다. 인공위성을 쏘아 올리는 속력보다도 더 빠른 속도로 공을 던지면 하늘로 더 높이 더 높이 올라가다 결국은 지구를 떠날 수 있다. 지구에서는 초속 11.2 km로 쏘아 올리면 지구를 이탈할 수 있는데, $v_e = 11.2$ km/s 를 지구 이탈속도 escape velocity라 부른다.

인류 최초로 달나라에 착륙한 우주인인 암스토롱 Neil Armstrong이 달 표면을 껑충껑충 뛰어다니던 장면을 신기하게 본 적이 있을 것이다. 암스트롱이 정말 달나라에 착륙했는지를 의심하는 음모론을 제기하기도 한다. 암스트롱이 달나라에 착륙해 달에 사는 옥토끼와 인증샷을 남기지 않아 아쉬움을 남긴다. 달나라의 중력은 지구에 비해 작아서 암스트롱이 공중으로 도약하면서 걸어 다닌 것은 달의 중력이 지구의 중력보다 작기 때문이고 따라서 달의 이탈속도는 지구의 이탈속도보다 작다. 이제 반대로 중력이 더 강한 천체로 가면 이탈속도는 증가한다. 만약에 어떤 천체의 중력이 너무 강해 이탈속도가 빛의 속도보다 더 커지면 빛조차 그 천체에서 벗어날 수 없게 된다. 중력이 무지무지 강해 빛조차 벗어날 수 없는 천체가 바로 블랙홀이다. 이탈속도는 $v_e = \sqrt{\dfrac{2GM}{r}}$ 으로 주어지므로, 질량 M을 늘리거나 반지름 r을 줄이면 이탈속도는 증가한다. 만약 질량이 M인 천체의 반지름을 점점 줄여나가면, 이탈속도가 빛의 속도와 같게 만들 수 있다. 이탈속도가 빛의 속도가 되는 반지름을 슈바르쯔쇨트 Schwarzschild 반지름 R_S라 부른다. 만약 지구의 반지름을 손톱 하나의 크기인 9 mm 정도로 줄이면 지구도 블랙홀로 변한다. 일반상대론적 관점에서는 그림 3.16과 같이 질량이 공간을 왜곡시키는데 반지름을 일정하게 유지하면서 질량을 증가시키면 공간도 비례하여 휘어지고 하늘로 쏘아 올린 공은 멀리 올라가지 못하고 바닥으로 떨어진다. 반지름이 슈바르츠쇨트 반지름보다 작은 천체 주변의 공간은 너무 심하게 휘어져 빛도 이탈할 수 없다. 빛도 내부로부터 슈바르츠쇨트 반지름 밖으로 빠져나올 수 없어, 블랙홀 내부에 관한 정보를 얻을 수 없다. 그림 3.17과 같이 슈바르츠쇨트 반지름 크기의 구가 만드는 경계면을 사건의 지평선 event horizon이라 부르는데, 사건의 지평선 너머 블랙홀 내부를 들여다볼 수 없다. 그래서 블랙홀에 대해 알고 있는 정보는 기꺼해야 블랙홀의 질량, 전하량, 그리고 스핀뿐이다. 블랙홀 내부에 대한 어떤 정보를 얻을 수 없다는 것이 블랙홀이 가장 수줍음을 많이 타는 미지의 존재라고 부르는 이유이다. 이런 맥락에서 '블랙홀은 민머리 no hair'라고 표현한다.

블랙홀을 외부에서 관찰하면 너무 단순한 모습이지만, 블랙홀의 내부는 거대한 정보의 창고이다. 같은 크기의 물체 중에서 블랙홀이 가장 큰 엔트로피를 가지는데, 그 이유를 쉽게 이해할 수 있다. 엔트로피는 거시적 상태를 바꾸지 않으면서 바꿀 수 있는 미시상태의 수로 정의했는데, 블랙홀의 내부 상태를 아무리 바꾸더라도 블랙홀에 대한 거시적 정보는 변하지 않으므로 블랙홀의 엔트로피는 최대가 될 수밖에 없다. 1972년 베켄슈타인 Jacob Bekenstein은 블랙홀도 엔트로피를 가져야 한다고 주장했다.[23] 1975년 호킹은 에너지, 온도, 엔트로피 사이의 열역학적 관계를 이용하여 베켄슈타인의 연구 결과를 검증하고 블랙홀의 엔트로피가 $S_{BH} = k_B A / 4 l_{\mathrm{PL}}^2$로 주어진다는 연구 결과를 발표했다.[24] 호킹의 연구에 따르면 놀랍게도 블랙홀의 엔트로피는 부피가 아니라 블랙홀의 표면에 비례한다. 반지름이 R인 블랙홀의 엔트로피는 $S_{BH} = k_B \pi (R/l_{\mathrm{PL}})^2$인데, 우주 태초의 모습에 상응하는 플랑크 길이 정도의 블랙홀의 경우 엔트로피를 볼츠만 상수 단위로 표현하면 $S_{BH} \approx 1$이므로, 우주 태초의 엔트로피는 $S = 1$이었다. 그렇다면 현재 우주의 엔트로피는 얼마 정도일까? 펜로즈에 의하면 우주 엔트로피의 대부분은 엔트로피가 최대상태인 블랙홀들에 의해 결정되는데 우주의 블랙홀들을 대략 추정해서 계산하면 $S = 10^{100} \sim 10^{104}$ 정도라고 한다. 편의상 현재 우주의 엔트로피를 $S = 10^{100}$이라고 하자. 그렇다면 미래 우주의 엔트로피는 얼마나 될까? 펜로즈는 우주가 수축하여 궁극적으로 하나의 특이점으로 모이는 대수축이 발생할 때, 현재 우주에 존재하는 모든 물질이 이 특이점에 다시 모여든다고 가정했다. 우주의 역사는 비가역적이어서 우주의 수축으로 생기는 블랙홀은 우주 태초의 블랙홀과 전혀 다른 모습을 보일 것이다. 최종적으로 우주의 엔트로피는 $S = 10^{123}$ 정도가 될 것이다. 하지만 우주를 관측한 최신 결과에 따르면 우주는 대수축을 향해 다가가지 않고 오히려 팽창을 지속하고 있으며 더욱 가속팽창하고 있다. 우주의 팽창이 지속하는 동안 엔트로피는 계속 증가한다. 우주의 팽창이 지속해도 우주에 있는 물질들은 그대로 존재하고 이들 물질이 가질 수 있는 최대 엔트로피는 이미 펜로즈가 대수축에서 계산한 값과 같을 것이다. 현재로서는 우주에 존재하는 물질의 양이 보존되지 않아야 할 이유를 찾을 수 없어 먼 미래 우주의 엔트로피는 $S = 10^{123}$라고 받아들이는 것이 타당하다. 결론적으로 초기 우주는 극히 낮은 엔트로피 상태였고 지속적으로 엔트로피는 증가하였으며 미래에도 엔트로피는 증가할 것이다.

　　우리의 우주에는 기체 1몰과 비교할 수 없는 엄청나게 많은 물질이 존재한다. 우주의 푸앵카레 회귀시간은 $10^{10^{10^{10^{10^{3}}}}}$ 년 정도라고 하니 이 시간은 초, 분, 시간, 년, 천년 그 이상의 상상할 수 있는 어떤 종류의 단위로도 표현할 수 없는 긴 시간이다. 우주의 푸앵카레 회귀시간은 가히 영원하다고 할 수 있다. 지금까지의 논의를 요약하면 아무리 오랜 시간이 지나도 우주가 자발적으로 초기 상태로 돌아가는 일은 발생하지 않는다. 우주 시간의 화살은 오직 엔트로피가 증가하는 방향으로 흘러갈 뿐이다. 이것이 우리가 알고 있는 '우주는 팽창하고 엔트로피는 증가한다'는 우주의 화살이다.

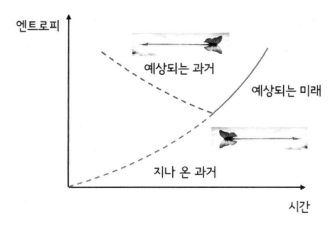

그림 3.18 열역학 제 2법칙에 따르면 시간이 흘러 예상되는 미래에는 물리계의 엔트로피가 항상 증가한다. 이제 시간이 거꾸로 흘러 과거로 향하게 된다고 가정하더라도 시간에 대칭적인 물리법칙에 따라 엔트로피가 증가해야만 한다.

이미 뉴턴의 운동법칙뿐만 아니라 양자역학도 시간에 대칭적이어서 과거와 미래를 구별하지 않는다는 사실을 논의했다. 1872년 볼츠만은 준이상적인 분자의 충돌 과정에서 H 값이 감소한다는 H−정리를 발표했다.[25] H 값에 음의 부호를 붙이면 엔트로피가 되므로, H−정리는 결국 '고립계의 엔트로피는 감소하지 않는다'는 열역학 제 2법칙으로 이어진다. 볼츠만은 H−정리를 발표한 이후 과학계의 극심한 비판에 직면한다. 그는 우선 가역성의 문제로 알려진 '로슈미트의 역설 Loschmidt's paradox'을 방어해야만 했다. "분자의 운동을 기술하기 위해 사용한 뉴턴의 운동법칙은 시간에 대해 대칭적이고 가역적인데 어떻게 가역적 물리법칙을 기초로 해서 시간에 대해 비가역적인 H−정리를 유도할 수 있느냐?"는 질문을 받는다. 볼츠만은 과학계의 엄청난 비판 속에서도 '물리계는 낮은 엔트로피 상태에서 높은 엔트로피 상태로 이동할 확률이 매우 크다'는 확률적인 논리를 도입해 H−정리에 대한 연구를 계속했다. 1877년 그는 드디어 H−정리로부터 엔트로피를 기술하는 간단한 공식, $S = k_B \ln \Omega$를 유도한다. 이 공식은 물리학의 가장 중요한 공식들 중 하나이며 볼츠만의 묘비에 새겨져 있다. 볼츠만 덕분에 우리는 시간이 미래로 흐른다는 시간의 화살 문제를 열역학 제 2법칙으로 이해하게 되었다.

로슈미트 역설을 확장 적용해서 시간의 화살 문제를 조금 더 살펴보자. H−정리의 출발점이었던 뉴턴의 운동법칙은 과거와 미래를 구별하지 않기 때문에 물리계는 확률이 높은 상태로 이동한다는 논리를 과거로 진행되는 물리계에도 똑같이 적용해야 한다. 열역학 제 2법칙은 뉴턴의 운동법칙에 기초하고 추가적으로 확률적 논리를 적용하여 도출한 결론인 만큼 자연스럽게 '열역학 제 2법칙 역시 시간에 대칭적이야 한다'는 결론에 도달한다. 그림 3.18과 같이 시간이 과거를 지나 미래로 향할 때 엔트로피는 증가한다. 같은 논리로 시간의 방향을 바꿔 다가올 과거로 시간이 흐르게 만들어도 엔트로피는 증가해야 한다. 열역학 제 2법칙이 시간에 대칭적이어야 한다는 주장은 물리적으로나 수학적으로 아무런 하자가 없어 보인다. 우리는 뜨거운 커피 한잔을 받아들고 기다리면 식는다는 것을 확신한다. 로슈미트의 역설에 따르면 커피를 받아들기 전에도 커피가 적당히 식어 있었다고 믿어야 하는데, 이게 말이 되는 소리인가? 우리는 이미 시간이 흐름에 따라 우주의 엔트로피가 증가했다는 사실은 확실히 알고 있다. 이것은 과거에는 현재에 비해 낮은 엔트로피 상태였다는 뜻이다. 단순히 생각하면 시간을 거꾸로 돌려 과거로 돌아가면 낮은 엔트로피 상태였을 것이라 기대한다. 그런데 그림 3.18과 같이 시간을 거꾸로 돌려도 엔트로피는 증가해야 하는데, 도대체 어떻게 엔트로피가 낮은 과거가 가능했을까? 여기서 "왜 우주는 과거에 낮은 엔트로피 상태를 유지했는가?"라는 중요한 질문을 던질 수밖에 없다. 엔트로피가 최저였던 태초의 우주가 탄생한 이유를 찾아야 한다.

총 52장의 카드를 공중으로 던지고, 방바닥에 흩어진 카드를 모으는 놀이를 해보자. 푸앙카레의 회귀시간에 달하는 억급의 시간 동안 카드 던지기 놀이를 반복하면서 카드의 엔트로피가 시간에 따라 변하는 과정을 그림 3.19에 기록했다. 대부분 높은 엔트로피 상태를 유지하겠지만 요동을 겪으며 가끔은 매우 낮은 엔트로피 상태(그래프의 계곡에 해당)가 만들어질 수 있다. 이 경우를 우주에 적용해보면 우리 우주는 엔트로피가 요동치는 과정에서 매우 희귀한 낮은 엔트로피 상태가 만들어졌고, 그 결과 우주가 지금의 상태로 진화하는 것이 가능해졌다. 그렇다면 반복되는 무질서의 과정에서 지금의 우주가 탄생했고, 그 우주에서 생명체와 인간과 같은 지적 존재가 만들어진 셈이다. 현재 우리가 경험하는 138억 년 된 우주도 요동치는 우주 속에서 우연히 매우 낮은 엔트로피 상태가 만들어졌고, 또 그 기막힌 우연 속에 인간과 같은 생명체가 탄생했다는 뜻이 된다. 일부 물리학자들은 이와 같은 다소 황당하고 믿기 힘든 이야기를 믿으라고 주장한다.

혹시 엔트로피와 물리법칙의 시간의 대칭성을 뛰어넘는 새로운 아이디어로 엔트로피가 극히 낮았던 우주의 태초를 설명할 수는 없을까? 빅뱅으로 탄생한 우리의 우주는 매우 낮은 엔트로피로 시작해서 지금의 형태로 진화했기 때문에 우리가 바라보는 우주의 질서는 우주적 유물이고 초기 우주의 유산인 셈이다. 우주배경복사는 우주의 초기모습이 매우 균일했다고 알려준다. 엔트로피의 화살을 논의할 때 확인한 바와 같이, 기체 분

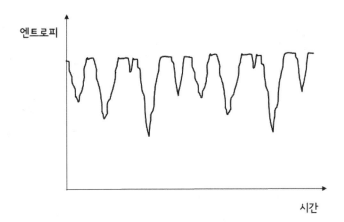

그림 3.19 카드 52장이 가지는 엔트로피가 시간에 따라 변해가는 과정. 푸앙카레의 회귀 시간 정도에 준하는 긴 시간을 반복하다 보면 확률적으로 낮은 엔트로피 상태가 만들어질 수 있다.

자가 균일하게 분포되어있는 상태는 최대 엔트로피를 가진다. 그렇다면 초기 우주 공간에 균일하게 존재했던 기체들은 엔트로피가 매우 높은 무질서한 상태를 유지했는데 초기 우주에는 엔트로피가 낮았어야 한다는 주장에 반한다. 무엇이 잘못되었는가? 그 해답은 만유인력에 있다. 만유인력은 매우 미약한 힘이기 때문에 기체 분자가 확산하는 과정에서 굳이 기체 분자들 사이에 작용하는 만유인력을 고려할 필요가 없다. 만유인력을 무시하면 기체 분자들이 골고루 퍼져있을때 엔트로피가 높은 상태가 된다는 것을 쉽게 이해할 수 있다. 그러나 우주 스케일에서 기체 분자들 사이에 작용하는 인력인 만유인력을 고려하면 상황이 바뀐다. 만유인력은 분자들이 모여들게 하는 힘이므로 기체 덩어리가 곳곳에 생긴다. 얼핏 생각하면 기체 덩어리가 만들어지면 정렬된 상태가 되므로 처음 상태보다 엔트로피가 낮아야 한다. 하지만 그림 3.20과 같이 기체 분자들이 모여들 때 열이 발생하고 결국은 핵반응으로 이어져 우주 전체를 고려하면 우주의 총 엔트로피는 증가한다. 우주 규모의 크기에서는 만유인력을 무시할 수 없다. 만유인력을 무시하면 초기 우주 상태가 높은 엔트로피를 가진 것처럼 보이나 만유인력이 관여하는 우주에서는 기체 분자들이 균일하게 분포해있던 우주 초기 상태의 엔트로피가 더 낮다. 이제 이해가 된다. 우주의 질서를 창조한 사건은 바로 빅뱅이었다. 엔트로피가 최저 상태인 균일한 우주로부터 출발했고, 원시 기체 분자들이 만유인력으로 인해 한곳으로 모여 뭉치는 과정에서 별과 은하 그리고 은하단들이 만들어졌다. 이러한 우주의 진화 과정에서 운이 좋았던 행성이 별과 적당한 거리를 유지하면서 별에서 오는 에너지를 흡수하여 생

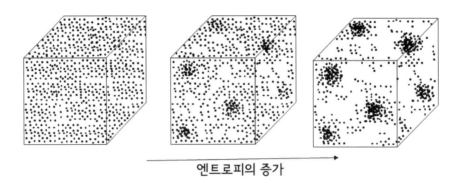

엔트로피의 증가

그림 3.20 기체 분자들 사이에 만유인력이 작용하면 균일하게 분포하는 분자들이 점점 한 곳으로 모여 기체 덩어리를 만든다. 기체 덩어리가 만들어지면 엔트로피가 감소할 것이라고 예상할 수 있지만 만유인력이 관여하면 기체 덩어리가 만들어지는 과정에서 우주의 총 엔트로피는 증가한다.

명체를 탄생시키고 그 일부는 지적인 존재인 인간으로 진화했다. 이런 일련의 우주 탄생과 진화 과정에서 엔트로피는 계속 증가했다. 우주에서 일어나는 모든 사건은 우주가 고도의 질서를 갖춘 상태에서 시작했기 때문에 가능하다. 엔트로피가 증가하는 방향이 미래이며 시간이 흐르는 방향이다. 우주의 화살이 존재하는 원인은 우주가 고도의 질서를 갖춘 극히 낮은 엔트로피 상태에서 탄생했기 때문이다.

이런 설명에도 불구하고 여전히 남아있는 수수께끼가 있다. 바로 "왜 우주는 극히 질서정연한 극히 낮은 엔트로피 상태로 탄생하였느냐?"이다. 확률적으로 보면 지금 우리가 보는 우주의 질서는 무질서한 우주가 반복되다가 그림 3.19와 같이 엔트로피의 요동으로 극히 낮은 엔트로피 상태가 만들어지는 행운을 잡았다고 볼 수 있다. 무질서가 반복하는 우주에서 우연히 질서가 만들어졌고 그 질서가 우리가 느끼는 시간이라고 하면 물리법칙은 의미를 가질 수 있는가? 그래서 많은 물리학자들은 우주의 요동보다 빅뱅이 완벽한 질서의 근원이고 시간의 방향성을 결정했다고 설명한다. 그렇다면 어떤 방법으로 우주가 그토록 완벽한 질서를 획득했는지 알아야 한다. 많은 이론과 가설로 우주의 화살에 대해 대답하려고 했지만 결국 우리는 또 다시 "왜 우주의 화살을 결정하는 정돈된 우주의 탄생이 가능했는가?"라는 질문으로 되돌아 왔다.

3.6.4 전자기적 화살

다른 물리학 법칙과 마찬가지로 맥스웰 방정식도 시간의 화살을 가정하지 않는다. 파

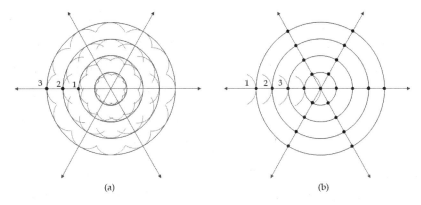

그림 3.21 (a) 전자기파는 시간이 흐르면 광원에서 방사선 모양으로 퍼져나간다. (b) 전자기파가 반대 방향으로 전파되어 다시 광원으로 모여드는 경우는 일어나지 않는다.

동방정식은 그림 3.21의 (a)와 같이 파동이 바깥쪽으로 퍼져나가는 경우와 (b)와 같이 파동이 안쪽으로 향하는 경우를 구별하지 않는다. (b)의 경우는 전자기파가 시간이 흐름에 따라 한 점으로 모이는 방향으로도 전파될 수 있다는 뜻이다. 그런데 해리포터에 나오는 마법 지팡이로 빛이 모여드는 기적은 일어나지 않는다. 즉 현실 세계에서 전자기파가 광원으로 모여드는 경우를 볼 수는 없다. 빛의 전파 방향이 광원에서 바깥 방향으로 향하는 비대칭적인 성질을 전자기적 화살이라 부른다. 호주의 철학자인 프라이스Huw Price는 전자기적 화살을 심층 연구했다. 그는 거시적 세계에서 전자파가 전파되는 모습을 전자기적 화살을 따라가며 추적했다.

호이겐스의 원리에 따르면 광원을 떠난 전자기파가 주변에 분포하는 전하를 자신과 같은 주파수로 진동시키고, 진동하는 전하들은 구면 작은전자기파spherical wavelet를 발생시킨다. 즉 광원 주변에 있는 분자들이 수신기 역할을 해서 분자의 전자구름이 진동하고 진동하는 전자구름은 구면 작은전자기파의 광원이 된다. 다시말해 광원을 출발한 전자기파가 이웃하는 기체 분자들을 진동시켜 구면 작은전자기파를 만드는 방식으로 공간을 퍼져나가는데 구면 작은전자기파의 파면wavefront을 이어 보면 (a)와 같이 광원으로부터 동심원을 그리며 공간을 퍼져나가는 전형적인 복사파의 모습이 된다. 정리하면, (a)와 같이 광원을 출발한 전자기파가 광원 주위에 있는 전하를 진동시켜 첫 번째 구면파 1을 만든다. 구면파 1은 다시 다른 전하를 진동시켜 구면 작은전자기파를 만들고 그 결과 구면파 2가 만들어진다. 파동은 항상 광원light source으로부터 바깥쪽으로 향하는 발산파 (복사파)의 모습을 한다.

파동방정식이 시간에 대칭성을 허용하므로 전자기파가 한 점으로 모이는 것도 원칙적으로 가능해야 한다. 광원으로 모이는 수렴파가 만들어지기 위해는 (b)와 같이 제1번 층에 위치하는 많은 수의 전하들이 동시에 위상을 정확히 맞추어 진동해야 한다. 즉 광원으로 모여드는 수렴파를 생성하기 위한 조건은 엄청나게 많은 수의 전하들이 위상을 맞추어 진동하는 것이다. 수렴파가 만들어지려면 광원에서 퍼져나가는 발산파의 조건보다 월등히 많은 질서가 요구된다. 다르게 말하면 수렴파를 생성하는 초기 조건의 확률은 발산파를 생성하는 초기 조건의 확률보다 월등히 낮다. 따라서 발산파는 엔트로피를 증가시키는 반면 수렴파는 엔트로피를 감소시킨다. 그래서 수렴파는 열역학 제 2법칙을 위반하게 되므로 수렴파는 만들어지지 않는다. 전자기파의 화살도 일종의 엔트로피의 화살인 셈이다.

3.6.5 케이온의 화살

태초에 우주가 빅뱅에 의해 탄생했고 우주의 온도가 낮아지면서 같은 양의 물질과 반물질이 쌍생성되었다. 쌍으로 생성된 입자와 반입자는 서로 충돌하면 쌍소멸 pair annihilation하므로[26] 충분한 시간이 지나면 우주에는 결과적으로 물질과 반물질이 남아 있지 않아야 정상이다. 그런데 우리가 사는 우주에는 물질(양성자, 중성자, 그리고 전자)로 만들어진 수많은 은하와 천체들이 존재한다. 물질과 동수로 존재해야 하는 반물질(반양성자, 반중성자 그리고 양전자)은 우주의 어디에서도 확인할 수 없다. 도대체 우주가 만들어낸 반물질은 어디로 사라졌단 말인가?

우리가 반물질을 관측할 수 없는 이유에 대한 몇 가지 가능성을 살펴보자. 우선 우리 주위에 반물질들이 존재하지만, 우리가 보지 못할 수 있다. 그런데 비록 우리가 반물질을 보지 못하더라도 반물질은 물질과 만나면 쌍으로 소멸한다. 고대 무덤에서 원형을 간직한 우아한 금반지들이 발굴된다. 금이라는 물질은 지구가 생성되면서부터 현재까지 존재하고, 또 청동기 시대 금광에서 채굴한 금으로 만든 금반지는 지금도 아름다움을 뽐내고 있다. 그림 3.22는 그리스 아테네 국립박물관에 보관된 아가멤논의 황금 가면이다. 미케네 문명이 꽃피우던 시기인 BC 16세기에 제작된 아가멤논의 황금 가면이 아직까지 잘 보존된 이유는 수천 년 동안 반물질을 만나지 못했기 때문이다. 적어도 우리 주위에는 반물질이 존재하지 않는다는 증거다.

또 다른 가능성은 우리는 물질세계에 살고 있으며, 반물질은 그들만의 왕국에 갇혀있

그림 3.22   아가멤논의 가면은 고대 그리스 미케네 유적지에서 발견된 황금가면이다. 1872년 슐리만이 미케네 왕실 축대 무덤에서 발굴한 아가 멤논의 가면은 금으로 덮인 장례용 마스크로 디자인 되었다.

는 경우다. 이 가능성에 대한 대답은 우주배경복사가 제공한다. 우주배경복사는 우주 전 방위에서 균일하다. 만약에 반물질의 세계가 존재한다면 반드시 물질과 반물질의 세계가 만나는 경계면이 있어야 한다. 물질과 반물질 왕국의 경계면 부근에서 물질과 반물질이 만나게 되므로 서로 쌍소멸하고 그로 인한 흔적을 볼 수 있어야 한다. 하지만 빅뱅 이후 38만 년밖에 흐르지 않은 시점의 우주 모습을 보여주는 우주배경복사의 장면에서는 경계 면에서 발생하는 쌍소멸의 흔적을 찾을 수 없다. 이 또한 불가능한 시나리오이다.

그렇다면 세 번째로, 어떤 이유에서든지 우리 우주에서 반물질이 사라져 없어졌다고 가정할 수 있다. 만약 물질과 반물질을 지배하는 자연법칙이 다르다면 반물질을 발견할 수 없는 우주가 가능해진다. 이 가능성을 검증할 수 있는 실마리를 CP 위반 CP violation 에서 찾을 수 있다. 만약 물질과 반물질에 물리법칙이 똑같이 적용된다면 CP 대칭성 CP symmetry이 성립될 것이고, 물질과 반물질이 서로 다른 방식으로 물리법칙을 따른다면 CP 대칭성은 깨어진다. 그 이유를 아직은 알 수 없지만 우주가 생성된 후 얼마 지나지 않은 시점에 CP 위반이 일어났다면 물질만 남아있는 우주가 만들어 질 수 있다. 약한상 호작용과 전자기적상호작용은 CP 대칭적인 것으로 보이지만 약한상호작용이 관여하는 일부 방사선 붕괴 과정에서 CP 위반이 관찰되었다.

CP 위반이 실험적으로 관측되면서 물질만 가득한 우주를 이해하는 실낱같지만 중요한 희망이 생겼다. 약한상호작용에 의한 CP 위반은 은하 한 개 정도를 만들 수 있는 물질만을 설명해 줄 수 있어 물질이 지배하는 우주를 설명하기에는 역부족이다. 그래서 혹시 우리가 알지 못하는 다른 종류의 기본힘이 존재해서 나머지 CP 위반을 야기했고, 그 결과 물질로 가득 찬 우주가 만들어졌을 것으로 추측한다. 향후 고에너지 입자 가속기 실험을 통해서 충분한 양의 물질을 만들어 낼 수 있는 CP 위반의 근원을 찾아내어야 할 것이다.

CP 위반 현상을 발견한 실험을 살펴보자. 1964년 크로닌 James Cronin과 피치 Val Fitch는 케이온의 방사선 붕괴 과정에서 CP 위반 현상을 발견했다.[27] 케이온을 케이 중간자 K meson라고도 부르며 K라고 표기한다. 중간자 meson는 쿼크 quark-반쿼크 antiquark 쌍으로 구성되는데 강한상호작용에 의해 결합된 복합입자이다. 중간자는 일반적으로 불안정한 입자이기 때문에 아주 짧은 시간에 안정된 입자로 붕괴한다. 크로닌과 피치는 길이가 15.24 m인 진공 튜브의 끝부분에서 전기적으로 중성인 케이온의 붕괴를 검출하는 실험을 수행했다. 중성 케이온인 K_S와 K_L의 질량은 같지만 수명은 서로 다르다. K_S와 K_L의 붕괴 과정은 잘 알려져 있다. K_S는 두 개의 파이온($\pi^+ + \pi^-$ 또는 $\pi^0 + \pi^0$)으로 붕괴하는데 붕괴 과정에서 질량이 많이 변하기 때문에 평균수명은 비교적 짧아 $\tau = 0.89 \times 10^{-10}$ s 이다. 반면 세 개의 파이온($\pi^+ + \pi^- + \pi^0$ 또는 $\pi^0 + \pi^0 + \pi^0$)으로 붕괴하는 K_L의 경우에는 질량의 변화가 상대적으로 작아 평균수명은 K_S에 비해 긴 $\tau = 5.2 \times 10^{-8}$ s 이다. K_S와 K_L의 붕괴 과정에서 각각 CP는 +1이고, -1이다. 여기서 CP란 C와 P의 곱인데 C는 전하 켤레 대칭 charge conjugate symmetry이고 P는 패리티 대칭 parity symmetry을 의미한다. 전하 켤레 대칭은 입자를 반입자로 바꾸는 것으로 입자 전하의 부호가 뒤바뀐다. 예를 들어 입자인 전자가 반입자로 바뀌면 전하량은 $-e_0$에서 $+e_0$로 변한다. P 변환은 오른손잡이를 거울에 비추면 왼손잡이로 보이는데 이런 방식의 좌표변환으로 이해하면 된다. CP가 +1이라는 말은 전하 켤레 대칭과 패리티 대칭이 모두 성립하든지, 아니면 둘 다 동시에 깨진다는 말이다. 반면에 CP가 -1이라는 뜻은 전하 켤레 대칭과 패리티 대칭 두 개 중에서 하나는 보존되고 나머지 하나는 깨진다는 것을 의미한다.

이미 언급한 바와 같이 CP가 반전되는 K_L의 평균수명은 CP가 보존되는 K_S에 비해 580배 가량 길다. 크로닌과 피치는 K_L과 K_S의 평균수명이 크게 차이가 난다는 점에 착안하여 진공 튜브 끝에서는 수명이 긴 K_L의 붕괴 현상만을 관측할 것이라 기대하였다. 그러나 진공 튜브의 끝부분에서 케이온의 붕괴를 검출해보니 약 500개 중에서 한 개꼴로 수명이 짧은 K_S가 두 개의 파이온으로 붕괴하는 현상을 관측했다. K_S의 개수가 1/500로 감소하는데 걸리는 시간은 평균수명으로부터 쉽게 계산할 수 있는데 $t = 5.5 \times 10^{-10}$ s에 불과하다.[28] 만약 K_S가 빛의 속도로 운동한다고 가정하면 K_S가 이동할 수 있는 최대 거리는 16.5 cm가 된다. 광속에 가까운 빠른 속도로 운동하면 상대성이론에 따라 시간지연 효과가 생긴다. K_S가 광속의 0.98배인 0.98c로 운동하고 있다고 가정하면, 시간지연 효과에 의해 K_S의 수명은 5배가량 늘어난다. 따라서 K_S가 실제로 이동할 수 있는 거리는 최고 82.5 cm로 늘어난다. 진공 튜브의 길이가 15.24 m이므로 상대성이론에 의한 시간지연 효과를 고려한 이동 거리의 증가를 감안하더라도 K_S는 도저히 진공 튜브의 끝에 도달할 수 없다. 다시 말해 K_S는 진공 튜브의 끝에 도달하기 전에 모두 붕괴되어 사라져 없어진다. 비록 1/500의 작은 양에 불과하지만 튜브 끝에서 CP가 +1인 두 개의 파이온 붕괴가 검출된 크로닌과 피치의 실험결과는 K_L이 CP 위반을 한다고 가정해야 이해할 수 있다. 즉 K_L의 CP가 −1에서 +1로 바뀌었다는 의미이고 CP 위반이 일어났다는 간접적인 증거를 확인한 셈이 된다. 중성 케이온의 붕괴는 CP 위반의 대표적인 사례이다. 크로닌과 피치는 케이온의 CP 위반을 실험적으로 발견한 업적으로 1980년 노벨물리학상을 수상했다.

그러면 왜 케이온의 CP 위반이 7가지 시간의 화살 중 하나인 케이온의 화살이라 불리고 또 중요하게 다루어지는지 알아보자. 우선 대칭성과 보존량의 관계를 잠시 언급하겠다. 대칭성이란 물리계를 어떤 특정한 방식으로 변환시켜도 바뀌지 않는 성질을 의미한다. 예를 들면 탁구공은 어느 방향으로 돌려놓아도 공의 모양은 변하지 않는다. 공의 모양은 회전에 대해 변하지 않는 특성이다. 이러한 대칭성은 자연에서도 쉽게 찾아볼 수 있다. 나비는 좌우 대칭적인 모습을 보이는데, 나비를 그릴 때 반으로 접은 종이의 반쪽 면에 나비의 반쪽만 그린 다음 나머지 반쪽 종이를 덮어 찍어내는 방식의 데칼코마니 기법을 이용하면 쉽게 나비 한 마리를 완성할 수 있다. 흥미롭게도 물리학에서 대칭성은 보존량과 밀접한 관계를 가진다. 독일의 수학자인 뇌터 Emmy Noether는 만약 "어떤 물리계가 연속적인 변화에 대한 대칭적 성질을 가진다면 시간에 대해 변하지 않는 물리량이 존재한다"라고 했다. 뇌터의 정리를 이용하면 물리법칙에 등장하는 보존법칙을 대칭성으로부터 유도할 수 있다. 에너지, 운동량, 그리고 각운동량과 같이 보존되는 물리량들이 있다. 에너지는 생성되거나 사라지지 않고 보존된다고 배웠다. 시계추는 어제,

오늘, 그리고 내일에도 똑같은 모습으로 진동한다. 이와 같은 시간의 균일성 homogeneity 때문에 에너지 보존법칙이 성립된다. 공간에서 장소를 연속적으로 이동시켜도 물리법칙이 똑같이 적용된다는 공간의 균일성은 운동량 보존법칙으로 이어진다. 또 공간을 어느 방향으로 쳐다보아도 똑같은 모습으로 보이는 성질인 공간의 등방성과 각운동량 보존의 법칙은 서로 연결되어 있다. 대칭성을 불변성으로 일반화할 수 있는데 이론물리학에 따르면 자연법칙들은 대칭성과 밀접한 연관성을 가진다. 양자물리학에서도 보존량들이 있는데 이들 보존량도 대칭성과 밀접한 연관성을 가진다. 대칭성은 입자의 상태 변화와 대응되는데 패리티 대칭은 거울 대칭에 대한 대칭적 특성을 의미한다. 패리티 변환 parity transformation은 공간좌표 (x, y, z)의 부호를 $(-x, -y, -z)$로 바꾸어 거울 대칭인 상 image 을 만드는 변환이다. 이해를 돕기 위해 패리티의 예를 살펴보자. 원점에 전하 Q가 놓여있는 경우 전기퍼텐셜 $V(\mathrm{r}) = \dfrac{Q}{4\pi\epsilon|\mathrm{r}|}$ 은 공간좌표의 부호를 바꾸어도 크기와 부호가 변하지 않아 $V(\mathrm{r}) = V(-\mathrm{r})$가 성립되므로 양의 패리티를 가지는 반면, 전기장 $\mathrm{E}(\mathrm{r})$은 $\mathrm{E}(\mathrm{r}) = -\mathrm{E}(-\mathrm{r})$ 되므로 음의 패리티를 가진다.

자연에는 전하(C), 패리티(P), 그리고 시간(T)에 대한 대칭성, 이렇게 세 종류의 대칭성이 존재한다. C 변환은 전하의 부호를 뒤집고 P 변환은 공간좌표의 부호를 바꾸는 것, 그리고 T 변환은 시간을 거꾸로 되돌리는 것이다. 자연에 존재하는 가장 기본적인 대칭성은 CPT 대칭성인 C 변환과 P 변환, 그리고 시간되짚기인 T 변환, 이렇게 세 종류의 변환을 동시에 시행한 경우 대칭성이 유지된다는 뜻이다. C를 변환시키면 입자의 전하의 부호가 바뀌게 되어 입자가 반입자로 변한다. 전하의 부호를 바꾸는 C 변환과 공간 좌표의 부호가 바뀌는 패리티 변환을 동시에 할 때, 즉 CP 변환을 할 때 물리법칙이 바뀌지 않으면 CP 대칭성이 성립한다고 한다. 어떤 물리계가 CP 대칭적이면 CPT가 대칭적이어야 하므로, 시간에 대해서 반드시 대칭적이어야 한다. 중성 케이온의 경우 CP 위반이 일어나는데, 이는 '케이온의 세계는 시간에 대칭적이지 않다'라는 뜻이 된다. 따라서 케이온의 화살은 존재한다.

3.7 | 시간은 실존하는 것인가?

시간은 생존과 직결되는 문제이기에 '시간이란?' 질문에 대한 대답을 얻기 위해 많이 노력했다. 플라톤, 아리스토텔레스, 데카르트, 칸트, 뉴턴, 라이프니츠, 아인슈타인에 이르기까지 인류 최고의 지성이 시간이 무엇인지 이해하려 했다. 시간이 호락호락 자신의 모습을 드러내지 않았기에 우리는 시간의 중요한 특성인 시간의 화살을 논의하는 것으로 시간의 실체를 파악하려고 했다. 하지만 속 시원한 대답을 얻는 대신 더 깊은 수렁에 빠지고 있다는 느낌을 지울 수 없다. 시간의 신비함을 이해하기에는 인간의 지적 수준이 턱없이 부족해 보인다.

독일의 철학자 칸트가 말한 바와 같이 시간과 공간을 배제한 채로 우주를 설명하는 것은 불가능하다. 우리는 분명히 매 순간 시간을 느끼며 살아간다. 하지만 일부 물리학자들은 '시간이 물리학의 근본적인 개념이 아닐 수 있다'라고 생각한다. 영국 출신 물리학자인 바버 J. B. Barbour는 이론물리학자 42명이 참석한 워크숍에서 시간에 관한 재미난 설문 조사를 실시했다. 바버가 던진 질문의 핵심은 "시간이 세상을 설명하는 이론에 등장해야 하는 기본적인 개념인가, 아니면 온도와 같이 통계역학에서 유도할 수 있는 효과적인 개념에 불가한가?"이다.[29] 설문에 참여한 42명의 이론물리학자 중에서 20명은 시간은 기본적인 물리학의 개념이 아니라고 대답했고, 12명은 기권, 그리고 나머지 10명은 시간이 기본 개념이라 믿는다고 답변했다. 기권한 12명 중에서도 5명은 "시간이 기본 이론에 도입되어서는 안된다"라는 쪽으로 기울었다. 절대 다수의 의견은 '시간은 우리가 상식적으로 생각하는 그런 실체가 아니다'임이 분명하다. 인간의 무지 때문에 시간의 실체에 접근하지 못하는 것일까? 아니면 시간이 사막의 신기루와 같이 실체가 없는 한낱 허상에 불과하기 때문일까?

우리는 정원에 활짝 핀 장미꽃을 보면 아름다움을 느낀다. 장미꽃의 아름다움은 수많은 세포가 결합하여 만들어진 장미꽃에 반사된 빛의 종합적인 특성인 것처럼 우리가 인식하고 있는 시간도 많은 수의 근본적 요소들의 집합적 특성일 수 있다. 자연의 법칙을 근본적인 수준까지 깊이 파고들다 보면 우리가 믿고 있는 시간의 특성들은 어느덧 사라지고 만다. 장미 향기를 맡으면서 냄새 분자들이 코 위쪽 부분에 있는 후각상피세포로 들어가는 생화학적 과정에 집중하면서 장미 향기를 향유하는 즐거움을 포기하고 싶지 않다. 비록 시간이 실존하는 물리량이 아닐지 모르겠지만 너무나 현실적으로 다가오는 시간을 부정하면서 살아가는 어리석음을 저지르지 말아야 한다. 플라톤은 '시간은 영원함과 영원한 존재의 순간적인 현시'에 불과하다고 생각했다. 또 물리학자들이 '시간은 실존하는 물리량이 아니다'라는 입장을 취하더라도 우리는 쉽게 시간의 통념을 버릴 수는 없다. 시간을 배제하면 시간에 대해 고민하는 내가 없기 때문이다.

언젠가 훌륭한 물리학자가 나타나 시간의 본질이 무엇인지 시원스레 설명해주는 날을 기다려 본다.

뉴턴의 운동방정식

힘과 가속도의 법칙으로 알려진 뉴턴의 제 2법칙

$$\sum \mathbf{F}_i = \mathbf{ma} = m\frac{d\mathbf{v}}{dt}$$

을 살펴보자. 관성 기준틀에서 관찰할 때, 물체의 가속도는 그 물체에 작용하는 알짜힘에 비례하고 물체의 질량에 반비례한다.

$t \rightarrow -t$ 로 치환시켜 시간이 거꾸로 흐르는 경우에 속도는

$$\mathbf{v} = \frac{d\mathbf{x}}{d(-t)} = -\frac{d\mathbf{x}}{dt} = -\mathbf{v}$$

가 된다. 즉 시간을 거꾸로 돌리면 물체의 속도가 부호를 바꾸고, 그 결과 물체는 반대 방향으로 움직인다. 이 경우 가속도는

$$\mathbf{a} = \frac{d(-\mathbf{v})}{d(-t)} = \frac{d\mathbf{v}}{dt} = \mathbf{a}$$

가 된다. 즉, 가속도는 시간이 미래를 향해 흐를 때나 과거를 향해 흐를 때 변하지 않는다. 따라서 뉴턴의 제 2법칙도 변하지 않는다. 즉 뉴턴의 운동방정식은 시간에 대칭적이다.

슈뢰딩어 방정식

양자역학에서 상태를 기술하는 상태함수가 만족하는 방정식이 바로 슈뢰딩어 방정식 Schrödinger equation이다. 양자물리학에서 슈뢰딩어 방정식은 고전물리학에서 뉴턴의 운동방정식과 같은 기본 방정식이다. 가장 일반적인 형태의 시간의존적 time dependent 슈뢰딩어 방정식은

$$i\hbar\frac{\partial}{\partial t}|\Psi> = H|\Psi>$$

으로 주어지는데 여기서 H는 해밀토니안 연산자 Hamiltonian operator이고 $|\Psi>$는 양자상태를 나타내는 켓벡터이다. 질량이 m인 입자의 경우 1차원 공간에서의 슈뢰딩어 방정식은

$$i\hbar\frac{\partial}{\partial t}\psi(r,t) = H\psi(r,t)$$

로 표현된다. $\psi(r,t)$는 복소수 파동함수이다. 만약 입자가 스칼라 퍼텐셜에 있으면 슈뢰딩어 방정식은

$$i\hbar\frac{\partial}{\partial t}\psi(r,t) = [-\frac{\hbar^2}{2m}\Delta + V(r,t)]\psi(r,t)$$

으로 파동방정식을 얻을 수 있다. 여기서 Δ는 라플라스 연산자이다. 실제로 측정할 수 있는 물리량인 확률밀도 probability density $n_s(r,t) \sim \Psi^{\dagger}(r,t)\Psi(r,t)$는 어떤 입자를 주어진 장소 r과 주어진 시간 t에 찾을 수 있는 확률을 의미하고, 파동함수 $\psi(r,t)$와 파동함수의 복소수켤레 complex conjugate $\psi^{\dagger}(r,t)$의 곱으로 주어진다. 밀도함수는 시간에 대칭적이다.

---

1. 아우구스티누스의 고백록 제6권 Augustinus, Confessiones XI 참조. 아우구스틴의 라틴어 이름은 성 아우렐리우스 아우구스티누스 히포넨시스 Sanctus Aurelius Augustinus Hipponensis이며 4세기-5세기에 활동한 북아프리카 알제리의 안나바 출신의 신학자이며 철학자이다. 그는 교부 church father로 불리며 카톨릭교회와 서방기독교에서 가장 존경받는 신학자이다. 문학사에 길이 남을 '고백론 Confessiones'을 저술하였으며 자유의지론으로도 유명하다.

2. 칸트는 독일 관념 철학의 기초를 놓은 계몽주의 철학자이다. 칸트는 서양철학사에서 가장 중요한 위치를 차지하는 철학자이다. 그의 저서 '순수이성비판 Kritik der reinene Vernunft'은 철학사의 전환점이 되었고 근대철학의 서막을 여는 역할을 하였다.

3. 에딩턴 Sir Arthur Stanley Eddington(1882-1944)은 영국의 천문학자다. 1919년 5월 29일 에딩턴이 찍은 개기일식 사진 하나가 1920년 그의 논문에 게재되었고, 이를 통해 빛이 휘어진다는 사실이 확인됨으로써 아인슈타인의 일반상대성이론이 입증되었다. 같은 해 11월 7일에는 타임지가 이 내용을 '과학의 혁명, 새로운 우주론, 뉴턴 주의는 무너졌다'고 대서특필했으며, 이에 따라 과학계 내에서만 알려졌던 아인슈타인은 일약 대중적인 유명 인사로 급부상하는 계기가 된다.

4. 「사피엔스」, 유발 하라리 Yuval Noa Harari(2015); 김영사.

5. "조선 후기의 출산력, 사망력 및 인구증가: 네 족보에 나타난 1700~1899년간 생몰 기록을 이용한 연구", 차명수(2009); 한국인구학 제32권 제1호, 113-137.

6. 플레밍 Sir Alexander Fleming(1881-1955)은 영국 스코틀랜드의 생명 공학자이며 세균학자로 항균물질 리소

자임과 푸른곰팡이에서의 페니실린을 발견했다. 플레밍은 이에 대한 업적으로 1945년 노벨 생리학·의학상을 수상했다.

7. 2008년 개봉된 '벤자민 버튼의 시간은 거꾸로 간다 The Curious Case Of Benjamin Button(2008)'라는 제목의 영화.

8. 현시(顯示)의 사전적 의미는 '깨우쳐 보여줌'이다.

9. 라플라스의 도깨비는 프랑스의 수학자 라플라스가 상상한 가상의 존재이다. 라플라스의 도깨비는 '현재에 대해서 모든 것을 알고 그것을 통해 미래를 유추하는 존재'이다. 만약 이 누군가가 전 우주의 모든 원자의 정확한 위치와 운동량을 알고 있다면 고전역학의 법칙들로 그 원자들의 그 어떤 과거나 미래의 물리 값도 알아낼 수 있다는 것이다.

10. 나비 효과 butterfly effect는 아주 작은 초기조건의 변화가 완전히 다르게 보이는 결과를 초래한다는 것을 의미한다. 나비효과는 강한 인과율과 대비되는 약한 인과율의 사례이다.

11. 「Metaphysics XII」, Aristotle, 1072a.

12. 웜홀을 이용해 과거를 여행하는 방법을 알아보자. 비록 웜홀의 존재가 아직까지 밝혀지지 않았지만 웜홀이 존재한다고 가정해 보자. 특수상대성이론의 시간 지연 효과에 따라 매우 빠르게 운동하면 시간이 천천히 흐른다. 웜홀의 한쪽 입구 A를 다른 쪽 입구 B에 비해 매우 빠르게 움직이도록 가속한 후 이동하다가 다시 제자리로 돌아오게 한다. 그러면 입구 A의 시간은 다른 쪽 입구 B의 시간에 비해 지연되어 있다. 제4장에서 설명한 쌍둥이 역설과 똑같은 효과이다. 이제 입구 B에서 출발하여 시간이 지연된 다른 쪽 입구 A로 들어가서 다시 B로 되돌아 나온다. 그러면 출발 당시보다 과거가 돼 과거로의 시간여행이 가능하다. 반대로 시간이 지연된 입구 A에서 출발해 다른 쪽 입구 B로 여행하면 미래로의 시간여행도 할 수 있다.

13. 지구는 24시간에 한 번 자전하므로 한 시간에 15°씩 회전한다. 지구 위에서 경도가 15° 달라질 때마다 시각도 한 시간씩 차이가 난다. 세계적인 기준이 되는 시각은 경도 0°에 있는 영국의 그리니치 천문대의 시각인데 이 시각을 'GMT Greenwich Mean Time(그리니치 표준시)'라고 부른다. 우리나라 표준시는 GMT+9인데 GMT보다 9시간(유럽에서 썸머 타임제가 적용되는 3월 마지막 일요일에서 10월 마지막 일요일까지는 8시간) 빠르다는 뜻이다.

14. 「Philosophiæ Naturalis Principia Mathematica」, Issac Newton (1728).

15. 고립계는 외부와 완전히 독립되어 있어 에너지와 물질을 주위와 교환하지 않는 물리계를 칭한다.

16. 쉽게 계산할 수 있도록 퍼즐을 맞추는 시도를 한번 하는데 걸리는 소요시간을 1초로 가정했다. 실제 상황에서는 퍼즐을 맞추는 작업에 10분 정도의 시간이 걸리겠지만 10분을 1초로 바꾸어도 실현 불가능하다는 문제의 본질은 바뀌지 않는다.

17. 우주의 나이 138억 년을 초 단위로 환산하면 4.35×10^{17}초이다.

18. 푸앙카레 Jules-Henri Poincaré(1854-1912)는 프랑스의 수학자이다. 수학의 7대 난제 중에 하나인 1904년 푸앙카레가 발표한 푸앙카레 추측 Poincare Conjecture을 2002년 러시아의 수학자 페렐만이 증명하여 주목을 끌었다. 수학의 많은 업적을 남겼고 아인슈타인이 특수 상대성 이론을 정립하는데에도 기여했다.

19. 미시상태의 수는 $\binom{n}{k} = \frac{n!}{k!(n-k)!}$로 계산하면 되는데 구슬의 총 개수가 10개이므로 $n = 10$, 또 왼쪽 상자에 위치하는 구슬의 수가 5이므로 $k = 5$가 되고 결과는 252이다.

20. 실제 상황에 준하는 예를 들기 위해 구슬 개수를 물질 1몰에 들어있는 입자의 수인 아브가드로 수 6×10^{23} 정도로 정했다.

21. 고등학교때 배운 로그함수 실력을 되살려 보면 $\log \frac{1}{6} = \log 1 - \log 6 = 0 - \log 6 = -\log 6$ 이다.

22. 공기 분자들은 다른 공기 분자들과 충돌하면서 서로 상호작용 한다. 이러한 과정에서 공기 분자의 속도는 일정한 분포를 가지게 된다. 이상기체의 운동론으로 맥스웰-볼츠만 속력 분포 함수를 구할 수 있다.

23. "Black holes and the second law", Bekenstein, J. (1972); Nuovo Cimento Letters. 4, 99-104. 베켄슈타인은 1972년 블랙홀의 민머리이론을 제안했다.

24. "Particle creation by black holes", Hawking, S. W (1975); Communications in Mathematical Physics. 43 (3): 199-220.

25. "Weitere Studien über das Wärmegleichgewicht unter Gasmolekülen", L. Boltzmann(1872); Sitzungsberichte Akademie der Wissenschaften 66, 275-370.

26. 입자물리학에서 쌍소멸은 아원자 입자가 반입자와 충돌하여 다른 입자들을 생성하는 과정이다. 예를 들면 전자와 전자의 반입자인 양성자가 충돌하면 두 개의 광자가 만들어진다.

27. "Evidence for the 2π Decay of the K_2^0 Meson System", J. H. Christenson, J. W. Cronin, V. L. Fitch, R. Turlay(1964); Physical Review Letters. 13 (4), 138.

28. 중성 케이온 K_s^0 500개 중에서 모두 붕괴하고 단 한 개만 남을 때까지 걸리는 시간을 평균수명으로부터 구하면 $t = \tau \ln(A_0/A) = 0.89 \times 10^{-10} \ln(500) = 5.5 \times 10^{-10}$ s 가 된다.

29. "Physical Origins of time Asymmetry", Edited by J. J. Halliwell, J. Perez-Mercader, W. H. Zurek (1994); Cambridge University Press.
바버가 한 이론물리학 워크샵에 참가한 물리학자들에게 던진 질문의 원문이다. "Do you believe time is a truly basic concept that must appear in the foundations of any theory of the world, or is it an effective concept that can be derived from more primitive notions in the same way that a notion of temperature can be recovered in statistical mechanics?"

제4장

현대물리학의 시공간

4.1 | 시공간이란?

시공간을 배제하고 우리의 삶과 일상의 경험을 상상해보는 것조차 불가능하다. 우리가 시공간에 대해 고민해야 하는 이유이다.

우리는 한평생 공간이라는 무대에서 일어나는 일련의 사건들을 경험하며 살아간다. 만물의 영장인 인간도 우주 공간의 크기에 비하면 티끌보다 작은 $1\ m^3$ 정도의 공간에서 우주의 나이인 138억 년에 비교할 수도 없는 짧은 시간의 삶을 허락받는다. 칸트의 말처럼 공간과 시간을 배제한 채 아무것도 상상할 수 없기에 과학과 철학이 공간과 시간을 사유의 대상으로 삼는 것은 너무나 당연하다. 인류는 당연히 공간과 시간의 본질을 이해하기 위해 부단히 노력해왔다. 안타깝게도 과학이 엄청나게 발전한 21세기의 우리도 공간과 시간의 속성에 대해 알고 있는 것보다 모르는 것이 훨씬 더 많다.

먼저 고전물리학 관점에서 시간과 공간을 고찰해보자. 물리학은 객관화할 수 있는 경험을 다루는 학문이므로, 어떤 대상을 물리적으로 탐구하려면 가장 먼저 객관화 작업을 시작해야 한다. 객관화되지 않은 공간과 시간의 의미를 되새겨 보는 좋은 방법이 있다. 낯선 곳으로 초행길을 떠날 때는 멀게만 느꼈는데 돌아올 때는 그 길이 그리 먼 길이 아니었다고 생각했던 경험이 있을 것이다. 아방가르드 작곡가인 케이지John Cage[1]가 1952년 작곡한 피아노를 위한 작품 <4분 33초>를 감상해 보자[2]. 3악장으로 구성된 작품인 <4분 33초>는 연주시간 동안 어떤 연주도 하지 않는 작품으로 유명한데, 작품을 감상하는 4분 33초의 시간이 얼마나 길게 느껴지는지 체험해 보길 권유한다. 아울러 유명 연주자들이 보통 4분 33초의 길이로 연주하는 쇼팽의 녹턴 중에서 No.9 Andante Sostenuto (Op.32 No.1)을 감상하면 존 케이지의 <4분 33초>와는 대조된다.

어릴 때는 시간이 빨리 흘러 얼른 어른이 되었으면 하고 바랐는데, 막상 어른이 되고 나면 시간이 너무 빨리 간다고 느낀다. 세월이 20대에는 시속 20 km로 흐르고, 50대에는 50 km, 그리고 60대에는 시속 60 km로 흐른다는 느낌을 받는다는 말이 있다. '나이를 먹으면 먹을수록 시간이 빠르게 지나가는 것으로 느낀다'라는 흥미로운 실험 결과가 있다. 인지심리학자인 크레이크 Fergus I. M. Craik가 1999년 '나이와 짧은 시간 길이에 대한 판단의 연관성'에 관한 연구를 수행했다.[3] 대조 실험군으로 20대 청년 그룹과 70대 노인 그룹을 선정해서 눈을 감고 30초, 60초, 그리고 120초를 세도록 했다. 노인 그룹은 청년 그룹과 비교해 평균적으로 1.46배의 시간이 흐른 후 30초가 경과했다고 인식했다. 이런 실험 결과에 근거한 '노인과 청년이 가지고 있는 생체시계의 속도가 다르기 때문이다'라는 주장이 있다. 예를 들면 우리 몸 안에는 다양한 생체시계가 존재하는데 대표적인 생체시계로 호흡, 맥박을 꼽을 수 있다. 이를 소년이나 청년의 심장박동이 노인보다 빨라 생체시계가 빨리가기 때문으로 해석할 수 있다.

한편 시간 흐름의 상대적 인식을 정보량의 차이에 따른 것으로 해석하는 학자들도 있다. 20대가 가지고 있는 경험과 70대가 가지고 있는 경험의 차이가 있어 20대가 느끼는 1년은 인생의 1/20에 해당하지만 70대에게 1년은 인생의 1/70에 불과하므로 당연히 70대에게 1년은 짧게 느껴질 수 있다. 우리는 반복되는 경험을 똑같이 중요하게 기억하지 않는다. "어제 뭐했어?"라고 물어보면, "글쎄, 생각나는 게 별로 없네. 별일 없었던 것 같은데"라는 대답을 듣기도 한다. 일어난 사건이 많을수록, 그리고 새로운 경험이 많을수록 시간이 더 길게 느껴진다. 어릴 때는 경험하는 모든 것이 새롭지만 나이가 들수록 반복적인 일상들은 기억에 담아두지 않는다. 기억하는 정보의 총량에 따라 시간 감각이 변한다. 이처럼 흥미롭게도 시간을 압축적으로 느끼는 현상을 심리학에서 '시간 수축 효과'라고 부른다. 30초를 세는 실험과 같이 짧은 시간의 흐름을 인지할 때나 1년과 같은 긴 시간을 인식할 때에도, 노인들은 한결같이 젊은 사람에 비해 시간이 빨리 흐른다고 느낀다. 우리가 얼마나 주관적으로 공간의 크기와 시간의 길이를 인지하는지 확인할 수 있다.

주관적 인식에만 의존하지 않고 시간과 공간을 물리학의 탐구대상으로 삼기 위해서는 반드시 시간과 공간을 객관적으로 측정해야 하고, 또 그 측정 결과를 서로 비교하는 규약을 만들어야 한다. 우선 길이를 계량화하고 객관화하기 위해서 '길이가 변하지 않는 자'[4]를 사용할 수 있다. 자로 길이를 정량적으로 측정하고 나면, 직선 그리고 직각과 같은 다양한 도형의 개념을 정립하고, 유클리드의 공리 체계를 기반으로 공간의 성질을 탐구할 수 있다[5]. 시간의 경우는 공간의 경우보다 조금 더 까다롭다. 그리 깊게 생각해 보지 않더라도, 시간은 변화와 밀접하게 연관되어 있다는 것을 알 수 있다. 제 3장에서 이미 논의한 바와 같이 지구의 자전이나 괘종시계의 진자운동, 원자 시스템의 진동과 같은 주기적인 현상과 비교하여 시간을(엄밀히 말하면 시간의 길이를) 측정한다. 예를 들어 진자의 주기 운동을 기준으로 시간을 측정하고 시간의 단위를 표준화할 수 있다. 표준화된 시간을 다른 장소에서 측정한 시간 그리고 다른 방법으로 측정한 시간과 서로 비교하고 동기화 synchronized할 수도 있다.

어떤 특정한 시점이 다른 시점에 비해 더 중요하지 않다. 과거와 현재 그리고 미래 중에서 더 중요한 의미의 시간은 없다. 공간 역시 어떤 특정 장소가 다른 장소에 비해 더 중요하지 않기 때문에 시간과 공간은 모두 균일 homogeneous하다. 하지만 흥미롭게도 공간과 시간을 비교해 보면 몇 가지 서로 다른 특성을 발견한다. 공간에서는 전후, 좌우 또는 상하 어느 방향으로든지 자유롭게 움직일 수 있지만,[6] 시간은 항상 과거에서 현재 그리고 현재에서 미래로 향하는 한 방향으로만 흐른다. 시간을 거꾸로 돌려 현재에서 과거로 흐르게 할 수 없다. 이것은 공간과 시간의 특성을 구별하는 뚜렷한 차이점이다. 과거와 미래는 엄연히 구별된다. 시간은 균일하지만 공간과는 다르게 등방적이지 않다. 누군가 탁자 위에 놓여있는 꽃병을 다른 곳으로 옮겨 놓지 않으면 꽃병은 항상 놓여있던 탁자 위에 있다. 이처럼 꽃병은 같은 장소에 서로 다른 시간대에 존재하지만 꽃병이 같은 시간에 방안의 이곳과 저곳에 동시에 존재하지 않는다는 것도 시간과 공간을 구별하는 또 다른 특성이다.

우리는 무언가 변하는 것을 기준으로 시간의 흐름을 인식한다. 세상에서 일어나는 일련의 변화를 사건이라 하면, 사건은 임의적이고 무작위적인 방향으로 전개되는 것이 아니다. 사건은 특정 결과를 향해 전개되는 방식인 인과율 causality에 따라 전개된다. 물리학은 인과율에 기초하여 자연 현상을 기술한다. 현재의 상태(초기조건)와 외부로부터 가해지는 영향(외부 힘)으로 미래는 결정된다. 우리가 경험하는 자연 현상은 과거에 있었던 원인의 결과다. 이런 방식으로 인과율을 정의하고 인과율에 따라 사건을 해석하더라도 모든 사건을 완벽하게 이해할 수는 없다. 아침 출근길에 붉은 신호등을 보고 정차한 자동차를 뒤에서 달려오던 트럭이 들이받는 추돌사고가 발생했다고 하자. 트럭의 운전자가 어제 밤늦게까지 야근하느라 충분히 잠을 자지 못해 주의력이 떨어진 상태에서 운전한 것이 원인이었을 수 있고, 정비 기간을 훌쩍 넘겨 브레이크를 제 때에 정비하지 않아 제동 거리가 늘어난 것도 원인일 수 있다. 아니면 때마침 휴대전화 벨이 울렸는데 고객의 전화를 받을까 말까 망설이다 사고를 냈을 수도 있다. 이처럼 추돌사고라는 결과의 원인을 완벽하게 파악하고 사건을 재구성한다는 것은 불가능하다. "반증 가능한 가설만이 과학적 진술이 될 수 있다"라는 포퍼의 비판적 합리주의 관점에 따르면 인과율을 경험적으로 반증하는 것도 불가능하다. 신이 인간에게 보내는 징표로 여겨졌던 혜성이 태양의 만유인력에 의한 궤도운동으로 재해석된 것은 불과 300년밖에 되지 않았다. 현시점에서는 전혀 규칙적이지 않고 우연히 일어나는 것처럼 보이는 사건도 시간이 흘러 더 정교해진 과학 체계로 분석하면 인과율의 범주에 끼워 넣을 수 있을지 모른다. 이렇듯 인과율은 경험적 인식의 체계화를 위한 전제조건에 불과할 수 있다.

비록 우리의 직관과 일상적 경험에는 반하지만 대부분의 물리법칙은 '시간이 현재에서 미래로 흐르거나 시간을 거꾸로 되돌려 현재에서 과거로 흐르는 것'에 상관없이 성립한다.[7] 예를 들어 '뉴턴의 운동방정식'은 시간 't'를 '$-t$'로 바꾸어도 여전히 성립한다.[8] 야구공이 타자가 휘두른 야구 방망이에 맞아 시원스럽게 날아가 홈런이 되는 장면을 찍은 야구경기 중계방송 화면을 역방향으로 재생하더라도 전혀 이상한 점을 찾을 수 없다. 물리학에서는 시간의 대칭적 특성을 '시간반전대칭 time-reversal symmetry'이라 부른다. 시간반전대칭이 허용된다면 물리학이 인과율적 측면에서도 원인이 결과가 되고, 반대로 결과가 다시 원인이 되는 것도 가능하다는 뜻이 되는가? 아직까지 시원스럽게 대답할 수 없는 많은 질문이 남아있다.

현대물리학에 따르면 시간과 공간을 따로 분리해서 다룰 수 없고 시간과 공간은 서로 연결된 것처럼 보인다. 시간이 정말 흐르고 있는지조차 불분명하고, 또 '내일 완성되는 과거'가 '오늘의 현재를 결정'한다는 지연된 양자지우개 실험도 있다. 이제 현대물리학이 시간과 공간을 어떻게 이해하고 있는지 살펴볼 차례다. 우리가 가지고 있는 상식과 직관을 송두리째 무너뜨리는 놀라운 현대물리학의 세계로 여행을 떠나자.

4.2 | 에테르를 찾아서

맥스웰에 의해 빛이 파동이어야 한다는 점이 분명해졌다고 생각한 19세기 말의 과학자들은 공간에는 천상의 물질인 에테르가 가득 차 있다고 생각했다.

19세기 말 스코틀랜드 물리학자인 맥스웰이 집대성한 맥스웰 방정식을 통해 전자기학의

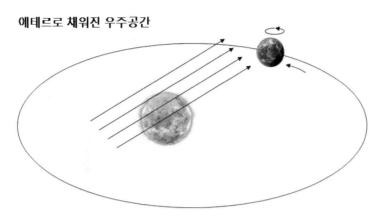

그림 4.1 만약 우주 공간이 에테르로 채워져 있다면, 지구가 태양의 주위를 시속 10만 km 이상으로 공전하고 있어 지구에서는 에테르 바람의 영향을 확인할 수 있어야 한다.

체계가 완벽하게 완성되었다고 해도 과언이 아니다. 맥스웰은 암페어의 법칙과 패러데이 법칙을 결합하여 전자기파의 파동방정식을 유도했고, 그 결과 진공에서 전자기파는 정확히 빛과 같은 속도로 전파된다는 사실이 밝혀지자 유레카 eureka를 외쳤다. 그는 "빛은 입자냐? 아니면 파동이냐?"의 오랜 논쟁에 종지부를 찍고, '빛은 전자기파의 일종'이라는 사실을 수학적으로 입증했다고 생각했다. 밤하늘을 쳐다볼 때 아름다운 별빛을 볼 수 있는 것은 파동인 별빛이 우주 공간을 가로질러 지구에 도달했다는 뜻이다. 압력파인 소리는 공기라는 매질 속에서 전파되고, 호수의 물결도 물이라는 매질을 통해 전파된다. 파동인 별빛도 우주 공간을 통해 지구까지 전파되려면, 우주 공간에 전자기파를 전달하는 매질이 가득 차 있어야 한다는 생각은 너무나 당연하다. 신비에 쌓인 빛의 매질은 무엇일까? 천상의 물질을 그리스 철학의 전통에 따라 '에테르 ether'라고 명명했다. 맥스웰이 빛은 파동이라는 사실을 입증한 이후, 과학자들의 최대 과업은 에테르를 찾아 나서는 것이었다. "천상은 제5원소인 에테르로 가득 차 있다"라는 고대 그리스 철학자 플라톤과 아리스토텔레스의 아이디어가 부활하는 순간이었다.[9] 이제 뉴턴의 절대 공간이라는 개념은 버리고, 공간은 텅 비어있지 않고 에테르라는 천상의 물질로 가득 차 있다는 사실을 인정해야 하는 시점이 도래했다.

그림 4.1과 같이 우주 공간에 빛의 매질인 에테르가 채워져 있다고 가정하면, 태양의 주위를 공전하는 지구는 고요한 에테르의 바다를 시속 약 107,000 km로 헤쳐 나가는 셈이 된다. 바람 한 점 불지 않는 맑은 날에 자전거를 타고 달리면 시원한 바람을 느낄

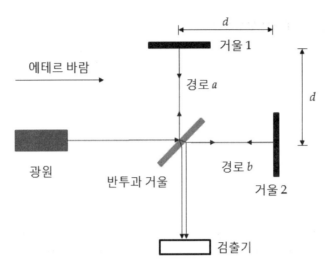

그림 4.2 마이켈슨 간섭계. 좌측의 광원에서 나온 빛은 반투과거울에서 입사광의 절반이 반사되어 거울 1쪽으로 진행하고, 나머지 절반은 반투과거울를 투과하여 거울 2로 직진한다. 거울 1과 거울 2에서 반사된 빛은 다시 반투과거울로 되돌아와 투과되거나 반사되어 검출기에 도착한다.

수 있는 것과 마찬가지로 에테르가 움직이지 않는다고 하더라도 지구의 공전운동 때문에 지구에 사는 우리는 에테르의 바람을 느껴야 한다.

흐르는 강물을 거슬러 올라갈 때와 강물을 타고 내려올 때, 아니면 흐르는 강물을 가로질러 반대편 강기슭으로 건너갈 때 배의 속도는 확연히 차이가 난다. 에테르의 존재를 확인하기 위해서 빛의 절대적인 속도를 측정할 필요는 없고, 에테르 바람에 의한 빛의 속도 변화를 측정하면 된다. 강물의 흐름으로 인한 배의 속도 차이를 확인하면 강물의 존재를 확인할 수 있는 것과 같은 원리이다. 1887년 마이켈슨과 몰리가 그림 4.2와 같이 '마이켈슨 간섭계'를 제작하여 에테르 탐사 실험을 했다. 왼쪽 광원에서 나온 빛이 반투과거울[10]에 도달해 입사한 빛의 절반은 거울 1방향으로 반사되고 나머지 절반은 거울 2 방향으로 투과한다. 거울 1과 거울 2에서 빛은 반사되어 다시 반투과거울로 되돌아오는데 반투과거울에서 투과하거나 반사되어 최종적으로 그림의 아래쪽에 위치하는 검출기로 향한다. 반투과거울과 거울 1 또는 거울 2까지의 거리는 d로 같다. 마이켈슨 간섭계의 원리는 반투과거울에서 분리된 빛이 서로 수직한 경로 a와 b를 따라 진행한 후 거울 1과 거울 2에 반사되어 되돌아오는데 걸리는 시간의 차이가 생기면, 이 시간의 차이가 만드는 간섭무늬의 변화를 측정하는 것이다. 거울 1에 반사되는 빛은 에테르 바람을 가로질러 진행하는 경로 a를 따라 이동하는 반면, 거울 2에 반사되는 빛은 에테르 바람을 등지고 이동한 후 에테르 바람을 거슬러 진행하는 경로 b를 따라 이동한다. 지구가 태양 주위를 공전하고 있어 지구와 실험장치는 에테르의 바다에서 지구의 공전 속도로 움직이고 있으므로 에테르 바람을 느낀다. 에테르 바람의 영향으로 거울 1과 거울 2에서 반사된 빛이 검출기에 도달하는데 걸리는 시간이 다르다. 마이켈슨 간섭계는 에테르의 존재를 확인하고도 남을 만큼 정밀하게 설계되었다. 그러나 마이켈슨─몰리가 실시한 실험은 처참한 실패로 끝났다. 당시 과학계의 예상과는 달리 간섭무늬의 차이를 확인할 수 없었다. 마이켈슨─몰리 실험의 결론은 빛이 서로 다른 경로를 통해 검출기에 도달하더라도 이동 시간의 차이가 생기지 않았다. 마이켈슨과 몰리는 글자 그대로 에테르의 존재를 밝히는 임무에 완벽하게 실패했다. 다른 많은 과학자들도 마이켈슨─몰리 실험장치를 개량하여 에테르를 확인하는 실험에 재도전했지만 항상 에테르의 존재를 확인할 수 없다는 똑같은 결과를 얻었다. 최고 성능의 실험 장비로 마이켈슨─몰리 실험을 정밀하게 재연했더니 에테르 바람의 속도는 0.05 m/s 이하여야 한다는 결론을 얻었다. 이 결과는 지구가 태양의 주위를 공전하는 속도인 2.97×10^4 m/s 에 비해 300만 배나 작은 값이다. 즉 에테르 바람은 오차 범위 내에서 존재하지 않는다는 결론을 내릴 수 있다. 마이켈슨─몰리 실험의 최종 결론은 "지구의 운동은 빛의 전파 속력에 어떠한 영향도 미치지 못하고 에테르의 존재에 대한 어떤 정보도 얻지 못했다"이다. 19세기 말까지 완벽하다고 믿었던 물리학이 중대한 도전에 직면했다. 지구가 태양의 주위를 공전하고 있다는 사실과 빛이 파동이라는 사실에 근거하면 에테르 바람은 반드시 확인되어야 하는데 도대체 무슨 문제가 생겼단 말인가?

4.3 │ 상대론적 시간

> "과거, 현재, 미래는 인간의 뇌리에 끈질기게 머물러 있는 환영에 불과하다. 정말로 존재하는 것은 시간과 공간을 하나로 합쳐 놓은 시공간이다"　　　　　〈알버트 아인슈타인〉

상대성 이론의 태동과 동시성 문제

마이켈슨─몰리 실험의 의미를 재정리하면 '광속은 어떤 경우에서나 일정하고 따라서 빛의 매질인 에테르의 존재를 확인할 수 없다'이다. 마이켈슨-몰리 실험 결과는 당시 물리학자들의 예측을 완전히 뒤엎는 놀라운 것이었다. 그들의 골머리를 아프게 한 난제는 아인슈타인이라는 젊은이가 혁신적인 아이디어로 단숨에 해결한다. 아인슈타인은 다음의 두 가지 가설을 세웠다.

(1) 상대성 원리 : 물리법칙은 모든 관성 기준계에서 같다.

(2) 광속의 일정성 : 진공에서 광속은 모든 관성 기준계에서 측정자나 광원의 속력과 관계없이 일정하다.

첫 번째 가설인 상대성 원리는 '모든 물리법칙(역학, 전자기학, 광학, 열역학 등등)은 등속도로 상대 운동을 하는 관성 기준계[11]에서 같다'라는 의미다. 기준계가 등속으로 운동하고 있든지, 아니면 정지해 있든지에 상관없이 모든 관성 기준계에서 실시한 실험 결과는 똑같은 물리법칙으로 기술할 수 있다. 예를 들면 방에서든지 아니면 기차여행 중에 기차 안에서든지 상관없이 저글링을 할 때 똑같은 방식으로 공을 던지고 되받는다. 방안에서 저글링을 할 때 공을 위쪽으로 던지고 제자리로 떨어지는 공을 되받는 동작을 반복하면 된다. 시속 300 km로 달리는 KTX 안에서 저글링을 한다면, 공이 공중에 떠 있는 동안에 나는 시속 300 km로 기차와 함께 이동하고 있으므로 공은 손바닥이 아닌 다른 곳에 떨어질 것 같다는 생각을 할 수 있다. 하지만 우리는 기차 안에서 저글링을 할 때도 별다른 차이를 느끼지 못하고 똑같은 방식으로 공을 던지고 받는다. 지구에 대해 정지한 기준계에서나[12] 등속도로 달리고 있는 기준계에서 물리법칙은 똑같이 적용되기 때문에 어느 기준계가 더 우월한 관성 기준계인지 구분할 수 없다. 이미 논의한 오캄의 면도날의 관점에 따라 아인슈타인도 '에테르의 존재를 확인하지 못했으니 에테르가 없다'라고 가정했다. 두 번째 가설에 따라 광속이 항상 일정하다고 가정하면, 마이켈슨-몰리 실험에서 빛이 서로 다른 경로를 따라 전파되더라도 이동한 거리만 같다면 검출기에 도달하는데 걸리는 시간은 똑같아야 한다. 아인슈타인은 왜 마이켈슨-몰리 실험에서 에테르의 존재를 확인할 수 없었는지에 대해 깔끔하게 설명했다.

이제 아인슈타인의 혁명적인 가설과 현대물리학의 근간인 상대성이론을 자세히 다룰 차례가 되었다. 뉴턴은 모든 관측자에게 똑같이 공평하게 주어지는 절대 시간과 절대 공간을 도입했다. 뉴턴은 "절대적이며 실제로 존재하는 수학적 시간은 자신만의 본질을 가지고 있고, 어떤 것과도 무관하게 똑같이 흐른다"라고 「프린키피아」에 기술했다.[13] 절대 시간과 절대 공간이 존재한다는 뉴턴의 관점에서 보면, 한 관측자가 동시에 관측한

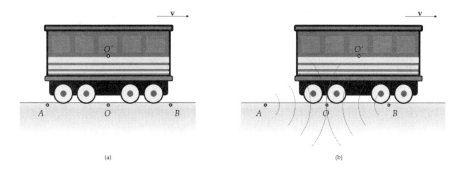

(a)   (b)

그림 4.3 동시성에 관한 사고실험. (a) 속도 v로 달리는 기차의 앞쪽과 뒤쪽에 번개가 내리쳤다. 지상에 있는 관측자 O는 A와 B 지점에 번개가 동시에 내리친 것을 관측한다. (b) 기차에 타고 있는 승객 O'는 기차와 함께 전진하고 있으므로 기차의 앞쪽에 떨어진 번갯불을 먼저 보게 되고 기차의 뒷쪽에 떨어진 번갯불을 나중에 보게 된다.

사건은 다른 관측자에게도 동시에 일어나야 한다. 뉴턴의 동시성이 옳은지 여부를 확인하기 위해 그림 4.3과 같은 사고실험을 해보자. (a)처럼 기차의 양 끝점인 A와 B에 번개가 내려쳤다. 지상에 서 있는 관측자 O는 점 A와 B의 중간에 위치하고, 기차에 타고 있는 승객 O'는 기차 중앙에 앉아 있다. O와 O'가 정확히 똑같은 장소에 있을 때 번개가 내려쳤다면, A와 B로부터 같은 거리에 자리 잡은 관측자 O는 A와 B에 떨어진 번갯불의 모습을 같은 시간에 본다. 같은 시간에 두 개의 번갯불을 본 O는 두 지점에 번개가 동시에 떨어졌다고 말한다. 그렇다면 기차에 타고 있는 승객 O'의 경우는 어떤가? A와 B에 떨어진 번갯불이 O'를 향해 다가가는 동안에도 기차는 속도 v로 앞으로 움직이고 있으므로 기차에 타고 있는 승객 O'는 점 A로부터는 점점 멀어지고 점 B쪽으로 다가간다. 즉 기차가 속도 v로 달리기 때문에 승객 O'와 B 지점 사이의 거리가 O'와 A 사이의 거리보다 더 가까워진다. '광속은 항상 일정하다'라는 광속의 일정성을 적용하면 B 지점에 떨어진 번갯불이 승객 O'에게 먼저 도달하고 A 지점에 떨어진 번갯불은 나중에 도달한다. 그러므로 승객 O'는 번개가 B에 먼저 떨어지고 난 이후에 A에 번개가 떨어지는 모습을 본다.

이 사고실험을 통해 관측자 O에게 동시에 일어난 사건이 승객 O'에게는 순차적으로 발생한 사건으로 보인다는 사실을 확인했다. 한 기준계에서 두 사건이 동시에 관측되더라도, 그 기준계에 대해 상대 운동을 하는 다른 기준계에서는 두 사건이 동시에 관측되지 않는다. 동시성은 모든 기준계에 적용되는 절대적인 개념이 아니라 관측자의 운동 상태에 따라 바뀌는 상대적인 것이다. 아인슈타인이 제안한 이 사고실험의 결론은 뉴턴이 주장한 절대 시간이 존재한다는 생각에 정면으로 배치된다. 흥미로운 질문 하나가 떠오른다. 기차 승객인 O'에게는 B 지점에 떨어진 번갯불은 A 지점에 떨어진 번갯불보다 과거에 일어난 사건이지만, O에게는 A 지점과 B 지점에 떨어진 번갯불은 동시에 발생한 사건이다. 어떻게 O'에게 이미 지나간 과거인 B지점에 떨어진 번갯불이 O에게는 현재로 보일 수 있는가? 과거는 사라지고 없는데 사라져 없어진 과거가 다른 사람에게 현재가 될 수 있다는 말이 된다. 그렇다면 과거는 사라지고 없어지는 것이 아니란 말인가?

시간의 지연

두 기준계에 있는 관측자들은 동시성에 대해 서로 다른 견해를 가지는 것뿐만 아니라, 두 개의 사건이 일어난 시점 사이의 시간 간격도 다르게 측정한다. 그림 4.4와 같이 기차에 타고 있는 승객 O'와 지상에 있는 관측자 O가 측정하는 시간 간격을 살펴보자. (a)와 같이 승객 O'가 손전등으로 천장에 설치한 거울을 비추고 불빛이 거울에 반사되어 돌아오는 데까지 걸리는 시간을 측정한다. 손전등과 거울 사이의 거리는 d이므로 불빛이 이동한 왕복 거리는 $2d$이고 광속은 c로 일정하므로 거울에 반사된 불빛이 제자리로 되돌아오는데 걸리는 시간은 $\Delta t_p = 2d/c$다.[14] 한편 기차가 속도 v로 달리고 있으므로, (b)와 같이 지상에 있는 관측자 O는 불빛이 더 먼 경로를 따라 이동하는 모습을 본다. 중학교 다닐 때 배운 피타고라스 정리를 이용하면 지상의 관측자 O가 불빛이 거울에 반사되어 되돌아오는데 걸리는 시간을 간단히 계산할 수 있는데 약간의 수학적 노력을 하고 나면 $\Delta t = 2d/\sqrt{c^2 - v^2}$를 얻는다.[15] 승객 O'가 측정한 시간 간격은 $\Delta t_p = 2d/c$이고 관측자 O가 측정한 시간 간격은 $\Delta t = \gamma \Delta t_p$이다. 여기서 $\gamma = (1 - v^2/c^2)^{-1/2}$이다. 기차가 달리고 있다면($v \neq 0$이면) γ는 항상 1보다 큰 값이 되므로 지상에서 측정한 시간 간격 Δt는 달리고 있는 기차에서 측정한 Δt_p보다 길다. 달리는 기차에 타고 있는 승객은 지상에 있는 관측자에 비해 두 사건 사이의 시간 간격을 짧게 측정하므로 자신의 시간이 지상에서 측정한 시간보다 천천히 흐른다는 결론을 내린다. 이러한 상대론적 현상을 시간 지연 time dilation 또는 시간 팽창이라 부른다.[16] (a)에서처럼 기차에 타고 있는 승객은 자리에 앉아 있는 상태로 손전등을 비추고 불빛이 되돌아올 때까지 걸리는 시간을 측정하는데 이처럼 두 사건을 같은 장소에서 관측자가 측정한 시간 간격을 '고유시간 proper time Δt_p'이라 부른다. 따라서 O'가 측정한 시간 간격은 고유시간이다.

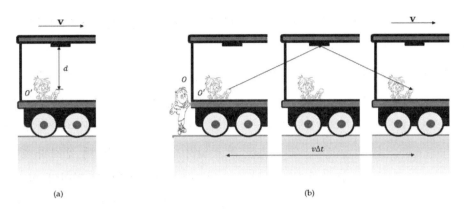

(a)   (b)

그림 4.4 손전등을 켜는 순간과 불빛이 천장에 붙어 있는 거울에 의해 반사되어 되돌아오는 두 사건 사이의 시간 간격을 측정하는 실험. (a) 속도 v로 달리고 있는 기차에 타고 있는 승객 O'가 측정한 시간 간격은 $\Delta t_p = 2d/c$ 이다. (b) 지상에 머물러 있는 관측자 O가 측정한 시간 간격은 $\Delta t = 2d/\sqrt{c^2 - v^2}$ 가 된다.

반면 지상의 관측자 O는 승객 O'가 손전등을 비추는 시점과 손전등 불빛이 거울에 반사된 후 되돌아오는 시간을 측정하려면, 기차를 따라 장소를 옮겨야 한다. 지상의 관측자 O는 두 사건을 기차를 따라 이동하면서 서로 다른 장소에서 측정하기 때문에 O가 측정한 시간 간격 Δt는 고유시간이 아니며 항상 Δt_p보다 긴 시간 간격이 된다. 이러한 시간의 지연 현상 때문에 O의 시계는 승객 O'의 시계보다 빨리 간다. 움직이는 기준계의 시계가 정지한 기준계에 있는 시계보다 천천히 간다는 말인데 마치 귀신에 홀린 기분이다. "KTX를 타고 여행을 하고 있으면, 시간이 느리게 흘러 집에 남아있는 다른 가족보다 천천히 늙는다"라는 주장이 도대체 말이 되는가? "불로장생을 위해 불로초를 찾을 것이 아니라 여행을 떠나라! 그러면 젊음을 유지할 것이다!"라는 기차여행 광고를 해야 할 판이다.

아인슈타인의 상대성이론이 예측한 해괴망측한 시간 지연 현상이 실제로 일어나는지 직접 확인해 보려고 하는 것은 너무나 당연했다. 1971년 물리학자 하펠레J. C. Hafele와 천문학자 키팅R. E. Keating은 정밀하게 작동하는 4대의 세슘 원자시계들을 제트기에 나누어 실었다. 실험에 사용된 원자시계들은 미국 해군천문대에 있는 기준 시계에 정확하게 맞추었다. 처음에는 비행기로 동쪽으로 그리고 두 번째는 서쪽으로 지구를 2바퀴 일주하고 돌아온 후 제트기의 시계들을 비교했다. 하펠레와 키팅은 "제트기가 동쪽으로 이동하는 동안 시계는 미군 해군천문대의 원자시계와 비교해서 59 ± 10 ns 만큼 느리게 갔고, 서쪽으로 날아갈 때는 273 ± 7 ns 빨리 갔다"라는 신기한 실험 결과를 발표했다.[17]

아무도 상상하지 못했던 일이 실제로 확인되었다. 비록 미미한 시간의 지연이지만 참으로 놀랍지 않은가?

시간이 천천히 흐르는 시간 지연 현상을 관찰할 수 있는 또 다른 흥미로운 사례는 우주에서 쏟아져 내리는 우주선cosmic ray에 의해 만들어지는 뮤온muon이라는 입자의 수명 문제다. 뮤온은 전자와 똑같은 전하량을 가지고 있지만 전자와 비교하여 질량이 207배나 무거운 입자다. 뮤온은 매우 불안정한 입자여서 짧은 시간에 전자와 중성미자로 붕괴하므로 자연상태에서 존재하지 않고 지구 표면에서 검출되지 않아야 한다. 하지만 실제로는 지표면에서 다량의 뮤온이 검출되는데 이 뮤온은 지구 대기권의 높은 곳에서 우주로부터 지구로 들어오는 우주선에 의해 만들어진다. 정지한 뮤온의 수명은 고유시간으로 $\Delta t_p = 2.2\ \mu s$ 이다. 대기권 상층부에서 만들어진 뮤온이 광속으로 운동한다(뮤온은 광속보다 약간 느리게 운동하지만)고 가정해도, 뮤온이 전자와 중성미자로 붕괴하여 소멸하기 전까지 이동하는 최대 거리는 $c \cdot \Delta t_p = (3 \times 10^8\ \text{m/s}) \cdot (2.2 \times 10^{-6}\ \text{s}) = 660\ \text{m}$ 에 불과하다. 그래서 지구 대기권 높은 곳에서 만들어진 뮤온은 지표면까지 도달하기 전에 모두 사라지고 없어지기 때문에 지표면에서는 뮤온을 관찰할 수 없어야 한다. 지표면에서 다량의 뮤온이 검출되는 이유는 시간 팽창의 효과 때문이다. 광속의 약 99%에 해당하는 빠른 속도로 운동하는 뮤온의 기준계($\gamma = 7.09$)에서는 시간의 지연효과 때문에 뮤온의 수명은 7.1배나 늘어난 $15.6\ \mu s$ 이다. 그래서 뮤온이 이동할 수 있는 최대 거리는 고유수명 동안 이동할 수 있는 거리인 660 m가 아니라 시간의 지연효과를 고려한 $(0.99c) \cdot (\gamma \Delta t_p) \approx 4630\ \text{m}$ 가 되므로 뮤온은 아무런 문제 없이 지표면에 도달한다. 시간 팽창의 효과를 거시적 세계에서 원자시계를 이용하여 확인했고, 그리고 뮤온이 지표면에서 검출되는 현상을 통해 실험적으로 검증했다. 이제 특수상대성 이론이 주장하는 시간 팽창의 효과를 기정사실로 받아들여야만 한다.

2014년 개봉된 영화 '인터스텔라'의 마지막 장면에서처럼, 우주선을 타고 지구에서 멀리 떨어져 있는 별을 다녀온 '젊은 아빠'인 쿠퍼가 지구에 머물러 있었던 '늙은 딸'인 머피와 상봉하는 장면이 정말 일어날 수 있는 사건인지 궁금해진다. 시간 팽창 효과로 인해 생기는 현상 중에서 오랜 시간 동안 물리학자들의 골머리를 아프게 만든 것이 바로 유명한 '쌍둥이 역설twin paradox'이다. 2040년 한국우주과학연구소는 지구에서 4광년[18] 떨어진 항성 X를 여행하고 돌아오는 매우 야심 찬 프로젝트에 참여할 우주인을 공모했다. 쌍둥이인 갑순이와 갑돌이가 나란히 응모했지만 누나인 갑순이만 항성 X로 우주여행하는 행운을 얻었다. 누나 갑순이는 동생 갑돌이와 작별 인사를 나눈 후, 지구기준계에 대해 $0.8c$의 속력으로 항성 X로 날아간 후, 즉시 귀환하는 일정으로 우주여행을 시작했다. 갑순이는 쌍둥이의 20번째 생일날에 맞추어 지구를 떠났다. 갑순이는 성공적으로 우주여행을 마치고 자신의 26번째 생일날에 지구로 귀환했다. 지구에 도착한 26세의 갑순이는 설레는 가슴으로 동생과 재회를 했는데 동생 갑돌이가 말쑥하게 차려입은 30세의 신사 모습으로 나타나는 것이 아닌가? 인터스텔라의 영화장면과 똑같은 설정이다. 시간 지연효과로 이 쌍둥이 역설을 설명해보자. 지구에 남아있던 갑돌이는 항성 X가 지구로부터 4광년 떨어져 있고, 갑순이가 광속의 0.8배로 우주여행을 했으므로 갑순이가 우주여행을 한 시간은 (4광년/$0.8c$)×2 = 10년 이기 때문에 자신이 30살이 되는 생일날 누나가 귀환하리라는 것이라는 것을 잘 알고 있다. 갑돌이 입장으로 보면 누나가 귀환하는 날에 자신이 30세가 된다는 것은 너무나 당연하다. 그런데 $0.8c$($\gamma = 1.67$)의 속력으로 달리는 우주선에 타고 있던 갑순이에게는 시간 팽창 효과가 발생하여 항성 X를 왕복하는데 (10년)/γ = 6년 이라는 시간밖에 흐르지 않았다. 갑순이 입장으로 보면 26세가 되는 생일에 지구에 도착하는 것은 당연하다. 따라서 30세의 '늙은 동생' 갑돌이와 26세의 '젊은 누나' 갑순이가 재회하게 된다.

특수상대성이론을 이미 고등학교 과학 시간에 배웠던 쌍둥이는 아무런 문제도 제기하지 않고 '늙은 동생과 젊은 누나'로 계속 살아간다. 그런데 문제를 다른 관점에서 되짚어보면 그리 단순하지 않다. 행성 X로 향하는 갑순이 입장으로는 지구에 있는 갑돌이가 자신으로부터 $-0.8c$의 상대 속력으로 멀어지고 있는 것처럼 보인다. 갑순이 자신과 동생의 운동은 대칭성이 있는 것처럼 보인다. 즉 갑순이 관점에서는 갑돌이의 시간이 팽창하고 여행이 끝난 시점에 갑돌이의 나이가 26인 반면, 자신의 나이는 30세가 되어야 한다고 생각할 수 있다. 쌍둥이 역설이라 불리는 심상치 않은 모순이 발생하는데 모순의 원인이 어디에 있는지 살펴보자. 얼핏 생각하면 관측자들 사이에 대칭성이 있는 것처럼 보이나 이 대칭성은 갑순이가 항성 X로 날아가고 있는 동안에만 성립한다. 갑순이가 항성 X에 도착한 이후 지구로의 귀환 여행 동안에도 갑돌이의 운동 상태는 변화하지 않으므로(지구에 계속 머물러 있음) 갑돌이는 $-0.8c$의 속력을 유지한다. 그렇다면 갑순이는 지구로 돌아오기 위해 $-0.8c$ 보다 빠른 속도로 지구를 따라잡아야 한다. 갑순이가 귀환하는 동안에는 상대 운동의 대칭성이 깨어지므로 대칭성에 근거하여 지구에 도착한 갑순이와 갑돌이의 나이를 계산하면 똑같지 않은 결론에 도달하게 된다. 상대성이론에 의하면 운동을 하는 갑순이가 측정하고 있는 시간은 고유시간이지만 정지한 기준계에 있던 갑돌이가 측정하는 시간은 고유시간이 아니다. 따라서 우주여행을 마치고 젊은 누나와 늙은 동생이 재회하는 장면이 실제 일어나는 상황이다.

시공간 도표

모든 자연 현상뿐만 아니라 우리의 삶도 시간과 공간 속에 일어나는 사건들이다. 삶은 공간이라는 무대에서 주인공인 나를 비롯한 다른 출연진이 무대장치인 우주의 삼라만상 속에서 변화를 경험하는 과정이다. 괘종시계의 추가 좌우로 움직이는 왕복운동을 살펴 보자. 시계추가 단순히 좌우로 왕복운동하고 있다고 생각할지 모르지만 시계추의 운동 을 온전히 기술하려면 시계추의 공간과 시간 정보를 동시에 표현해야 왕복운동을 완벽 하게 표현할 수 있다. 오랜만에 곤하게 잠을 푹 자고 평소보다 늦게 일어나 학교로 등 교해서 일과를 마치고, 저녁에 친구를 만나 식사를 한 후 집으로 돌아와 자정에 취침한 하루 일정을 그림 4.5에 표현했다. x축과 t축으로 구성된 도표[19]로 하루 일정을 되짚어 보면, 잠을 자는 동안 나는 침대에 누워있었기 때문에 위치는 바뀌지 않고 아침 8시까 지 시간이 흐른다. 취침하는 동안 나의 시공간적 행적은 원점에서 출발하여 시간 축인 세로축을 따라 위쪽을 향하는 직선에 대응된다. 집에서 학교로 등교하는 동안의 모습은 오른쪽 위쪽을 가리키는 사선으로 표현할 수 있다. 학교에 머물러 있는 동안은 다시 수 직 방향의 직선으로 그리고 친구를 만나기 위해 약속장소로 가는 모습은 왼쪽 위로 향 하는 사선으로 표현할 수 있다. 이처럼 공간 좌표와 시간을 동시에 포함하는 도표에 하 루의 일과를 표시해 두면, 기억하고 싶은 모든 정보를 정확히 저장할 수 있다. 사건의 경과를 폴란드-유대계 독일 수학자 민코프스키 Hermann Minkowski[20]가 제안한 시공간 spacetime에 기록하면 유용하다. 인간의 상상력은 3차원 공간에 시간이라는 새로운 차원을 추가한 4차원 시공간을 시각적으로 표현할 만큼 풍부하지 않다. 그래서 일반성을 잃지 않으면서도 시공간의 본질을 설명하기위해 그림 4.5처럼 평면에 3차원 공간 대신 일차 원 공간을 x축 방향으로, 그리고 시간을 y축 방향으로 표현했다. 비록 공간 x축과 시간 t축으로 2차원의 시공간을 표현하였지만 4차원의 시공간 도표의 본질적인 특성을 파악 하기에는 부족함이 없다.

공간과 시간은 절대적인 것이 아니어서 정지한 상태의 관측자에게 동시에 일어난 것 으로 보이는 사건이 움직이는 관측자에게는 순차적으로 발생한 것처럼 보인다. 관측자 들에게 보이는 '한순간'이라는 모습이 관측자가 어떻게 움직이고 있느냐에 따라 결정된

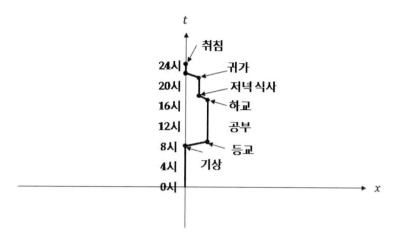

그림 4.5 수평축인 x축과 수직축인 t축으로 만들어진 도표에 표시한 나의 일과. 아침에 등교하여 학교 일과를 마친 후 저녁에 친구와 만나 식사를 하고 귀가함.

다. 비록 동시성은 관측자에게 다른 모습으로 보일 수 있지만 모든 관측자에게 공통으로 적용되는 절대적인 기준은 존재한다. 인과율의 구조 causal structure가 그 절대적 구조에 해당하는데 어떤 사건들이 서로에게 영향을 미칠 수 있으며, 어떤 경우에 인과율이 적용되지 않는지를 판단하는 기준이다. 과연 어떤 조건일 때 주어진 시공간의 사건 A가 다른 사건 B의 원인이 될 수 있는가? 상대성이론에 따르면 공간에서 정보와 에너지가 전달되는 최대 속도는 빛의 속도이다. 그림 4.6과 같이 사건 A가 다른 사건 B로 신호를 전송하여 정보를 전달한다고 하자. 만약 A의 신호가 사건 B가 일어난 이후에 도착한다면, 사건 A는 사건 B에 영향을 미칠 수 없다. 반면 이 신호가 사건 B가 일어나기 전에 도착한 경우 사건 A는 사건 B에 영향을 미칠 수 있어, 사건 B의 원인이 될 수 있다. 이러한 인과율의 고찰을 소위 시공간 도표의 세계선 world line으로 일반화하여 표시할 수 있다. 사건 A의 시공간상 좌표(사건 A는 시공간 도표의 원점에 해당)에서 방출된 광신호는 공간에서 양쪽으로 광속으로 전파되므로, 시공간 도표에 신호가 전파되는 모습을 표현하면 $45°$ 방향으로 향하는 두 개의 직선이 된다. 이 두 직선은 빛이 시공간에서 접근할 수 있는 영역을 결정하므로 빛의 세계선 world line of light이라 부른다. 실제로는 사건 A가 보내는 광신호가 3차원 공간의 모든 방향으로 전파되는 모습을 4차원 시공간 도표로 표현하면 원추 모양─4차원 시공간에 표현하면 어떻게 생겼는지 상상해 볼 수는 없지만─인 빛의 세계선을 그려야 한다. 안타깝게도 시공간 도표의 위쪽 부분은 미래에 해당하는데 미래의 빛의 세계선 사이 부분인 영역 (I)은 사건 A가 송출한 정보가 도달할

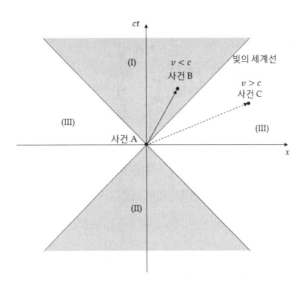

그림 4.6 시공간 도표. 수평축과 수직축은 각각 공간과 시간을 표현한다. 수평축과 수직축의 차원을 일치시키기 위해 시간에 광속을 곱한 ct를 수직축으로 표시한다. 빛은 광속으로 이동하므로 빛의 세계선은 시공간 도표에서 45°방향으로 향한다. 회색으로 표현된 빛의 세계선 내부에서만 인과율로 연결되어 있다.

수 있는 영역에 해당하므로 사건 A가 사건 B에 영향을 미칠 수 있는 미래 영역이다. 여기서 사건 B에 전달되는 정보를 물리적 상호작용이라고 이해해도 무방하다. 광속보다 빨리 이동해야 사건 C에 도달할 수 있으므로 빛의 세계선 밖의 영역 (III)은 상대성이론에 따라 사건 A가 사건 C에 영향을 미칠 수 없다. 시공간 도표의 아래쪽 부분은 과거에 해당하는데 영역 (II)에서 일어난 과거의 사건이 사건 A로 신호를 보내면 도달할 수 있으므로 사건 A의 원인이 될 수 있는 영역이다. 만약 시간이 거꾸로 흐르는 것을 허용한다고 해도 시공간 도표 아래쪽에 위치하는 과거인 영역 (II)에 인과율로 영향을 미치는 것은 역시 금지되어 있다. 이처럼 시공간이라는 구조로 물리적 사건들을 기술하는 것이 매우 편리하다. 상대성이론에서는 공간과 시간을 모두 포함하는 시공간이 절대적인 기준이 된다.

쌍둥이 역설과 사다리 역설

쌍둥이 역설은 시공간으로 설명하면 쉽게 이해할 수 있다. 쌍둥이의 우주여행을 지구와 항성 X 사이의 1차원 운동으로 단순화하자. 그림 4.7의 (a)와 같이 우주선이 발사된 시점의 위치와 시각은 $x = 0$, 그리고 $t = 0$이고 시공간의 원점에 해당한다. 우주선의 발

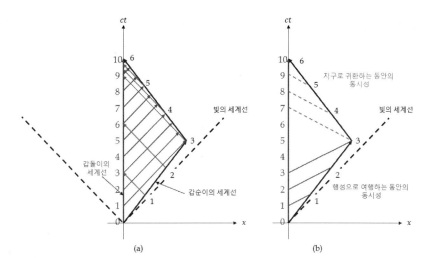

그림 4.7 민코프스키의 시공간 그래프. 가로축을 공간상의 위치 x, 그리고 세로축을 광속에 시간을 곱인 ct로 한다. 점선은 빛이 광속으로 시공간을 이동하는 빛의 세계선이다. (a) 갑돌이는 누나가 우주여행 하는 10년 동안 매년 맞이하는 생일에 10번의 축하 인사를 보낸다. 따라서 갑순이는 10번의 생일 축하 인사를 받는다. 반면 갑순이는 자신이 우주여행을 하는 6년 동안 6번의 축하 인사를 보냈다. 당연히 갑돌이는 6번의 축하 인사만을 받게 된다. (b) 시공간 그래프에서 동시성을 표현하였다. 갑순이가 항성 X에서 여행의 방향을 바꾸어 지구로 돌아오는 순간에 지구에서는 4년이 흐른다.

사 시점에 갑순이를 배웅나온 갑돌이는 시공간 상의 원점에 있다. 갑돌이는 아쉽게도 지구에 머물러 있으므로, 갑돌이의 공간 위치는 변하지 않고 시간만 흐르기 때문에 시공간 그래프의 세로축이 갑돌이의 세계선에 해당한다. 반면 갑순이는 $0.8c$의 속력으로 항성 X까지 이동했다가 다시 지구로 귀환하는 굵은 화살표로 표시된 갑순이의 세계선을 따라 시공간을 이동한다. 2040년대에 사는 우주인 갑순이와 지구에 머물러 있는 갑돌이는 쌍둥이 역설에 대해 이미 학교에서 자세하게 배웠다. 하지만 이번 우주여행을 통해 쌍둥이 역설에 대한 논란을 종식 시키려고 두 사람은 특별한 실험을 고안했다. 우주선 발사 날짜도 쌍둥이의 생일로 잡고 매년 생일을 맞이하면 서로에게 축하 인사를 보내기로 약속했다. 이렇게 하면 갑순이가 지구에 귀환한 이후 각자가 받은 생일 인사의 횟수로 상대방의 나이를 확인할 수 있다. 갑순이가 갑돌이로부터 받은 생일 인사의 횟수는 우주여행 동안 지구에 있는 갑돌이가 먹은 나이와 같을 것이고, 반대로 갑돌이가 갑순이에게서 받은 인사의 횟수가 바로 우주여행을 하고 돌아온 갑순이의 나이에 해당한다. (a)에 나타나 있는 바와 같이 갑순이의 세계선에 갑돌이가 보낸 생일 인사가 총 10번 도착했으므로(10번째 축하 인사는 갑돌이의 10번째 생일날에 갑순이가 도착하기 때문에 그림에는 표시되지 않았다), 갑순이는 당연히 갑돌이가 10살을 더 먹었다고 생각한다. 갑돌이도 지구에서 생일 파티를 10번 했고 누나에게 10번의 축하 인사를 보냈으므로 자신의 나이가 10살 더 먹었다는 것을 잘 알고 있다. 반면 갑돌이는 갑순이의 생일 인사를 6번만 받았기 때문에 누나가 6살을 더 먹었다고 생각해야 한다. 갑순이도 6번의 생일 파티를 자축했기 때문에 자신은 26세라고 확신한다. 서로가 받은 생일 인사의 횟수를 확인하고는 누나 갑순이가 26세가 되었고 갑돌이 자신은 30세가 되었다는 사실에 동의한다. 이렇게 시공간 그래프를 이용하면 쌍둥이 역설을 쉽게 이해할 수 있다.

시공간에서 생일 인사를 받는 모습을 조금 더 구체적으로 살펴보자. 갑돌이(시공간의 수직축에서)는 갑순이가 항성 X로 향하는 5년 동안 5번의 생일 인사를 꼬박꼬박 전송했지만 갑순이가 보내온 첫 번째 축하 인사는 갑순이가 지구를 떠난 후 세번째 맞이하는 생일날에 받았다. 갑순이가 귀환하는 5년 동안에도 자신은 역시 5번의 축하 인사를 빼먹지 않고 생일날에 전송했다. 그런데 이상하게도 갑돌이는 우주여행의 후반부 5년 동안에는 갑순이의 축하 인사를 5번(세로축에 도착하는 사선의 횟수) 받았다. 이번에는 갑순이 입장(굵은 사선 화살표)에서는 항성 X로 향하는 3년 동안 매년 축하 인사를 보냈지만 항성 X에 도착한 시점인 세 번째 생일날 갑돌이가 보내온 첫 번째 축하 인사를 받는다. 또 갑순이가 귀환하는 3년 동안에도 매년 축하 인사를 보냈는데 이번에는 갑돌이가 보낸 축하 인사를 9번을 몰아서 받았다. 갑돌이와 갑순이가 생일 인사를 받는 모습은 기이하게 보이지만, 도플러 현상을 고려하면 쉽게 이해된다. 갑돌이가 일년이 경과한 첫 번째 생일에 축하 인사를 광속으로 갑순이에게 전송했지만 축하 인사는 광속으로 이동하면서 $0.8c$로 이동하는 우주선을 따라잡아야 한다. 시공간에서 갑돌이가 보낸 첫 번째 축하 인사의 세계선과 갑순이의 세계선이 만나는 지점은 바로 항성 X의 위치이다.[21] 즉 갑순이가 3년 동안 여행해서 항성 X에 도달한 순간 갑돌이의 첫 번째 축하 인사를 받을 수 있다는 점을 이해할 수 있다. 신호를 보낸 발신자인 갑돌이의 위치는 변하지 않지만, 수신자인 갑순이가 이동한다. 반면 갑돌이가 축하 인사를 받는 사건은 신호를 보내는 발신자인 갑순이가 이동하고 수신자인 갑돌이가 위치를 바꾸지 않는 경우이다. 도플러 효과는 신호를 보내는 수신자와 발신자가 서로 멀어지면 적색편이 red shift 가 생기고, 서로 가까워지면 청색 편이 blue shift 가 일어나는 현상이다. 도플러 현상에 따라 일어나는 청색 편이로 갑순이의 귀환 여행 동안 갑순이와 갑돌이가 많은 수의 축하 인사를 받는 것을 이해할 수 있다.

이번에는 쌍둥이 역설을 (b)에 표시한 바와 같이 동시성 문제로 설명해 보자. 쌍둥이가 측정하는 시간이 어떻게 흐르는지 분석해 보자. 상대성이론에 따르면 절대적인 현재 present라는 시점은 없고, 서로 다른 기준계에서는 동시성이 다르게 표현된다. 특정 기준계에서 다른 기준계로 옮겨갈 때, 동시성 문제를 세심히 고려해야 한다. 갑순이가 지구를 떠나 항성 X로 향하는 동안 상대론적으로 동시인 점을 연결하면 (b)의 실선(갑돌이의 세계선과 갑순이의 세계선을 연결한 선)이 된다. 갑순이가 귀환하는 동안에 동시인 점들은 점선으로 표현하였다. 동시성 관점에서 보면 갑순이가 행성에 도착한 후, 바로 귀환하기 위해 방향을 바꾸는 순간 지구 기준계에서 4년이라는 시간이 순식간에 흐른다. 서로 멀어지고 있는 두 기준계 사이의 동시성을 비교하다가 우주선이 방향을 바꾸어 서로 가까운 기준계로 옮겨 타는 순간 지구 기준계에서는 '시간의 점프'가 발생한다는 뜻이다.

이미 알아본 바와 같이, 시간 지연으로 인해 운동하는 기준계의 시간은 천천히 흐른다. 우주여행을 하고 돌아오면 갑순이가 상대적으로 젊다는 사실을 받아들인다. 그렇다면 빛의 속도보다 더 빠르게 운동하면 과거로의 시간여행도 가능한가? 결론부터 말하면 과거로의 시간여행은 불가능하다. 우선 상대론의 가설은 광속보다 빠른 속력을 허용하지 않기 때문에 빛보다 빠르게 운동한다는 전제가 성립하지 않는다. 1985년 개봉된 공상과학 영화 '백투더퓨처'에는 과거로 시간여행을 해서 어린 부모를 만난다. 과거로의 시간여행은 상대론적으로 불가능하지만 상대론이 절대적 진리가 아닐 수 있으므로 언젠가는 새로운 물리이론이 나타나 과거로의 시간여행을 가능하게 만들 수 있다는 주장까지 부정할 수는 없다. 다만 대다수의 물리학자는 지금까지 알려진 물리법칙으로는 과거로의 시간여행을 할 수 있는 타임머신을 제작할 수 없다고 믿는다. 과거로의 시간여행은 인과율의 모순을 만들기 때문에도 불가능하다. 영화에서처럼 시간 여행자인 아들이 어린 부모의 청춘사업에 개입하면 부모의 미래가 바뀔 수 있으므로, "원인에 의해 결과가 생긴다"라는 인과율을 위반하게 되는 심각한 문제가 발생한다. 시간의 지연에 의한 젊은 아빠와 늙은 딸의 상봉 장면은 상대론적으로 당연한 사실이다. 현재보다 시간이 더 지난 미래에 상봉하는 부녀지간에 일어나는 일이기 때문이다. 만약 우주의 어느 한 곳에서 지적으로 매우 진화한 외계인들이 과거로 시간여행을 할 수 있는 타임머신을 개발했다고 가정하자. 그리고 전체 우주에서 어느 한 외계인이라도 과거로 여행을 해서 과거를 수정했다면 우리가 사는 지구의 과거도 따라서 수정되어야 한다. 과거가 수정되어 역사가 재작성되는 경험이 없는 것으로 봐서 현재까지 우주에서 시간여행을 하는 외계인은 없었던 것 같다. 결론적으로 우리가 이해하는 현대과학의 틀에서는 과거로의 시

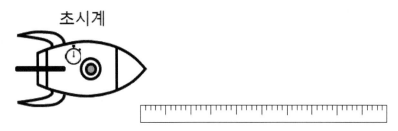

초시계

그림 4.8 길이 수축 현상. 갑돌이는 지구에 놓여있는 길이가 50 m인 막대자로 길이를 측정한다. 우주선에 타고 있는 갑순이도 자의 길이를 측정한다. 갑순이는 창밖으로 막대 자가 보이는 순간 초시계를 작동하고 막대자가 시야에서 사라지는 순간 초시계를 멈춘다. 갑순이가 측정한 시간은 고유시간이고 막대자가 속도 v로 우주선을 지나가는 것으로 보이기 때문에 갑순이가 측정한 막대자의 길이는 $L = v \Delta t_p$ 가 된다.

간여행은 불가능하다.

시간 팽창 효과로 인한 논리적 귀결인 길이 수축length contraction도 논의하자. 갑순이가 우주 여행을 하는 동안 우주선의 길이를 측정하려고 한다. 갑순이는 우주선을 타고 출발하기 전에 우주선의 길이와 똑같은 막대자가 운동장에 설치한다. 그림 4.8과 같이 우주선에 탑승해 막대자의 길이를 측정해서 자신이 타고 있는 우주선의 길이를 측정하기로 한다. 갑순이는 속도 v로 날아가는 우주선 창밖으로 막대자가 막 보이는 순간 초시계를 눌러 작동시키고 막대자가 시야를 벗어나면 초시계를 멈춘다. 갑순이는 우주선이 막대자를 통과하는 시간을 우주선에 앉아 측정하였으므로 갑순이가 측정한 시간은 고유시간인 Δt_p이다. 갑순이에게 막대자가 속도 v로 지나가므로 갑순이는 막대자의 길이를 고유시간에 우주선 속도를 곱한 값인 $L = v \Delta t_p$로 측정한다. 지구에 있는 갑돌이도 막대의 길이를 측정하기 위해 우주선의 머리가 막대자의 뒷쪽 부분에 도착한 시점과 앞쪽 부분을 지나가는 시점 사이의 시간을 잰다. 시간 지연효과 때문에 갑순이가 측정한 고유시간과 갑돌이가 지구에서 측정한 시간 간격 사이에는 $\Delta t = \gamma \Delta t_p$의 관계가 성립한다. 따라서 갑돌이가 측정한 막대자의 길이는 $L_p = v \Delta t$ 가 된다. 어떤 물체에 대해 정지한 관측자가 측정한 물체의 길이를 고유길이 L_p라고 부른다. 갑돌이가 막대자에 대해 정지해 있으므로 갑돌이가 측정한 길이는 고유길이이고 $L_p = 50$ m 이다. 하지만 $0.8c$의 속력으로 여행하고 있는 갑순이가 측정한 길이는 $L = v \Delta t_p = v \Delta t / \gamma = L_p / \gamma = 30$ m 가 된다. 물체가 길이 방향으로 속력 v로 움직일 때 측정한 길이는 $L = L_p / \gamma$로 짧아진다. 즉 움직이는 물체의 길이는 짧아진다는 뜻이다. 이런 신기한 길이 수축 현상은 광속이 항상

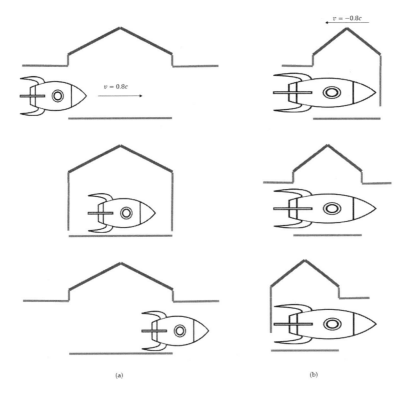

그림 4.9 사다리 역설. 우주선이 발사되기 전 정지 상태에서 측정한 우주선의 길이는 50 m이고 창고의 길이는 40 m이다. 이제 우주선이 $0.8c$의 속력으로 비행하고 있는 경우를 살펴보자. (a) 지구에 있는 갑돌이 관점에서 창고의 길이는 40 m이고 우주선은 $0.8c$의 속력으로 비행하고 있으므로 우주선의 길이는 30 m로 수축되어 보인다. 따라서 우주선을 창고에 넣을 수 있다고 생각한다. (b) 갑순이의 관점에서는 창고가 $-0.8c$ 의 속력으로 다가오고 있으므로 창고의 길이가 24 m로 짧아져 보인다. 그런데 동시성 문제를 고려하면, 갑순이에게는 순차적으로 창고의 앞쪽 문이 닫히고 열린 다음 뒤쪽 문이 닫히고 열리는 것처럼 보인다.

일정하고 움직이는 기준계에서 시간 지연효과 때문에 발생하는 특수상대성이론의 필연적 귀결이다.

쌍둥이 역설과 매우 유사한 사다리 역설이 있다. 그림 4.9와 같이 "폭이 40 m인 창고에 길이가 50 m인 우주선을 넣을 수 있느냐?"는 질문이다. 정지 상태의 우주선 고유길이는 50 m이고 창고의 고유길이가 40 m이므로 우주선을 창고에 넣을 수 없다. 그러나 우주선이 지표면에 수평하게 $0.8c$의 속력으로 비행하는 모습을 바라보는 갑돌이의 관점에서는 우주선의 길이가 30 m로 짧아지므로 우주선을 창고에 충분히 넣을 수 있다는 결론을 내린다. 그러나 갑순이 입장에서 되짚어보면 문제가 꼬인다. 갑순이에게 창고가 $-0.8c$의 속력으로 다가오고 있는 것으로 보이므로 갑순이도 당연히 창고의 길이가 줄어들었다고 생각할 수도 있는 것 아닌가? 대칭성 관점에서 모순이 발생한다. 이것이 소위 사다리 역설 ladder paradox[22]이다. 이 역설을 상대성이론의 동시성 관점에서 해석해 보자. 우주선을 창고에 넣을 수 있다는 뜻은 우주선이 창고의 내부에 있는 상태에서 창고의 앞쪽과 뒤쪽 문을 동시에 닫을 수 있다는 뜻이다. 그래서 날아가고 있는 우주선이 창고 내부에 있는 순간 창고의 두 개 문을 닫을 수 있다면, 우주선을 창고에 넣었다고 표현할 수 있다. (a)의 경우 갑돌이 기준계에서는 우주선이 운동하고 있으므로 길이가 30 m로 수축되어 40 m 길이의 창고에 문제 없이 들어갈 수 있다. 그런데 (b)와 같이 창고가 $-0.8c$ 의 속도로 다가오는 갑순이 기준계에서는 창고의 길이가 24 m로 짧아진 것처럼 보인다. 그러나 이 경우에 지구의 갑돌이가 창고의 두 문을 동시에 닫고 여는 사건이, 갑순이에게는 앞쪽 문이 닫혔다가 다시 열리고 나면 뒤쪽 문이 닫히고 열리는 사건이 된다. 즉 창고 문이 열리고 닫히는 사건이 순차적으로 관측된다는 점을 유의해야 한다. 동시성 문제를 고려하면 갑순이도 우주선이 창고 내부에 들어있는 시점에 두 문을 닫을 수 있었다는 갑돌이의 주장에 동의할 수 있다. 이 사다리 역설 문제도 동시성 문제로 이해하는 것보다 절대 시공간을 기준으로 설명하면 간단하다. 절대 시공간에 대해 운동하는 사람은 갑순이이고 갑돌이는 지구에 정지해 있다. 쌍둥이의 운동에 대한 대칭성은 운동의 절대기준인 시공간에서 적용되지 않는다. 따라서 $0.8c$의 속도로 날아가는 갑순이의 우주선 길이가 지구에 있는 갑돌이에게 짧게 보인다.

뉴턴의 관점에서는 운동의 절대적인 기준이 되는 절대공간과 절대시간이 존재한다. 반면 아인슈타인의 상대론적 관점에서는 동시성이 운동 상태에 따라 바뀌며 심지어 시간 지연효과도 발생한다. 그렇다면 상대론적으로 운동 상태를 결정하는 절대기준이 없는 것인가? 아니다. 이미 시공간 그래프를 통해 확인한 바와 같이 4차원 시공간이 운동의 절대기준이다. 시공간에 대해 운동하는 물체는 절대적으로 운동하며, 시공간에 정지한 물체는 절대적으로 정지하는 것이다. 시공간을 운동의 절대기준으로 받아들이면 쌍둥이 역설의 근거가 되는 갑순이가 바라본 갑돌이의 운동과 갑돌이가 바라본 갑순이의 운동 사이의 대칭성은 존재하지 않는다. 절대 시공간의 틀로 보면 갑순이만이 운동하고 있다. 쌍둥이 역설은 절대 시공간을 도입하는 순간 더는 고려대상이 되지 않는다. 사다리 역설 또한 절대적 시공간에서 쌍둥이 역설과 같은 논리로 해석하면 간단하다. 뉴턴의 절대 공간과 절대 시간은 상대론적 절대 시공간으로 대체된다.

아인슈타인의 시간

흥미로운 질문 하나를 더 던져보자. 지금 우리가 보고 있는 모습이 과연 현재일까? 밤하늘에 영롱히 빛나는 별들은 현재 이 시점에도 존재하는가? 밤하늘을 쳐다보면 달과 별들이 빛난다. 지구와 태양 사이의 거리는 약 1억 5천만 km다.[23] 빛의 속도가 초속 30만 km이므로 태양에서 출발한 햇빛은 8분 20초가 지나야 지구에 도달한다. 하늘에 떠 있는 태양의 모습은 8분 20초 전의 태양 모습이지 태양의 현재 모습은 아니다. 밤하늘의 반짝이는 별은 태양보다 훨씬 더 멀리 떨어져 있으므로 우리가 바라보고 있는 별은 수 억 년 전에 별을 떠난 과거의 모습이다. 이렇게 우리의 현재는 각기 다른 과거 시점에서 출발한 신호들을 내가 현재로 인식하는 것에 불과하다. 그렇다면 우리가 현재라고 부르는 '현재'는 진정한 의미의 현재가 아니라 다른 시점의 과거들이 혼재해 있는 것이다. 귀로 듣는 소리는 어떤가? 마찬가지로 소리도 초속 340 m 정도의 음속으로 전파되므로 지금 듣고 있는 온갖 소리도 과거의 어느 시점에 발생한 압력파의 흔적에 불과하다.

시간의 구성 요소인 과거, 현재, 미래 중에서 존재할 수 있는 것은 오직 현재라고 했는데 엄밀히 말하면 그 현재마저 과거의 흔적들이며 그것도 다양한 과거가 섞여 있는 것이다. 뉴턴이 주장한 보편적인 절대적 시간은 누구에게나 똑같이 적용되어야 마땅하다. 뉴턴에 따르면 지구에 사는 내가 느끼는 지금 이순간과 우주 저 멀리에 있을 수 있는 외계 생명체가 느끼는 이순간이 같아야 한다. 하지만 내가 찍은 우주의 모습과 외계 생명체가 찍은 스냅사진을 비교해 보면 똑같은 우주의 모습이 아니다. 물론 우주 전체의 모습을 스냅사진으로 찍을 수는 없지만, 우주 사진에서 서로 겹치는 부분만 추려서 비교한다고 하더라도 우주 저편의 다른 생명체가 찍은 사진에서 찾아볼 수 있는 별빛이 지구로 다가오는 시간 동안 수명을 다하고 없어져 내가 찍은 사진에는 담겨있지 않을 수 있다. 다른 생명체의 지금에 들어있는 내용이 나의 지금에는 포함되어 있지 않다. 그렇다면 보편적인 절대 시간의 가정은 잘못된 것이다. 또 특수상대성이론에 따르면 동시성 문제는 관측자의 운동 상태에 따라 변하므로 절대적 시간은 존재하지 않는다고 보는 것이 타당하다.

아인슈타인의 표현대로 "과거, 현재, 미래는 인간의 뇌리에 끈질기게 머물러 있는 환영에 불과하다."[24] 아인슈타인은 진정 존재하는 것은 시간과 공간을 하나로 합쳐 놓은 시공간이라고 생각했다. 그림 4.10과 같이 절대 시공간에 모든 사건이 각인되어 있다고

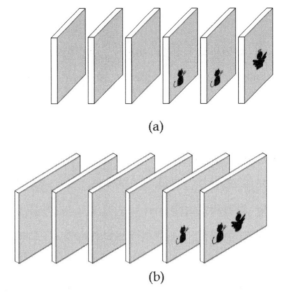

그림 4.10 악마가 무대에서 사라진 후 천사가 등장하는 연극의 한 장면이다. (a) 객석에 앉아 있는 관객은 악마가 무대를 떠난 후 천사가 나타나 독백하며 등장하는 장면을 바라본다. (b) 우주선에 탑승한 우주인이 우연히 연극 무대를 지나가면서 바라본 연극장면인데 우주인은 악마와 천사가 무대 위에서 서로 대화하는 모습을 본다.

가정해 보자. (a)는 객석에 앉아 연극을 관람하는 관객이 악마가 등장하면서 독백하고 무대를 내려온 후 천사가 나타나 악마를 찾는 장면을 바라본 것이다. 한편 (b)는 우연히 우주선에 탑승해 공연장을 지나던 우주인이 연극을 바라본 장면인데 우주인은 악마와 천사가 동시에 무대에서 대화를 나누는 연극장면을 본다. 이미 자세히 논의한 상대론의 동시성 문제를 고려하면 현재의 모습은 운동하는 관측자에게 다르게 보인다. 어떤 관측자의 관점에서 사라져 없어진 과거와 현재가 운동하는 다른 관측자에게는 모두 현재로 보인다. 사라져 없어졌어야만 하는 과거가 다른 관측자에게 현재로 보인다는 뜻은 '과거는 사라져 없어진다'라는 우리의 고정관념이 틀렸다는 것을 의미한다. 미래는 아직 도래하지 않았고 과거는 사라져 없어진다는 가정도 무너진다. 상대론적 시간개념에 따르면 그림 4.10과 같이 단지 시공간에 새겨진 사건들이 존재하고, 우리는 운동 상태에 따라 각기 다른 모습을 바라볼 뿐이다.

상대론적 시공간의 개념은 우리의 경험이나 직관에 반한다. 시공간 속에 각인된 사건들에서 어떻게 변화가 일어난단 말인가? 변화란 시간의 진행과 함께 일어나는 사건의 연속이며, 변화를 통해 시간의 흐름을 측정할 수 있다. 시간의 단면에서 어찌 변화를 논할 수 있을까? 하지만 아인슈타인의 관점에서 보면, 시간의 속성은 끊임없이 흐르는 강물이라고 하기보다는 모든 순간이 시공간에 한꺼번에 새겨져 있는 것이라고 이해하는 것이 더욱 타당하다. 아인슈타인 자신도 인간이기에 온몸으로 체험하는 시간의 개념을 던져버리고 이러한 해괴망측한 얼어붙은 시공간을 받아들이기 힘들어했다. 아인슈타인도 지금 경험하고 있는 것이 과거나 미래와 근본적으로 다르다는 것을 온몸으로 뼈저리게 느꼈다. 하지만 그는 물리학으로 과거와 현재의 차이점을 밝힐 수는 없었다. 21세기에 이르도록 시간에 대한 현대물리학의 이해도 혼란스럽기는 마찬가지이다.

어딘가 몹시 불편하다. 인간의 무지 때문에 시간의 본질을 이해하지 못하고 있는 것일까? 아니면 시간은 인간이 만들어낸 인위적인 개념이어서 물리학의 법칙으로 설명하지 못하는 것일까? 시간의 존재는 너무나 미스터리한 것이어서 현재로서는 그 불가사의한 모습을 그저 바라보는 것으로 만족해야 할 것 같다. 미래에 인류가 시간의 신비로움을 이해할 수 있는 날을 손꼽아 기다려 본다. 다시 용기를 내어 인간의 무지함, 그리고 현대물리학의 한계를 한탄하는데 머물지 않고 그래도 우리가 이해할 수 있는 범위 내에서 시간의 모습을 조금 더 알아보기 위해 노력하자.

4.4 | 양자물리학의 세계

미시적 양자 세계에서는 입자가 파동이고 파동이 입자인 이중성이 성립한다. 기존의 직관을 완전히 무너뜨리는 양자물리학의 세계를 받아들여야 한다.

파동과 입자의 이중성

고대 그리스인들은 "빛은 과연 무엇인가?"를 진지하게 고민하였다. 기원전 5세기 그리스 철학자 엠페도클레스는 "삼라만상은 불, 공기, 물, 흙, 이렇게 네 원소로 구성되었다"라고 주장했다. 엠페도클레스는 미와 사랑의 여신인 아프로디테가 네 원소로 사람의 눈을 만들어 눈에 불을 붙였고, 눈에서 나오는 빛으로 사물을 비추어 볼 수 있다고 믿었다. 기원전 300년경에 이르러 유클리드는 '빛은 직진한다고 가정하고, 눈에서 나온 광선이 물체에 어떻게 부딪히는가에 의해 물체의 시각적 특성이 결정된다'라는 내용을 그의 저서 「광학 Optica」에 담았다. 이후 18세기까지 2000년도 넘는 오랜 시간 동안 '빛은 직진하는 입자'로 취급했다. 빛을 입자로 간주하는 이론으로는 빛의 굴절, 회절과 같은 현상을 제대로 설명할 수 없었기 때문에 데카르트는 "빛은 밀도가 낮은 매질보다 밀도가 높은 매질에서 더 빨리 이동한다"라고 가정하고 빛의 굴절 이론을 발표했다. 음파인 소리의 경우 공기보다 딱딱한 수도관을 따라 퍼져나갈 때 더 빨리 전파된다. 데카르트는 빛도 음파와 같은 방식으로 거동을 한다고 생각하여, '빛을 밀도가 높은 매질에서 속도가 높다'라는 잘못된 가정을 세웠다. 그의 이론과는 반대로 실제 상황에서 빛은 밀도가 낮은 매질에서, 즉 진공에서 더 빨리 이동한다. 그럼에도 불구하고 데카르트의 연구는 현대 물리 광학의 시발점이 되었다고 할 수 있다. 호이겐스도 빛의 파동성에 관해 연구했는데 빛은 에테르라고 불리는 매질에서 일련의 파동으로 사방으로 방출된다고 제안했다. 호이겐스는 데카르트의 가정을 수정하면서 "파동은 밀도가 더 높은 매체로 진입할 때 속도가 느려진다"라고 생각했다.

한편 절대 공간의 존재를 주장한 뉴턴은 "텅 비어있는 공간은 존재하지 않고 플레넘으로 가득 차 있다"라고 주장한 데카르트를 반대했기 때문에 당연히 빛의 입자성을 선호했다. 뉴턴은 빛은 입자이며 광원에서 사방으로 방출된다고 생각했다. 뉴턴은 빛의 입자성을 "입자는 직진하는 반면, 파동은 장애물을 돌아서도 전파되므로 직진하는 빛의 성질은 빛의 입자성에 기인한다"라고 설명했다. 빛이 입자라고 굳게 믿었던 뉴턴이 전형적인 파동의 성질인 간섭 효과를 이용한 뉴턴 링을 직접 제작하여 광학 실험을 했다는 점은 아이러니다. 뉴턴 이후 과학계는 그의 권위에 눌려 대체로 빛의 입자성을 받아들였지만 "빛이 파동이다"라는 학설도 꾸준히 제기되었다. 1800년에 이르러 영이 빛의 회절 실험은 빛이 파동이어야만 이해할 수 있다는 점을 분명하게 지적했다. 1821년 프레넬도 빛의 편광 현상을 수학적으로 설명하면서 빛의 파동성을 뒷받침하는 연구 결과를 발표했다. 이로써 뉴턴이 주장한 빛의 입자성을 버리고 점차 빛의 파동성에 동조하는 사람이 늘어갔다. 1865년 맥스웰은 암페어의 법칙과 패러데이 법칙을 조합하여 전자기파의 파동방정식을 유도하고 전자기파의 속도를 계산하니, 전자기파의 속도가 빛이 진공에서 전파되는 속도와 정확히 일치한다는 것을 발견했다. 맥스웰은 의심의 여지 없이 '빛은 전자기파의 일종'이라고 선언했다. 빛이 입자인지, 아니면 파동인지에 대한 오랜 논쟁의 종지부를 지었다고 생각한 19세기 당시 물리학자들은 파동인 빛의 매질을 찾는 작업에 착수했다. 이미 논의한 바와 같이 빛의 파동성을 입증할 것으로 기대한 에테르를 확인하고자 했던 마이켈슨-몰리 실험은 실패로 끝났다.

1887년 헤르쯔는 자외선을 금속의 표면에 쪼이면 전자가 튀어나오는 광전효과

photoelectric effect 실험을 체계적으로 수행했다. 자외선에 의해 금속 표면에서 방출되는 광전자의 운동에너지는 $E_e = hf - W$로 주어지는데 여기서 f는 금속 표면에 입사되는 빛의 진동수이고, W는 금속의 일함수 workfunction다. 광전효과의 실험 결과를 당시까지 알려졌던 고전적 전자기 이론으로는 도저히 설명할 수 없었다. 고전물리학적 예측에 의하면 전자기파의 에너지는 빛의 세기에 비례해야 한다. 금속에 묶여있던 전자는 입사되는 전자기파로부터 에너지를 얻어 금속에서 탈출하므로 당연히 입사 광선의 세기가 강할수록 방출되는 전자의 운동에너지가 커져야 한다. 그런데 놀랍게도 실험 결과는 방출되는 전자의 운동에너지는 빛의 세기가 아닌 진동수에 정확히 비례한다. 고전물리학의 한계가 분명하게 드러난 셈이다. 1905년 아인슈타인은 광전 효과를 성공적으로 설명하는 "Über einen die Erzeugung und Verwandlung des Lichtes betreffenden heuristischen Gesichttspunkt"라는 제목의 논문[25]을 발표하고, 그 업적을 인정받아 1921년 노벨물리학상을 받았다. 아인슈타인은 그의 1905년 논문에서 플랑크의 양자화 개념을 전자기파에 확장하여 진동수가 f인 전자기파를 오늘날 '빛 알갱이'란 뜻의 '광자 photon'라 부르는 양자의 한 부류로 취급했다. 이렇게 빛을 양자의 일종으로 취급한 아인슈타인의 모형은 광전효과를 완벽하게 설명했다.

또 20세기 초 물리학자들은 X선과 물질의 반응에 관한 다양한 연구를 진행했다. X선을 대전된 입자에 쪼여주면 입자에 의해 산란된 X선의 파장이 입사되는 X선의 파장과는 다르게 변한다. 이렇게 X선의 파장이 변하는 현상을 고전적인 파동 이론으로 설명할 수 없었는데 1923년 미국의 물리학자인 콤프턴이 이론적으로 설명했다. 콤프턴[26]은 X선을 운동량이 h/λ인 입자로 취급하는 모형을 채택하고, 대전된 입자와의 상호작용에서 X선이 에너지를 잃는 비탄성산란 과정이라고 설명했다. 광전효과와 콤프턴 효과는 빛과 물질이 상호작용할 때, 빛이 에너지가 hf이고 운동량이 h/λ인 입자라는 분명한 증거를 제공한다. 마치 빛이 입자의 성질을 가지고 있는 것이 분명해 보였다. 맥스웰의 "빛은 수학적으로 입증된 파동이다"라는 주장이 위기를 맞았다. 빛의 입자성이 다시 부각 되었다. 그렇다면 빛은 파동일까? 또는 입자일까? 오래된 논쟁이 다시 시작되는 것일까? 아니면 빛이 이중적 본성을 가지고 있는 것일까? "빛은 파동인 동시에 입자로 이중성을 가진다"라고 해석해야 한다.

1923년 프랑스 젊은 물리학자인 드브로이[27]가 자신의 박사학위 논문에서 '빛은 파동과 입자적 성질을 동시에 가지는 것과 마찬가지로 모든 물질 또한 입자와 파동의 두 가지 성질을 모두 가진다'라는 물질파 matter wave 가설을 주장했다. 드브로이에 의하면 질량

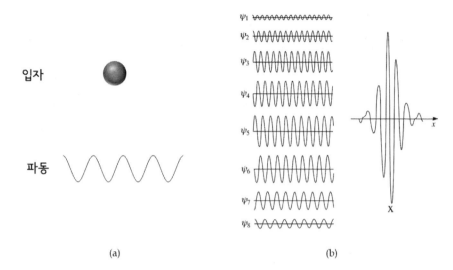

입자

파동

ψ_1
ψ_2
ψ_3
ψ_4
ψ_5
ψ_6
ψ_7
ψ_8

X

x

(a)   (b)

그림 4.11 (a) 전형적인 입자와 파동의 표현. 공 모양으로 그린 유한한 크기의 입자는 일정한 공간을 점유하고 있지만, 파동은 시간이 지나면서 공간에 퍼져나간다. (b)처럼 ψ_1에서 ψ_8까지의 파동을 더하면 일정한 공간에 모여 있는 파동을 만들 수 있다. 이러한 파동의 형태를 파속이라 부르는데 파속은 파동이지만 일정한 공간만을 점유하는 입자의 특성도 가진다.

이 m이고 속력이 v인 운동량이 $p = mv$인 입자의 물질파 파장은 $\lambda = h/p$이다. 또 드브로이는 아인슈타인의 관계식인 $E = hf$를 적용하여 물질파의 진동수는 $f = E/h$라고 했다. 20세기 초 과학계는 빛이 파동과 입자의 성질을 가지고 있듯이 물질도 입자와 파동의 성질을 갖고 있다는 드브로이의 제안을 단순한 가설로 받아들였다. 하지만 데이비스와 저머는 니켈 표적에 전자를 산란시키는 실험을 하던 중 우연한 기회에 드브로이 물질파의 존재를 확인한다. 데이비슨[28]과 거머는 단결정 니켈에 충돌한 전자가 특정 각도에서 최대와 최소 세기로 산란하는 현상을 발견했다. 전자가 단일 결정 표적에 의한 산란실험을 반복했는데 매번 실험 결과는 전자의 파동성을 전제해야만 이해할 수 있었다. 드디어 드브로이의 물질파 가설이 실험으로 검증되었다.

우리는 입자와 파동을 직관적으로 구별할 수 있다고 생각한다. 입자와 파동의 가장 큰 차이점은 그림 4.11의 (a)에서처럼 입자는 자신의 크기만 한 일정한 공간을 점유하고 특정 장소에 존재하지만 반면 파동은 시간이 지나면서 사방으로 퍼져 전파되므로 파동이 점유하는 장소는 점점 넓어진다. 잔잔한 호수에 돌을 던져 물결을 일으키면 물결파는 시간이 지나면서 넓게 퍼져나가는데 이 모습을 상상해보면 쉽게 이해할 수 있다. 파동은 입자의 성질을 가지고 있고 입자도 파동의 성질을 가지고 있다는 드브로이 물질파를 받아들인다 하더라도, "공간에서 퍼져나가는 파동과 일정한 크기를 차지하고 있는

입자 모습을 어떻게 상호 모순 없이 연결해서 이해할 수 있을까?"라는 질문에 대답해야 한다. 우선 전자기 복사를 입자인 광자라고 취급해 보자. 단위 부피당 광자 하나를 찾을 수 있는 확률은 단위 부피에 존재하는 광자의 수에 비례한다. 단위 부피당 광자의 개수는 전자기파의 세기에 비례하는데 고전적으로 전자기파의 세기는 전자기파 크기의 제곱에 비례한다. 따라서 전자기 복사에서 단위 부피당 광자를 찾을 확률은 전자기파 크기의 제곱에 비례한다. 전자기파의 파동성과 입자성의 이중성에 따라 물질 입자에 대해서도 똑같은 비례 법칙이 성립해야 한다. 그래서 입자를 찾을 수 있는 확률은 파동의 제곱에 비례한다. 드브로이 물질파는 일반적으로 복소수 함수이기 때문에 파동함수 ψ는 측정 가능한 물리적인 양이 아니다.[29] 드브로이 물질파를 파동함수로 표현하면 이 입자를 발견할 확률은 $P(x)dx = |\psi|^2 dx$ 로 주어진다. 즉 파동함수의 제곱은 그 입자를 찾을 수 있는 확률이 된다. 이로써 물질파와 입자의 연결고리를 찾았다. 이제 주어진 입자는 특정 공간에 존재하므로 공간에 고루 퍼져있는 파동이 아닌 특정 위치에 모여 있는 파동을 만드는 문제만 남았다. (b)처럼 ψ_1에서 ψ_8까지 파동을 더해보면 일정한 영역에만 모여 있는 파동이 만들어지는데 이렇게 특정 영역에 모여 있는 형태의 파동을 파속 wavepacket이라 부른다. 파동과 입자의 이중성을 가지고 있는 양자 물질을 파속으로 표현하자. 이제 파속을 제곱하면 그 입자를 찾을 수 있는 확률이 되므로, 파속은 특정 장소에서만 매우 높은 확률로 발견된다.

이미 제 1장에서 논의한 흑체복사 문제와 함께 광전효과, 그리고 콤프턴 효과는 전자기파를 에너지 알갱이로 취급해야 한다는 사실이 분명해졌고 고전물리학의 한계가 드러났다. 드브로이 물질파가 실험으로 입증되어 입자와 파동의 이중성을 인정해야 했다. 파동과 입자의 이중성을 지닌 모순적 상황을 파속이라는 수학적 개념을 도입하여 해결하는 방안도 강구되었다. 입자와 파동의 이중성은 자연의 본질이므로 자연의 이종동체를 만드는 임무를 지닌 물리학은 당연히 이중성을 받아들여야 하는 시점이 되었다. 이와 같이 19세기 말에서 20세기 초에 이르는 역사적 배경 속에서 쿤의 「과학혁명의 구조」가 말하는 정상과학의 지위를 누리던 고전물리학 체계의 변칙사례가 차곡차곡 쌓여 심각한 위기를 맞이했다.

그 위기를 탈출하기 위한 모델혁명으로 양자물리학이 제안되었고, 양자물리학이 패러다임의 변화과정을 거치며 새로운 정상과학으로 자리 잡았다. 새로운 이론인 양자물리학을 위한 어떠한 비법이나 영역적 또는 귀납적 왕도도 없었다. 오직 집단지성의 창의성과 지적인 예측만 유용했다.

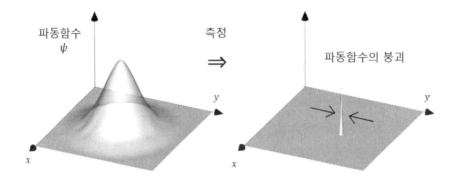

그림 4.12 파동함수의 제곱은 입자를 특정 장소에서 찾을 수 있는 확률밀도를 의미하는데 측정 전의 파동함수는 일정한 영역에 퍼져있는 종의 모양이다. 측정을 통해 입자를 확인했으므로, 해당 입자는 특정 위치에만 존재하게 되어 파동함수는 바늘 모양으로 변한다. 측정을 통해 파동함수의 모양이 급속히 변하는 현상을 파동함수의 붕괴라고 한다.

파동함수, 확률밀도, 그리고 측정

'전자기파는 입자의 성질을 가지고, 반대로 입자도 파동의 성질을 가진다'는 신기한 현상을 전자의 산란실험을 통해 확인할 수 있다. 입자와 파동의 이중성을 조화롭게 연결하기 위해서 확률이라는 개념을 이용하면 된다. 양자물리학에서는 파동함수wave function 또는 확률 파동probability wave이라는 개념을 도입하는데 파동함수의 수학적 의미는 양자역학의 기초가 되는 슈뢰딩어 방정식Schrödinger equation의 해解이고 입자의 양자 상태에 대한 정보를 담고 있는 복소수 함수이다. 이제 드브로이가 제안한 "물질파도 파동함수로 표현하면 되는데 개별 입자가 파동적 성질도 가지고 있다"는 물질파의 정체는 과연 무엇인가? 파동함수는 복소수이므로 측정할 수 없어 물리적 의미를 갖지는 못한다. 하지만 보른Max Born[30]의 해석에 따르면 파동함수의 제곱[31]은 입자가 특정 장소에 존재하는 확률밀도probability density를 나타내고 실질적으로 측정 가능한 물리량이다. 확률밀도라는 개념을 도입한 보른의 해석은 물리학을 이해하는 방식을 근본적으로 바꾸었다. "공간의 한 지점에서 주어진 파동함수의 크기는 그 장소에서 입자를 발견할 수 있는 확률에 비례한다"라는 것이 보른의 해석이 의미하는 핵심이다.

그림 4.12와 같이 파동함수는 주어진 장소에서 입자를 찾을 수 있는 확률에 비례하므로, 측정 이전의 파동함수는 종의 모양으로 주로 일정한 영역에 분포한다[32]. 하지만 입자의 위치를 측정으로 확인하고 나면, 그 입자를 찾을 확률은 입자가 발견된 장소에서는 1이 되고, 나머지 영역에서는 0으로 변한다. 이처럼 측정을 통해 파동함수의 모양이

급속히 변한다고 생각해야 하고, 이러한 현상을 '파동함수의 붕괴 wave function collapse'라 부른다. 파동함수에 확률적 의미를 부여한 보른의 해석이 옳은지를 확인하는 방법은 없겠는가? 우선 주어진 조건에서 슈뢰딩어 방정식을 풀어 파동함수를 계산하고, 전자의 위치를 측정하는 실험을 반복하면 된다. 고전물리학에 따르면 똑같은 초기조건으로 실험을 반복하면 항상 같은 결과를 얻어야 하지만, 똑같은 초기조건으로 전자의 위치를 측정하는 실험을 해보면 측정할 때마다 전자는 조금씩 다른 위치에서 발견된다. 즉 첫 번째 실험에서 전자를 발견한 위치와 두 번째 실험에서 전자를 발견한 위치는 같지 않다. 보른의 해석에 따르면 전자가 한 장소에서 발견되는 횟수 즉 확률밀도는 파동함수의 크기에 비례하므로 전자를 발견한 횟수와 슈뢰딩어 방정식을 풀어서 얻은 해인 파동함수의 크기를 비교해 보면 양자물리학의 확률적 해석 방식을 검증할 수 있다. 양자물리학의 이론값과 실험 결과의 일치도는 너무나 확실하고, 또 실험 결과가 단 한 번도 이론적 예측에서 벗어난 적이 없다. 그림 4.12의 파동함수가 일정한 영역에서만 0이 아닌 유한한 값을 가지고 그 밖의 영역에서는 금방 0으로 사라지는 것처럼 보이지만 실제로는 비록 크기가 엄청 작다 하더라도 파동함수는 우주 전역에 걸쳐 퍼져있다. 보통 기본입자인 전자를 한 점에 존재하는 점입자 point particle로 취급하지만 전자가 발견될 가능성은 우주 어느 곳에서나 0이 아닌 값으로 엄연히 존재한다는 믿기 힘든 사실도 기억해야 한다.

양자물리학의 파동함수는 관측결과와 정확히 일치한다는 사실이 지난 90년간 수없이 반복적으로 재확인되었다. 그러나 우리는 아직 파동함수의 실체에 대해서 확실하게 알지 못한다. 현재로는 파동함수가 입자 자체를 의미하는 것인지, 또는 입자에 관한 정보만 담고 있는 간접적인 실체인지, 아니면 슈뢰딩어 방정식의 해로써 수학적인 양에 불과한 것인지조차 판단할 수 없다. 그렇지만 분명한 사실은 파동함수가 너무나도 정확하게 실험 결과를 기술하고 있으며, 단 한 번도 우리를 실망시킨 적이 없다는 사실이다. 파동함수의 본질이 무엇이든지 그것은 비록 본질적이거나 완전하지는 않지만, 매우 유용한 양자 세계의 이종동체임은 분명하다. 양자물리학에서 말하는 확률은 우리가 일상적 생활에서 접하는 확률과 사뭇 다른 특성을 가진다. 모든 초기조건을 알고 있고 최고의 계산 능력을 자랑하는 라플라스 계산기를 동원한다고 해도 양자 세계에서 우리가 얻을 수 있는 정보는 오직 확률뿐이다. 확률에 기초하는 양자물리학은 기존의 고전물리학과 분명하게 구별된다. "신은 주사위 놀이를 하지 않는다"라는 유명한 말로 확률적 진술만이 가능하다는 양자물리학을 폄훼했던 아인슈타인도 양자물리학이 미시세계를 정확

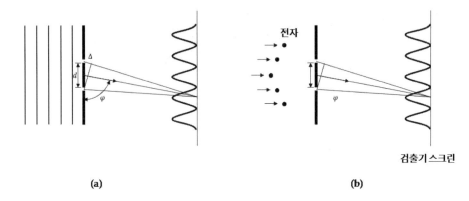

(a)   **(b)**

그림 4.13 (a) 영의 간섭 실험. 두 개의 슬릿을 통과한 빛이 스크린에 도달하는 경로의 차이 Δ가 입사하는 빛의 파장에 정수배인 $n\lambda(n = 0,1,2,...)$가 되면 밝은 띠가 생기고, 경로차가 $(n+1/2)\lambda(n = 0,1,2,...)$되면 어두운 띠가 생긴다. (b) 똑같은 에너지를 가지는 전자들이 슬릿을 통과하여 검출기 스크린에 도착하는 경우에도 간섭무늬를 뚜렷이 확인할 수 있다.

하게 기술한다는 점은 인정했다. 하지만 그는 양자물리학이 우주를 설명하는 궁극의 이론이 아니라 그저 유용한 이론에 불과하다고 주장했다.

1927년 10월 브뤼셀에서 열린 제5차 솔베이 학회는 '전자와 광자'를 주제로 다루었다. 역사적으로 유명한 제5차 솔베이 학회에 참석한 29명 중에는 19명의 노벨 물리학상 수상자가 포함되어 있었으니, 당대의 최고 물리학자들이 제5차 솔배이 학회에 총출동한 셈이다. 아인슈타인은 이 학회에서 "전자의 파동함수가 아무리 넓은 영역에 걸쳐 분포한다고 하더라도, 전자의 위치를 측정하면 항상 하나의 정확한 값으로 결정된다. 그렇다면 파동함수는 궁극적 실체가 아니라 더욱 정확한 서술법을 찾는 과정에서 우연 또는 필연적으로 마주치는 과도기적 개념일 수도 있다. 파동함수로 전자의 위치를 기술하는 양자물리학은 전자의 물리적 실체를 알지 못한다는 뜻이므로, 양자물리학은 궁극의 이론이 될 수 없다"라고 했다.

전자의 간섭 실험

영의 간섭 실험에 기초해 전자의 파동-입자 이중성을 분명하게 드러내는 이중 슬릿 실험을 살펴보자. 그림 4.13의 (a)와 같이 영의 간섭 실험에서는 빛이 이중 슬릿을 통과하고 스크린에 도달하면 밝고 어두운 띠가 반복되는 간섭무늬를 만든다. 위쪽 슬릿과 아래쪽 슬릿을 통과해 스크린에 도달하는 빛의 경로 차이가 $\Delta = n\lambda(n = 0,1,2,...)$에 해

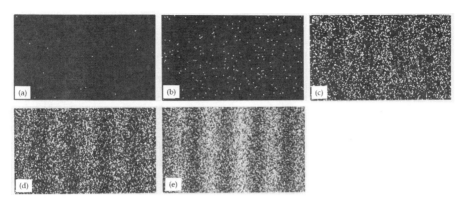

그림 4.14 전자 간섭 실험 결과. 시간이 흐름에 따라 검출기 스크린에 도달하는 전자의 개수가 증가하면 (a)-(e)처럼 점차 간섭무늬가 뚜렷하게 나타난다.

당하는 위치에서는 밝기가 최대가 되고, $\Delta = (n+1/2)\lambda (n = 0,1,2,...)$가 되면 밝기는 최소가 된다. 영의 간섭 실험은 빛의 파동성을 더는 의심할 수 없게 입증하는 것으로 뉴턴이 주장한 빛의 입자성에 회복할 수 없는 치명타를 날렸다.

이번에는 (b)와 같이 영의 간섭 실험과 똑같은 실험을 하는데 빛 대신 에너지가 같은 전자들을 평행하게 입사시켜 보자. 전자들은 위쪽과 아래쪽의 좁은 슬릿을 통과해서 검출기 스크린에 도달한다. 전자가 파동성을 가지고 있다면 스크린에 뚜렷한 전자의 간섭 무늬가 관찰될 것이다. 전형적인 입자라고 생각했던 전자도 이중 슬릿을 통과하면 파동과 마찬가지로 간섭무늬를 만든다는 이 실험 결과로 "전자도 파동성을 가진다"라는 사실을 확인했다.

1961년에 독일의 물리학자 웬손 Claus Jönsson은 입사하는 전자 빔의 세기를 극단적으로 낮추어 단일 전자 버전의 이중 슬릿 실험을 했다. 웬손은 하나의 전자가 이중 슬릿을 통과해 스크린에 도달한 이후로부터 시간이 한참 흐르고 난 후 다음 전자가 입사되도록 전자 빔의 강도를 충분히 낮추었다. 상식적으로 생각하면 전자는 위쪽 슬릿을 통과하든지, 아니면 아래쪽 슬릿을 통과하여 스크린에 도달한다. 스크린에 도착한 첫 번째 전자는 다른 슬릿을 통과해 도달하는 두 번째 전자를 만날 수 없어 당연히 간섭무늬는 나타나지 않는다고 기대해야 한다. 하지만 놀랍게도 웬손의 실험에서도 스크린에 도달하는 전자의 개수가 충분히 많아질 때까지 기다려 보면 흥미롭게도 전자의 간섭무늬가 뚜렷하게 나타났다. 그림 4.14의 (a)-(e)는 단일 전자의 이중 슬릿 간섭 실험의 시뮬레이션 결과이다. 전자들이 이중 슬릿을 통과해서 스크린에 도달하는 모습을 보여준다. 시간이

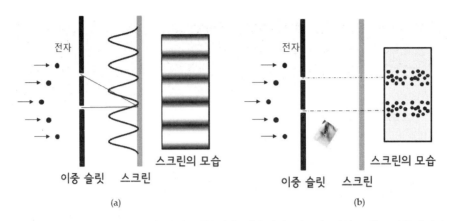

전자

이중 슬릿　　스크린　　　스크린의 모습

(a)

전자

이중 슬릿　　스크린　　　스크린의 모습

(b)

그림 4.15 전자의 이중 슬릿 간섭 실험. (a) 관측자가 없으면 간섭무늬는 만들어진다. (b) 전자가 아래쪽 슬릿을 통과하는지를 관측하면 전자는 간섭무늬를 만들지 않는다. 관측자가 위쪽 슬릿을 관찰하는 경우도 마찬가지이다.

흐르면 전자들이 스크린에 만드는 간섭무늬가 뚜렷하게 나타난다. 웬손이 실시한 단일 전자 간섭 실험이 가지는 의미가 분명해졌는데, 전자는 자기 자신 스스로와 간섭을 했다는 것이다. 전자가 자기 자신과 간섭했다는 뜻은 전자가 위쪽 슬릿과 아래쪽 슬릿을 동시에 통과해서 스크린에 도달한다는 의미가 되는데 이것이 말이 되는 소리인가? 만약 누군가가 "방금 버스의 앞문으로 승차한 나와 뒷문으로 승차한 내가 만나 서로 악수를 나누었다"라고 말한다면, 누구나 "너 미쳤냐?"라고 반응할 것이다. 하지만 양자의 세계에서는(비록 믿기가 정말 힘들지만) 전자는 위쪽 슬릿을 통과한 자신과 아래쪽 슬릿을 통과한 자신이 만나 간섭무늬를 만든다.

　한 걸음 더 나아가 그림 4.15는 전자의 이중 슬릿 간섭 실험인데 (a)에는 전자의 경로를 확인하는 관측자가 없고 (b)에는 관측자가 전자가 어느 슬릿을 통과하는지 확인하고 있다. 여기서 관측자의 역할은 단순히 전자가 어느 슬릿을 통과해 지나가는지 확인하는 것이다. 아래쪽 슬릿을 주시하고 있는 관측자가 전자를 확인했다면 전자는 아래쪽 슬릿을 통과한 것이고, 전자를 관측하지 못했다면 위쪽 슬릿을 통과한 것이다. 관측자의 측정과 파동함수 붕괴의 연관성을 생각해 보자. 우선 (a)처럼 관측자가 없는 경우에 전자는 위쪽 슬릿과 아래쪽 슬릿을 통과해서 스크린에 도달한다. 따라서 전자는 위쪽 슬릿과 아래쪽 슬릿을 통과한 자기 자신과 만나 간섭무늬를 만드는데 이는 웬손의 간섭 실험과 똑같은 상황이다. 하지만 관측자가 등장하여 전자의 위치를 측정하면 상황은 급변한다. 관측자의 측정 행위로 파동함수가 붕괴한다. 즉 아래쪽 슬릿을 주시하는 관측자가 전자를 확인하는 순간 전자가 아래쪽 슬릿에서 발견되는 확률이 100%가 되고, 전자가 위쪽 슬릿에 있는 확률은 0이 된다. 반대로 아래쪽 슬릿에서 전자를 측정하지 못했다면 전자는 위쪽 슬릿을 통과했기 때문에 위쪽 슬릿에서 발견되는 확률이 100%가 되고 전자가 아래쪽 슬릿에 있는 확률이 0이 된다. 따라서 관측자가 전자를 측정하면, 전자는 두 개의 슬릿 중에서 어느 하나의 슬릿 만을 통과하는 경로로 스크린에 도달해서 자신과 간섭할 파트너를 찾지 못한다. 결론적으로 관측자가 없으면 전자는 간섭무늬를 만들고 관측자가 전자의 위치를 측정하면 전자는 간섭무늬를 만들지 못한다.

자연스럽게 떠오르는 질문은 "전자가 어떻게 자신의 위치가 관측되었는지 알아채고 간섭무늬를 만들지 않는단 말인가?"이다. 우리가 관측을 통해 입자의 위치를 확인하는 순간 입자의 파동함수가 급격하게 변하는 파동함수의 붕괴가 일어난다. 관측 전에 넓은 영역에 걸쳐 분포하던 파동함수가 측정 순간에 하나의 관측값을 가지게 된다. 입자의 위치가 밝혀지는 순간 입자 위쪽 또는 아래쪽 슬릿에서 발견되는 확률이 100%가 되고 다른 곳에서 발견될 확률은 0이 된다. 이러한 파동함수의 붕괴를 기술하는 이론은 존재하지 않고, 또 그 구체적인 과정에 대해 어떤 암시도 없다. 양자물리학이 측정 결과와 매우 정확하게 일치하므로 파동함수가 붕괴한다는 해석을 아무런 비판도 없이 사용하고 있을 뿐이다. 편의상 도입한 개념인 파동함수의 붕괴는 어떠한 수학적이나 실험적인 방법으로 설명할 수가 없다. 측정 전의 파동함수는 우주 전역에 걸쳐 0이 아닌 유한한 크기를 가진다고 했는데 관측자가 측정하는 바로 그 순간 지구 반대편, 아니 우주 저편의 파동함수도 0으로 변해야 하는 것을 이해할 수 있는가?

양자물리학의 해석

'존재론적 실체와 측정'과 관련된 양자물리학의 해석에 관한 문제를 다루어야 할 시점이 되었다. 1927년 보어가 제시한 코펜하겐 해석은 양자물리학을 설명하는 다양한 해석 중에서 현재까지 널리 받아들여지고 있다. 코펜하겐 해석의 요지는 "측정 과정에서 발생하는 관측자와의 상호작용으로 파동함수가 붕괴해 발현될 수 있는 다양한 가능성 중에서 단 한 가지의 측정 결과로만 나타난다"라는 것이다. 보른에 따르면 파동의 본질은 입자가 어디서 관측될 수 있는지를 나타내는 확률 파동이다. 이러한 주장들을 종합해서 전자의 이중 슬릿 실험을 재해석하면, "관측자에게 측정되지 않고 스크린에 도착한 전자는 파동의 성질을 그대로 유지하고 있어 간섭무늬를 만들지만 관측자가 전자의 위치를 측정하고 나면 파동함수가 붕괴하여 일반적인 입자와 똑같이 거동하고, 따라서 간섭무늬는 만들어지지 않는다"라는 것이다. 코펜하겐 해석을 주도한 보어는 파동함수의 붕괴와 관련된 숨겨진 진실은 없다고 믿었다. 앞에서 물리학을 정의할 때 언급한 바와 같이 물리학의 연구대상은 측정 가능한 것에 한정되므로 물리학의 관점에서는 '측정 결과가 주어진 질문에 대한 최종 판결을 내리는 대법관'이다. 측정으로 양자적 파동함수가 가능한 모든 값을 포기하고 관측 장비에 측정되는 결과로만 자신을 드러내기 때문에 파동함수 붕괴의 내막을 따지는 일은 문제의 본질을 벗어난 것이다. 문제의 핵심은 측정에서 얻은 측정값이지, 측정 결과를 얻는 과정의 숨겨진 내막이 아니라는 뜻이다. 비록 '양자물리학이 정말로 유용하고, 또 양자물리학의 이론적 예측이 실험 결과와 기막히게 잘 일치한다'라는 점에서 보어의 주장에 동의할 수 있지만, 이렇게 성공적인 양자 이론이 사물의 실체를 장막에 숨겨놓고 있다는 주장에 선뜻 동의하기는 어렵다. 양자물리학의 파동함수와 관측행위의 실체를 파악하려는 노력은 너무나 당연하다.

1935년 슈뢰딩어는 아인슈타인과 양자물리학의 문제점에 대해 논의하는 과정에서 코펜하겐 해석의 확률적 해석이 불완전하다는 점을 지적하려는 의도로 소위 '슈뢰딩어 고양이 Schrödinger cat'라고 불리는 사고실험을 제안했다. 슈뢰딩어는 양자물리학을 일상생활에서 일어나는 사건에 대입하면 생기는 문제점을 드러내려고 사고실험의 대상을 미시적 입자가 아닌 거시세계의 고양이로 삼았다. 그림 4.16과 같이 외부 세계와 완전히 차단되고 내부를 들여다볼 수도 없는 상자에 고양이 한 마리, 방사성 물질, 방사능 검출기, 망치, 그리고 독가스가 든 유리병이 들어있다. 방사성 물질의 핵이 붕괴하여 방사선을 방출하면 방사선 검출기[33]가 탐지한다. 방사선을 탐지한 검출기가 신호를 보내면 망치가 작동해 유리병을 깨뜨린다. 깨진 유리병에서 독가스가 새어 나와 상자 안에 퍼지고, 독가스를 마신 불쌍한 고양이는 죽는다. 1시간 동안 방사성 물질의 핵이 붕괴하여 방사선을 방출할 확률은 50%다. 그렇다면 1시간 뒤 고양이는 살아있을까? 아니면 죽어 있을까? 고양이가 살아있을 확률은 50%이고 죽어있을 확률도 50%다. 코펜하겐 해석에 따르면 측정하지 않은 핵은 '붕괴한 핵'과 '붕괴하지 않은 핵'이 중첩된 상태에 있다. 관측자가 한 시간이 지난 시점에 상자 뚜껑을 열어보면 '붕괴하지 않은 핵과 살아있는 고양이' 또는 '붕괴한 핵과 죽은 고양이'를 발견한다. 양자물리학에 따르면 관측되기 전까지는 어떤 사건의 양자 상태에 대해 확률적인 진술밖에 할 수 없으므로, "고양이의 생사를 측정하기 이전의 고양이 상태는 살아있는 고양이와 죽은 고양이의 상태가 공존하는 중첩 superposition된 양자상태인 $\psi = \psi_{alive} + \psi_{dead}$이다"라는 결론에 도달한다. 만약 어떤 물리

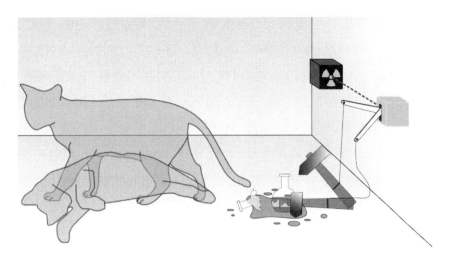

그림 4.16 슈뢰딩거가 제안한 사고실험인 '슈뢰딩어 고양이'. 외부와 차단되어 있고 외부에서 안을 들여다볼 수 없는 상자에 방사선 물질, 방사선 검출기, 망치, 독약, 그리고 고양이가 들어있다. '방사선 물질이 붕괴했느냐 또는 아니냐'에 따라 고양이의 생사가 갈린다. 상자 뚜껑을 열어보기 전에는 고양이의 생사를 확인할 수 없다. 슈뢰딩거가 던진 질문은 "그렇다면 상자를 열어보기 전까지는 고양이의 상태는 살아있는 상태와 죽어 있는 상태가 동시에 가능하다고 주장 할 수 있는가?"이다.

학자가 코펜하겐 해석이라고 주장하면서 관측자가 상자의 뚜껑을 열어 확인하기 전까지는 '살아있기도 하고 죽어 있기도 한 고양이'가 존재한다고 말하면 믿을 수 있는가? 슈뢰딩어는 양자물리학을 거시세계에 적용하면, 관측자가 상자를 열어보기 전까지는 '살아 있는 고양이와 죽어 있는 고양이가 중첩된 상태'가 유지되어야 하는데 이것은 도저히 말이 되지 않는 주장이라고 생각했다.

슈뢰딩어 고양이의 발전된 버전인 소위 '위그너의 친구'라고 불리는 흥미로운 사고실험도 있다. '위그너의 친구'는 1961년 헝가리의 물리학자인 위그너 Eugene Wigner[34]가 처음 제안했고, 1985년 영국의 물리학자인 도이치 David Deutsch가 발전시켰다. '위그너의 친구' 사고실험에는 양자 측정의 간접적인 관찰을 포함시켰는데, 실험실 밖에 있는 관찰자인 위그너 W는 실험실 안에서 고양이의 상태를 관찰하는 친구 F로 부터 정보를 받는다. 위그너의 친구가 고양이의 상태를 관찰하면, 고양이는 '살아있는 상태와 죽어 있는 상태'가 중첩된 상태에서 고양이의 파동함수가 붕괴해서 '고양이가 살아있거나 아니면 죽어 있는 상태'로 결정된다. 위그너는 실험실 밖에서 그의 친구가 고양이의 상태를 확인하고 있다는 사실을 알고 있다. 하지만 위그너가 가지고 있는 정보는 '친구와 실험실을 포함하는 전체 시스템'의 양자 상태가 '살아있는 고양이와 살아있는 고양이를 본 친구'

와 '죽어 있는 고양이와 죽어 있는 고양이를 본 친구'가 섞여 있는 선형 중첩 상태라는 것이다. 위그너가 친구에게 측정 결과를 물어보면, 친구는 "고양이는 살아있어 아니면 죽었어"라고 대답한다. 이때 비로소 위그너가 가지고 있는 중첩된 정보가 '살아있는 고양이와 살아있는 고양이를 본 친구'와 '죽어 있는 고양이와 죽어 있는 고양이를 본 친구'로 분리된다. 만약 위그너가 친구보다 양자물리적으로 우월한 위치에 있다고 주장하지 않는다면, 위그너와 친구의 관점은 동등하게 취급되어야 마땅하다. 역설적 상황이 발생했다. 친구의 관점에서는 위그너가 묻기 전이라도 고양이 상태를 확인하였으므로 고양이의 파동함수가 붕괴하여 '고양이의 생존, 또는 고양이의 사망'으로 결정되었다. 하지만 위그너의 관점에서는 아직 고양이의 상태를 확인하지 못했으므로 고양이의 생사는 중첩된 상태에 있다. 그렇다면 양자붕괴는 언제 일어난단 말인가? 친구가 고양이의 상태를 측정한 시점인가? 아니면 위그너가 친구의 대답을 듣고 고양이의 상태를 인지한 시점인가? 친구가 고양이의 상태를 확인하였으나 아직 위그너에게 고양이의 상태를 알려주지 않은 동안에는 위그너와 위그너 친구의 양자 상태는 일치하지 않는다는 문제점이 생긴다. 코펜하겐 해석에 따르면 동일한 사건에 대해 두 개의 상태가 존재하는 모순된 상황이 만들어지는데, 이는 코펜하겐 해석이 불완전하다는 뜻이다.

양자 관측과 관련된 또 하나의 중요한 해석인 많은세계 해석 many-world interpretation을 살펴보자. 1957년 위그너의 제자인 에버레트 Hugh Everett는 자신의 "양자역학의 상대적 상태 서술"이라는 제목의 박사학위 논문에서 양자물리학의 해석 방법인 많은세계 해석을 제안했다. 그는 "우주의 파동함수가 연속적이고 일원화된 방식으로 진화한다고 가정하면, 위그너의 친구 역설 문제는 해결된다"라고 했다. 그는 파동함수의 붕괴를 부정하고 모든 가능성이 여러 개의 세상에서 동시에 진행된다고 생각했다. 에버레트에 따르면 하나의 우주만 존재하는 것이 아니라 무수히 많은 우주가 존재하고 파동함수에 내재된 모든 가능성이 각각의 우주에서 개별적으로 진행된다. 입자가 관측될 것으로 예견되는 위치가 여러 곳이라면 다른 위치에서 입자가 측정되는 각각의 사건이 일어나는 많은세계가 생겨난다. 많은세계 해석을 슈뢰딩어 고양이에 적용하면, 그림 4.17과 같이 하나의 세계에서는 고양이가 살아있고 다른 세계에서는 죽은 고양이가 관측된다. 우리가 측정을 통해 특정한 결과를 얻었다는 것은 많은 세계 중 하나의 세계에서 일어난 사건을 관측한 것을 의미하고 다른 많은 세계에서는 다른 측정값이 얻어진다는 뜻이다. 슈뢰딩어 고양이의 살아있는 상태와 죽어 있는 상태는 측정에 의해 결풀림 decoherent되어 분리된다. 즉 관측자가 상자를 열면 전체 시스템은 '죽어있거나 살아있는 상태의 고양이가 들어있

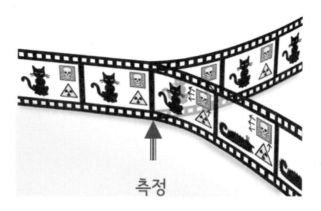

그림 4.17 많은세계 해석에 따르면 측정을 하기 전까지는 고양이의 파동함수는 살아있거나 또는 죽은 상태가 $\psi = \psi_{alive} + \psi_{dead}$로 중첩되어 있지만 고양이의 생사를 측정하면 파동함수가 살아있는 고양이의 상태 ψ_{alive}와 죽어 있는 고양이의 상태 ψ_{dead}로 결풀림된 각각 세계가 진행된다

는 상자'의 중첩된 $\psi = \psi_{alive} + \psi_{dead}$ 상태에서 '살아있는 고양이가 있는 상자'의 상태인 ψ_{alive}와 '죽어 있는 고양이가 있는 상자'의 상태인 ψ_{dead}로 나뉘는 결풀림 현상이 일어난다. 죽어 있는 고양이의 상태와 살아있는 고양이의 상태로 결풀림되면, 분리된 두 가지 세계들 사이에는 상호작용을 할 수 없어 다른 세계의 고양이 상태에 대한 정보를 얻을 수 없다. 따라서 각각의 세계에서는 오직 "죽어 있는 고양이"나 "살아있는 고양이"만이 많은세계의 역사가 될 수 있다.

전자의 이중 슬릿 실험에서는 전자가 두 개의 슬릿을 동시에 통과해서 스크린에 도달했다고 생각해야만 간섭무늬를 이해할 수 있다. 즉 양자물리학에 따르면 두 개의 슬릿을 동시에 통과한 전자의 파동함수들이 더해져 스크린에 간섭무늬를 만들고 간섭무늬의 명암은 전자가 스크린의 특정 위치에 도달하는 빈도에 의존한다. 이를 인과률로 해석하면, '결과'인 간섭무늬의 '원인'은 전자가 두 개의 슬릿을 통과한 과거이다. 전자는 위쪽 슬릿을 통과한 과거와 아래쪽 슬릿을 통과한 과거를 모두 가지고 있다는 말이 된다. 파인만[35]은 '생겨날 수 있는 모든 경우가 최종 측정 결과의 확률에 기여하고, 각각의 확률을 모두 더하면 양자물리학이 예견하는 총 확률이 된다'라는 '모든 과거의 합 sum over histories'이라 불리는 계산법을 제시했다. 파인만의 모든 과거의 합에 따르면, 관측자가 없으면 전자는 두 개의 슬릿을 통과한 과거들을 가지며 스크린에 도달해서는 간섭무늬를 만든다. 하지만 관측자가 전자의 경로를 측정하고 나면 전자는 두 개의 슬릿 중에

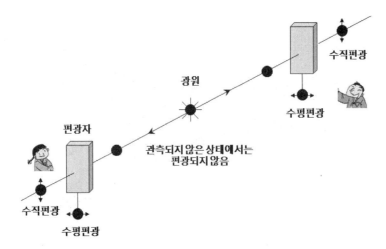

그림 4.18 EPR 사고실험. 양자물리학의 비국소성 문제를 지적하며 양자물리학을 곤궁에 빠뜨렸다. EPR 사고실험은 쌍 생성된 두 개의 광자 중에서 하나는 오른쪽으로, 그리고 다른 하나는 왼쪽으로 전송하고, 서로 상당히 먼 거리에 위치하는 갑돌이와 갑순이는 각자에게 보내진 광자의 편광 상태를 편광자polarizer를 이용하여 확인하도록 설계하였다.

서 하나의 슬릿을 통과한 과거만 가지므로 간섭무늬는 생기지 않는다. 양자물리학은 우리가 생각하는 과거의 개념을 완전히 바꾸어 놓았다. 파인만은 파동함수의 붕괴에 기반한 코펜하겐 해석, 또는 많은 세계 해석이 옳은지에 대한 핵심질문은 피해 가면서 유용한 계산법을 제안함으로써 양자물리학의 효용성을 더욱 높였다.

EPR 파라독스와 벨 실험

오직 확률적 예측만이 가능하다는 양자물리학의 주장을 받아들이지 않았던 아인슈타인은 그의 동료인 포돌스키 Boris Podolsky와 로젠 Nathan Rosen과 함께 양자물리학의 불완전성을 지적하기 위한 창의적인 사고실험을 제안한다.[36] 아인슈타인-포돌스키-로젠(EPR)은 자신들의 논문에서 "양자물리학의 이론적 예측이 비록 실험 결과와 정확히 일치하기는 하지만, 양자물리학은 미시세계를 기술하는 궁극의 이론이 될 수 없다"라고 지적하면서, "양자물리학은 궁극의 이론으로 이끌어가는 디딤돌에 불과하다"라고 주장했다. 아인슈타인은 양자 얽힘 현상을 이용하면 양자물리학의 불완전성을 증명할 수 있을 것이라고 생각한다. 1935년 EPR은 그림 4.18과 같이 광원에서 쌍 생성된 두 개의 광자 중에서 하나는 오른쪽으로, 그리고 다른 하나는 왼쪽으로 보내는 사고실험을 고안했다. 쌍 생성된 광자는 서로 수직한 편광이 중첩되어 있는 양자 얽힘 quantum entanglement 상태에 있다.

만약 하나의 광자가 수평 편광되어 있다면 나머지 다른 광자는 수직 편광되어 있어야 한다(이렇게 두 광자의 편광상태가 서로 수직해야 하는 이유는 각운동량 보존법칙 때문이다). 상당히 먼 거리에 위치한 갑돌이와 갑순이는 각자가 받은 광자의 편광상태를 편광자 polarizer로 확인한다. 편광상태를 측정하기 전의 광자는 수직 편광되어 있는 확률이 50%이고 수평 편광되어 있는 확률이 50%이다. 만약 갑순이가 자신이 받은 광자의 편광을 측정해보니 수직 편광되어 있는 것을 확인했다면, 즉시(비록 갑돌이가 아직 측정하지 않았다 하더라도) 갑돌이는 수평 편광된 광자를 받는다는 사실을 알게 된다. 반대로 갑돌이도 광자의 편광을 측정해보면 즉시 갑순이가 받는 광자의 편광상태를 알 수 있다.

갑순이가 광자의 편광을 확인하기 전까지는 광자의 편광상태가 정해지지 않은 수직 편광과 수평 편광이 중첩된 상태에 있다. 갑순이가 광자의 편광을 측정하고 나면 상대방이 받은 광자의 편광이 결정된다. 갑순이의 측정은 두 개의 광자가 서로 양자 얽힘 상태에 있는 파동함수를 붕괴시키는 원인이다. 갑순이가 측정하면 자신이 받은 광자의 편광상태가 결정되고, 갑순이의 측정으로 인해 갑돌이가 받는 광자의 편광도 즉각적으로 결정된다. 아인슈타인은 멀리 떨어져 있는 광자들이 무슨 수로 "자신의 편광이 측정되었다고 또 다른 광자에게 연락할 수 있으며, 또 어떻게 즉각적으로 정보가 전달될 수 있는지 묻는다." 빛보다 빨리 이동하는 것은 없다는 아인슈타인의 특수상대성 이론에 의해 즉각적인 정보의 전달은 금지되어 있다. 아인슈타인은 이 역설적 상황에 대해 멀리 떨어져 있는 광자들 사이에서 유령이 장난 spooky action을 치고 있느냐며, EPR 파라독스가 양자물리학의 모델이 불완전하다는 증거라고 주장했다. 아인슈타인은 갑순이의 광자가 비록 우리가 알지 못하는 특성인 숨겨진 변수 hidden variable를 가지고 있다고 가정하는 것이 이 역설의 해결책이라고 말했다. 만약 광자가 생성될 때 이미 숨겨진 변수를 가지고 있다면, 광자가 자신의 상태를 또 다른 광자에게 알려줄 필요가 없다. 이러한 결론은 광자가 양자물리학의 이론이 다루는 것보다 더 많은 정보를 가지고 있다는 것을 의미한다. 만약 광자들이 숨겨진 변수를 가지고 있다면, 양자 이론은 제한적인 사실만을 기술하는 셈이다. 너무나 잘 설계된 EPR 파라독스를 전해 들은 보어는 EPR의 문제 제기에 대한 반박이 매우 힘들다는 것을 직감하고 난감해하면서 자포자기 상태에 빠졌다.

EPR 파라독스가 양자물리학의 불완전성을 공격하는 논거는 매우 강력했다. EPR 사고실험이 발표되고 거의 30년이 흐른 1964년에 벨 John Bell이 숨겨진 변수의 존재를 검증할 수 있는 기발한 아이디어를 제안한다.[37] 벨의 핵심 아이디어는 '만약 EPR 실험이 고

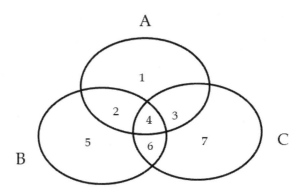

그림 4.19 벨 부등식의 모식도. EPR 실험이 고전적인 숨겨진 변수를 가지고 있다면 속성 A를 갖지만 속성 B는 없는 개체 수(1과 3의 개체 수의 합)에 속성 B를 갖지만 속성 C는 없는 개체 수(2와 5의 개체 수의 합)를 더한 값이 속성 A를 갖지지만 속성 C는 없는 개체 수(1과 2의 개체 수의 합)보다 크거나 같아야 한다.

전적인 것이고 숨겨진 변수가 존재한다면, 벨 부등식이 성립해야 한다'라는 것이다. 그림 4.19와 같이 속성 A, B, C를 가진 세 그룹이 있는 경우, 속성 A를 가지고 있지만 속성 B를 갖지 않는 개체 수(그림 4.19 다이아그램의 1과 3의 개체 수의 합)에 속성 B를 가지고 있지만 속성 C를 갖지 않는 개체 수(2와 5의 개체 수의 합)를 더한 값이 속성 A를 갖지만 속성 C를 갖지 않는 개체 수(1과 2의 개체 수의 합)에 비해 항상 크거나 같아야 한다. 만약 EPR 실험에 숨은 변수가 개입한다면, 벨 부등식은 (1의 개수 + 3의 개수) + (2의 개수 + 5의 개수) ≥ (1의 개수 + 2의 개수)가 성립한다. 3과 5의 개체 수가 모두 0이면 등식이 성립하고, 나머지 경우는 좌변이 더 크다.

　1997년 스위스 제네바 대학팀이 벨 부등식을 검증하는 실험을 '양자 얽힘 상태의 전자 스핀'을 이용하여 실시했다.[38] 그리고 2015년에는 네덜란드 델프트 공과대학 팀이 이 실험을 '레이저를 이용하여 쌍 생성된 광자의 편광을 측정하는 방식'으로도 수행했다.[39] 2015년 실험은 거의 모든 실험적 오류를 배제할 수 있을 만큼 세심하게 진행되었다. 1997년과 2015년 실험의 결과는 명확히 '벨 부등식이 성립하지 않는다'라는 것이다. 벨 실험이 만약 숨겨진 변수가 있는 고전적인 것이라면 실험 결과는 항상 0.33보다 더 커야 하지만 실험 결과는 매번 0.25였다. 이로써 벨 부등식이 성립하지 않는다는 것이 밝혀졌고 양자물리학의 양자 얽힘 현상은 실제로 존재하는 현상이며 숨겨진 변수는 없다는 것이 입증되었다. 아인슈타인의 표현처럼 우리는 '유령이 장난을 치고 있는 양자 세계'에 사는 것이 확인되었고, 그가 그토록 받아들이기를 거부했던 양자 세계의 비국소성 nonlocality

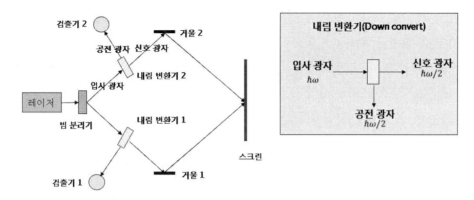

그림 4.20 광자의 경로를 간접적으로 측정하는 실험장치의 모식도. 레이저가 발사한 빛은 빔 분리기에서 나뉘어 두 대의 내림변환기로 향한다. 에너지가 $\hbar\omega$인 입사 광자는 내림 변환기에서 에너지가 $1/2\hbar\omega$인 신호 광자와 공전 광자 이렇게 2개의 광자가 만들어진다. 신호 광자는 스크린으로 향하고 공전 광자는 검출기로 향한다.

이 입증되었다. 파동함수는 우주 전체에 걸쳐 분포하므로 우주 전체가 양자물리학적으로 연결된 비국소적nonlocal 특성을 가진다.

4.5 | 양자물리학적 시간

미시적 양자 세계에서는 '내일 완성되는 과거가 오늘의 현재'를 결정할 수 있다. 말이 되지 않는 것처럼 보이는 양자물리학적 시간의 개념은 현재에 앞서는 과거, 그리고 다가오지 않은 미래라는 시간의 근본을 완전히 뒤엎는다.

양자 지우개 실험

벨 실험을 통해 입증된 비국소성과 같은 양자 세계의 특이한 성질을 받아들이기가 매우 힘들다. 그러나 실험 결과는 우리에게 고전물리학적 낡은 지식을 버리고 양자물리학을 있는 그대로 수용하라고 종용한다. 전자의 이중 슬릿 실험에서 전자가 어느 슬릿을 통과하는지 측정하면 전자의 간섭무늬가 사라진다는 사실을 확인했다. 그림 4.20은 광자를 이용하는 실험장치이지만 전자의 이중 슬릿 실험과 작동원리가 똑같다. 새로운 실험장치는 광자가 스크린에 도달하는 경로를 간접적으로 확인하도록 설계되었다. 레이저에서 방출된 광자는 빔 분리기 beam splitter에서 나뉘어 내림 변환기 down converter 1과 2로 향한다. 내림 변환기는 에너지가 $\hbar\omega$인 입사 광자를 에너지가 $\hbar\omega/2$인 두 개의 광자 쌍둥이로 변환시킨다. 내림 변환기에서 생성된 쌍둥이 광자 중에서 거울에 반사되어 스크린으로 진행하는 광자를 신호 광자 signal photon, 그리고 검출기로 향하는 광자를 공전 광자 idler photon라고 부른다. 레이저를 출발한 광자는 아래쪽 내림 변환기 1과 거울 1을 거쳐 스크린에 도달하는 경로와 위쪽 내림 변환기 2와 거울 2를 거쳐 스크린에 도달하는 경로로 이동할 수 있다. 광자가 두 경로를 통해 스크린에 도달하도록 설계된 그림 4.20의 실험장치에서 거울 1과 2를 두 개의 슬릿이라고 생각하면, 그림 4.15 (b)의 전자의 이중 슬릿 실험장치와 이 실험장치의 작동원리가 똑같다는 것을 확인할 수 있다. 단지 그림 4.15 (b)에서는 관측자가 슬릿을 통과하는 전자를 직접 측정하는 반면, 그림 4.20에서는 검출기가 스크린으로 향하는 신호 광자가 아닌 공전 광자를 측정하여 신호 광자의 경로를 간접적으로 확인한다. 만약 두 대의 검출기를 모두 끄고 실험을 진행하면, 신호 광자는 위쪽 경로와 아래쪽 경로로 스크린에 도달하는 과거를 동시에 가지고 있어 스크린에서 간섭무늬가 만들어진다. 하지만 검출기를 작동시키고 같은 실험을 반복하면, 검출기가 신호 광자의 쌍둥이 광자인 공전 광자를 측정함으로써 신호 광자가 어느 경로로 진행했는지 확인할 수 있다. 그렇다면 질문은 "스크린에 도착한 신호 광자는 자신과 쌍둥이인 공전 광자가 측정됨으로써 자신의 경로가 간접적으로 확인되었기 때문에 간섭무늬를 만들지 않을 것인가?"이다. 그림 4.20의 실험을 진행한 결과 검출기가 작동하지 않으면 간섭무늬는 생기고, 검출기가 작동하면 간섭무늬가 사라진다. 신호 광자가 어떻게 자신의 경로가 측정되었는지를 알아채고 간섭무늬를 만들지 않는다는 말인가? 전자의 이동 경로가 측정된 경우에 간섭무늬가 사라진다는 그림 4.15 (b)의 실험 결과는 비록 믿기 힘들지만 받아들일 수 있었다. 그런데 신호 광자가 아닌 공전 광자가 측정된 경우에도 신호 광자가 간섭무늬를 만들지 않는다니 정말로 신기하다. EPR 사고실험과 벨 실험을 받아들이면 양자 얽힘상태의 전자들은 비국소적으로 결맞음 상태를 유지하다가 측정되는 순간 결풀림된다.

파인만의 '모든 과거의 합'을 상기하면서 이 실험 결과를 해석해 보자. 쌍둥이 광자인 신호 광자와 공전 광자는 서로 양자 얽힘상태이다. 공전 광자가 검출기에 측정되지 않으면 공전 광자와 양자 얽힘상태에 있는 신호 광자의 경로가 밝혀지지 않아, 신호 광자는 위쪽과 아래쪽 경로를 통과하는 과거를 동시에 갖고 있어 간섭무늬를 만든다. 하지만 공전 광자가 검출기에 측정되면 신호 광자도 비록 간접적인 방식이더라도 자신의

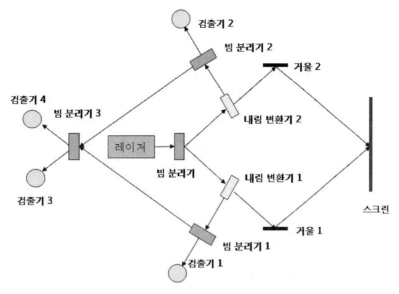

그림 4.21 선택적 양자 지우개 실험 장치. 그림 4.20에 빔 분리기를 세 대와 검출기 두 대를 추가한다. 추가된 빔 분리기는 내림 변환기 1과 검출기 1 사이에 설치한다. 빔 분리기 1과 2는 내림 변환기 1과 2에서 생성된 공전 광자의 반을 검출기 1과 2로 보내고, 나머지 반은 빔 분리기 3으로 향하게 한다.

경로가 밝혀진 과거를 가지게 되므로 입자와 똑같이 거동하게 되고 간섭무늬를 만들지 않는다. 양자 세계가 이런 방식으로 작동된다고 하니 믿을 수밖에 없다.

이제 한 걸음 더 나아가 그림 4.21과 같이 선택적 양자 지우개 실험을 해보자. 양자 지우개 실험장치는 그림 4.20에 세 대의 빔 분리기와 두 대의 검출기를 추가했다. 추가된 빔 분리기 1은 내림 변환기 1과 검출기 1 사이에, 그리고 빔 분리기 2는 내림 변환기 2와 검출기 2 사이에 설치한다. 빔 분리기 1과 2는 내림 변환기 1과 2에서 생성된 공전 광자의 반을 각각 검출기 1와 2로 보내고, 나머지 반을 빔 분리기 3으로 향하게 한다. 공전 광자의 50%는 검출기 1과 2에서 검출되어 신호 광자의 경로가 50%의 확률로 측정된다. 빔 분리기 3으로 진행하는 공전 광자의 50%는 빔 분리기 3에 의해 검출기 3 또는 검출기 4로 향한다. 레이저에서 출발한 입사 광자는 신호 광자와 공전 광자로 변환되고, 생성된 모든 공전 광자는 검출기 1-4에서 측정된다. 만약 공전 광자가 검출기 1에서 측정되면 신호 광자는 아래쪽 경로로 이동했고, 검출기 2에서 측정되면 위쪽 경로로 이동했다. 이 경우에 신호 광자가 간섭무늬를 만들지 않는다. 그러나 공전 광자가 검출기 3에서 측정되면 공전 광자가 내림 변환기 1에서 생성되어 빔 분리기 3에 도착한 후 검출기 3에 도착했는지, 아니면 내림 변환기 2에서 생성되어 빔 분리기 3에 도착한 후 검출기 3으로 왔는지 구별할 수 없다. 마찬가지로 공전 광자가 검출기 4에 측정되어도 공전 광자가 어디에서 만들어졌는지 확인할 수 없다. 따라서 이 경우에는 신호 광자의 경로가 발각되지 않고, 신호 광자는 스크린에 간섭무늬를 만든다. 그림 4.21의 실험장치는 그림 4.20 실험에서 광자의 경로가 공전 광자에 의해 간접적으로 밝혀진 50%의 과거를 선택적으로 지운다. 그림 4.20의 실험장치를 그림 4.21과 같이 개조하면 사라진 간섭무늬의 50%를 되살리는, 즉 광자의 경로가 측정된 과거의 일부를 지우는 양자 지우개가 완성된다.

이제 상상의 나래를 펼쳐 양자 지우개 실험을 조금 더 극단적으로 만들어 보자. 호기심이 발동한 갑순이는 과거를 지우는 행위를 지연시키는 실험을 준비한다. 우선 그림 4.21의 빔 분리기 1-3과 검출기 1-4를 원래의 실험실(제 1실험실)에서 멀리 떨어진 제2의 장소(제2실험실)로 이동시켰다. 내림 변환기에서 생성된 신호 광자는 제1실험실에 있는 거울에 반사되어 스크린에 거의 즉각적으로 도달하는 반면, 공전 광자는 제1실험실과 제 2실험실 사이에 설치된 광케이블을 따라 제2실험실로 향한다. 공간을 이동하는 가장 빠른 속도인 광속은 진공에서 초속 30만 km이다. 양자 지우개 실험을 하던 제1실험실과 새로 조성한 제 2실험실이 서로 300 km 떨어져 있다고 한다면, 공전 광자는 광케이블에 실려 약 0.001초(1 ms) 후에 제2실험실의 빔분리기에 도착한다. 공전 광자가 제 2실험실로 이송되는 1 ms 사이에 신호 광자는 이미 제 1실험실의 스크린에 도달했다(제 1실험실의 내림 변환기와 스크린 사이의 거리는 몇 m가 되지 않는다). 스크린에 도달한 신호 광자가 파동의 성질을 유지하고 있다면 간섭무늬를 만들 것이고, 이동 경로가 측정되어 입자의 성질을 가진다면 간섭무늬를 만들지 않을 것이다. 이미 상세히 논의한 바와 같이, 간섭무늬의 유무는 공전 광자가 어느 검출기에서 측정되는지에 따라 결정되는데 신호 광자가 스크린에 도달하고 한참의 시간이 지나서야 공전 광자가 제 2실험실에 도착한다. 이 경우 문제는 매우 미묘하다. 신호 광자는 자신의 경로가 공전 광자에 의해 측정되기 훨씬 전에 이미 스크린에 도달해 간섭무늬를 만들 것인지 아닌지를 결정해야 한다. 신호 광자는 스크린에 도달한 후 1 ms 이후에 행해지는 공전 광자의 측정 결과에 따라 자신의 운명을 결정해야 하는 골치 아픈 상황에 놓인다. 결과인 간섭무늬의 유무가 완성되었는데 간섭무늬가 없어지는 원인인 경로 측정이 끝나지 않은 상황이다. 예를 들면, 내일 공부를 열심히 하는지에 따라 오늘 시험 결과를 받는 모순된 상황이 발생하는 것과 비슷하다. 인과율에 의하면 과거에 일어난 원인이 현재의 결과를 낳고, 현재 일어나는 사건이 미래의 원인이 된다. 즉 원인은 항상 결과에 앞서야 해서 원인은 어떤 사건의 과거이다. 시험 기간에 열심히 준비하고 공부한 결과로 시험을 잘 치를 수 있다. 오늘 받은 시험 성적에 따라 미래의 진로가 결정된다.

2000년 발표된 지연된 선택에 의한 양자 지우개 실험 결과[40]는 흥미진진하다. 실제 실험에서는 레이저가 광자를 송출했다는 신호, 스크린에 간섭무늬가 만들어졌는지 그리고 어느 검출기에 공전 광자가 측정되었는지에 대한 정보가 모두 확인되면 유효한 측정으로 인정했다. 실험 결과는 놀랍게도 검출기 1 또는 2에 공전 광자가 측정되어 신호 광자의 경로를 특정할 수 있으면 간섭무늬는 생기지 않고, 검출기 3 또는 4에 측정되면 간섭무늬가 생겼다. 정말로 결과가 만들어진 이후에 원인이 결정되는 실험에 의해 간섭 무늬의 생성 여부가 확정되었다. 이 놀라운 실험을 조금 더 극단으로 몰아 제2실험실을 지구에서 10광년이나 떨어진 어느 이름 모를 행성 Z에 세웠다고 가정하자. 오늘 실험 결과인 간섭무늬의 여부가 10년이나 되는 긴 시간이 흐른 후에 공전 광자가 어느 검출 기에 측정되는지에 따라 결정되는 상황이다. 내친 김에 공전 광자가 제 2실험실에 도착 하기 하루 전인 9년 11개월 30일이 지난 시점에 우주 전쟁이 일어나 낯선 외계인이 침 공하여 행성 Z의 제2실험실을 파괴했다면 어떤 일이 벌어질 것인가? 10년이 지난 시점 에 행해지는 측정 결과가 오늘의 일어나는 우주 전쟁을 알고 있었다니 놀랍지 않은가? 파인만의 모든 과거의 합으로 해석하면 10년 이후에 일어날 측정의 도움으로 과거가 완 성된다는 말이 된다. 결과인 간섭무늬를 만드는 원인이 비록 먼 훗날 완성되지만 인과 율적 측면에서 보면 분명한 과거이다. 그래서 지연된 과거라 부른다.

양자물리학의 세계에서는 이런 방식으로 사건이 진행된다는 사실이 실험으로 입증되 었다. 지연된 선택에 의한 양자 지우개 실험은 과거는 현재에 앞서고 현재는 미래에 앞 선다는 믿음을 완전히 무너뜨렸다. 멀리 떨어져 있는 곳에서 현재보다 지연된 시점에 일어날 사건이 지금 이곳의 사건을 결정한다는 것은 고전적인 관점에서 망언이나 다름 없다. 그러나 양자 세계에서는 당연한 일이고, 또 양자 세계는 그러한 방식으로 작동한 다. 벨 실험을 통해 전 우주가 얽혀있는 비국소적이라는 사실을 확인했다. 그럼에도 시 간과 공간을 초월하여 두 개의 사건이 서로 얽혀있음을 보여주는 지연된 선택에 의한 양자 지우개 실험 결과까지 수용하기는 힘들다. 일상 경험에 반하는 결론이지만 우리의 우주는 이렇게 말이 되지 않는 방식으로 운영된다.

양자물리학이 얼마나 일관성이 있는 이론인지, 수소원자로부터 양자 컴퓨터에 이르는 여러 가지 실질적 문제를 다루는데 얼마나 강력한 위력을 발휘하는지 확인할 수 있다.

양자물리학은 오랫동안 우리가 당연시 받아들였던 과거는 이미 일어났고 사라지며 없어진다는 시간에 대한 우리의 직관을 크게 바꾸어 놓았다.

✳ ————————————————

1. 케이지 John Milton Cage(1912-1992)는 미국의 작곡가다. 음렬주의, 전자 음악 등의 음악을 작곡했다. 그의 대표작으로 <4분 33초>, <상상 풍경 No.4 (Imaginary Landscape)> 등이 있다.

2. https://www.youtube.com/watch?v=gN2zcLBr_VM

3. "Aging and judgments of duration: Effects of task complexity and method of estimation", F. Craik and J. Hay (1999); Perception & Psychophysics 61 (3) 549–560.

4. 길이를 측정하는 도구인 자를 들고 다른 장소로 이동하거나 방향을 바꾸더라도 자의 길이가 변하지 않는다. 이런 방식으로 공간은 균일 homogeneous하고 등방적 isotropic이다.

5. 고대 그리스 알렉산드리아 출신의 수학자인 유클리드가 그의 저서 「원론」에서 평면기하학을 체계적으로 논의했다.

6. 중력이 작용하는 지구에서는 위아래로 자유롭게 움직일 수 없지만 중력이 작용하지 않는 일반적인 공간에서는 자유로운 상하운동이 허용된다.

7. 시간이 현재에서 미래로 흐르거나 아니면 시간을 거꾸로 되돌려 과거로 시간이 흐르게 하여도 대부분의 물리법칙은 성립한다. 이런 시간의 대칭적 특성을 시간반전대칭 time-reversal symmetry이라고 부른다.

8. 뉴턴의 운동방정식 $\vec{F}=m\vec{a}$를 살펴보자. 속도는 위치 x를 시간 t에 대해 미분하여 얻는데 시간이 미래로 흐르는 경우 $v_{\text{for}} = dx/dt$로 표현된다. 이제 시간이 거꾸로 흐르게 하면 속도는 $v_{\text{rev}} = dx/d(-t) = -v_{\text{for}}$가 된다. 가속도는 속도 v를 시간 t에 대해 다시 미분하여 얻는데 시간이 미래로 흐르면 $a_{\text{for}} = dv_{\text{for}}/dt$이 되고, 과거로 흐르면 $a_{\text{rev}} = d(-v_{\text{for}})/d(-t) = dv_{\text{for}}/dt = a_{\text{for}}$가 된다. 두 경우에서 모두 똑같은 가속도로 표현된다. 따라서 뉴턴의 운동방정식은 시간이 미래로 흐르거나 과거로 흘러도 똑같은 모습을 유지한다.

9. 아리스토텔레스는 「하늘에 관한」에서 4대 원소론에 새로운 요소를 추가하여 원소 체계를 다섯 개로 확장하였다. 아리스토텔레스 자신은 에테르라는 용어를 사용하지 않았지만 후대에 천상의 요소인 제5원소는 에테르로 명명되었다.

10. 은으로 반투명하게 도금한 반투과거울에 입사하는 빛의 절반은 반사되고 나머지 절반은 투과한다.

11. "물체에 작용하는 알짜힘이 없다면, 이 물체의 가속도는 '0'이 된다"로 표현할 수 있는 뉴턴의 제1법칙인 관성의 법칙이 성립하는 기준계를 관성기준계라 한다. 즉 정지한, 또는 등속운동을 하는 기준계가 관성기준계에 해당한다.

12. 지구도 가속도 운동인 자전과 공전을 하고 있으므로 엄밀한 의미에서는 관성기준계가 아니다. 하지만 지구 가속도의 크기는 매우 작아서 관성기준계로 취급해도 큰 무리는 없다.

13. Philosophiae naturalis principia mathematica의 원문은 다음과 같다. "Absolute, true, and mathematical time, in and of itself and of its own nature, without reference to anything external, flows uniformly and by another name is called duration."

14. 기차에 타고 있는 승객이 측정한 시간, 즉 같은 장소에서 측정한 시간은 고유시간이다. 고유시간이라는 의미에서 아래 첨자 'p'를 표시했다.

15. 피타고라스 정리에 따라 직각삼각형 각 변의 길이 사이에는 $(c\Delta t/2)^2 = (v\Delta t/2)^2 + d^2$가 성립한다. 이 것을 시간 간격인 Δt에 관하여 풀면 $\Delta t = 2d/\sqrt{c^2-v^2}$ 을 얻는다.

16. 엄밀히 말하면 시간의 지연은 광속 정도의 빠른 속력에서만 일어나는 현상이 아니라 모든 상황에서 관측된다. 그럼에도 상대론적 현상이라고 한 이유는 기준계의 속력이 광속에 훨씬 못 미치게 되면 $\gamma = (1-v^2/c^2)^{-1/2}$는 거의 1에 가까운 값을 가지므로 실질적으로 시간의 지연을 느낄 수 없는 것이다. 예를 들어 시속 1,000 km로 날아가는 점보비행기로 10시간 거리의 유럽을 향해 비행한 경우, 시간의 지연은 고작 7×10^{-9}초에 불과하므로 일상생활에서 시간의 지연효과를 감지하지 못한다.

17. "Around-the-World Atomic Clocks: Predicted Relativistic Time Gains", J. C. Hafele, R. E. Keating (1972); Science. 177 (4044) 166-168.

18. 1광년은 빛이 진공에서 1년 동안 진행하는 거리로 9.46×10^{15} m과 같은 거리이다.

19. 수평축과 수직축의 차원을 길이의 단위인 [m]로 일치시키기 위해 시간에 광속을 곱한 ct값을 수직축에 표시하였다.

20. 민코프스키 Hermann Minkowski(1864-1909)는 폴란드-유대계 독일 수학자로 자신의 제자였던 아인슈타인이 제시한 특수상대성 이론은 시간과 공간이 분리된 실체가 아니라 민코프스키 시공간이라 불리는 4차원 시공간에서 설명할 수 있다고 제안했다.

21. 내가 친구와 약속을 해서 만났다는 의미는 나와 친구가 같은 장소와 같은 시간에 있다는 것이다. 즉 시공간에서 만난다는 것은 2개의 세계선이 교차점에서 서로 만나는 사건에 해당된다.

22. 길이 수축의 역설을 보통 우주선 대신 사다리를 가지고 설명하므로 사다리 역설이라고도 부른다. 이 책에서는 계속 우주선을 가지고 이야기를 전개하고 있지만 사다리 역설이라는 용어를 그대로 사용한다.

23. 지구와 태양의 평균 거리를 천문학에서 사용하는 길이 단위인 천문단위 astronomical unit로 1 au이고, 2013년 기준으로 149,597,870,700 m이다.

24. "The distinction between the past, present and future is only a stubbornly persistent illusion." –A. Einstein

25. 아인슈타인은 'Über einen die Erzeugung und Verwandlung des Lichtes betreffenden heuristischen Gesichttspunkt'이라는 제목의 논문을 1905년 독일의 과학 잡지인 Annalen der Physik에 발표한다.

26. 미국 물리학자인 콤프턴 Arthur Holly Compton(1892-1962)은 빛이 파동과 입자성을 동시에 가진다는 사실을 입증한 콤프턴 효과를 발견한 공로로 1927년 노벨물리학상을 수상했다.

27. 프랑스 물리학자인 드브로이 Louis de Broglie(1892-1987)는 입자도 파동적 성질을 가져야 한다는 가설을 세우고 물질파를 제안했다. 1927년 물질파 가설이 데이비스와 저머에 의해 실험으로 검증된 이후 1929년 노벨물리학상을 수상했다.

28. 미국 물리학자인 데이비슨 Clinton Joseph Davisson(1881-1958)은 전자 회절 실험의 업적으로 1937년 노벨

물리학상을 수상했다. 데이비슨과 저머의 전자 회절 실험은 드브로이 물질파의 결정적 증거를 제시했다.

29. 실제 생활에서 허수를 측정할 수는 없다. 예를 들어 책상의 폭을 측정하니 길이가 $(2+3i)$ m라고 하면 모두 웃는다. 측정가능한 물리량은 실수 real number이다.

30. 독일 물리학자 보른 Max Born(1882-1970)은 양자역학과 고체물리학 연구에 많은 업적을 남겼다. 그는 1954년 '양자역학의 발전 특히 파동함수의 통계적 의미에 대한 업적'을 인정받아 1954년 노벨 물리학상을 수상했다.

31. 여기서는 편의상 파동함수 wave function와 확률파동 probability amplitude을 혼용해서 사용한다. 어떤 복소수 $\psi = a+ib$의 제곱을 엄밀하게 기술하면 주어진 복소수 ψ의 켤레복소수 $\psi^* = a-ib$를 곱해 얻은 값인 $\psi^*\psi = (a-ib)(a+ib) = a^2+b^2$이다.

32. 그림 4.12는 어느 특정 순간에 보른의 파동함수를 찍은 장면에 해당한다. 그림 4.12는 파동함수는 측정 불가능하므로 상상으로 그린 그림에 불과하다. 그림 4.12와 같은 파동함수를 볼 수 있는 사람은 아무도 없다.

33. 가이거 계수기 Geiger counter는 널리 사용되는 휴대용 방사능 측정 장비이다. 이 장비는 불활성 기체를 담은 가이거-뮐러 관을 이용하여 α, β, γ 입자와 같은 방사능에 의해 불활성 기체가 이온화되는 정도를 표시하는 방식으로 방사능을 측정한다.

34. 위그너 Eugene Wigner(1902-1995)는 헝가리 물리학자로 핵물리학과 입자물리학 분야에서 중요하게 다루어진 "기본적 대칭성의 발견과 응용에 관한 연구 업적"을 인정받아 1963년 노벨물리학상을 수상했다.

35. 미국의 물리학자인 파인만 Richard Feynmann(1918-1988)은 1965년 양자전기역학 quantum electrodynamics을 개발한 업적을 인정받아 노벨물리학상을 수상했다.

36. "Can Quantum-Mechanical Description of Physical Reality be Considered Complete?", A. Einstein, B. Podolski, N. Rosen (1935); Physical Review. 47 (10) 777-780.

37. "On the Einstein Podolsky Rosen paradox", J. S. Bell (1964); Physics Vol. 1(No. 3) 195-200.

38. "Experimental demonstration of quantum-correlations over more than 10 kilometers", W. Tittel, J. Brendel, B. Gisin, T. Herzog, H. Zbinden, N. Gisin (1998); Physical Review A. 57 (5): 3229-3232.

39. "Loophole-free Bell inequality violation using electron spins separated by 1.3 kilometres", Hensen; et al. (2015).; Nature. 526 (7575): 682-686.

40. "A Delayed "Choice" Quantum Eraser", Yoon-Ho Kim, R. Yu, S. P. Kulik, Y. H. Shih; Marlan Scully (2000); Physical Review Letters. 84 (1) 1-5.

제5장

시공간속의 나, 우리

인간은 지구상의 다양한 생명체 중에서 특별히 크지도, 힘이 세지도, 그리고 그리 빠르지도 않은 동물이지만 뛰어난 지능을 소유하고 있어 지구를 지배할 수 있다. 선사시대 인류의 조상은 모닥불을 피워놓고 별들을 쳐다보며 자연에 대한 호기심을 키웠다. 타인이나 환경으로부터 자신의 존재가 다르다고 인식하고 자기 자신에 관심을 갖는 생명체는 인간이 유일하다. 인간은 고갱의 명작인 "Where Do We Come From? What Are We? Where Are We Going?"처럼 자신의 존재와 관련한 근본적 질문을 던진다. 이 책에서 뉴턴이 말한 것처럼 '거인의 어깨에 서서' 시간과 공간을 바라보았다. 물리학의 창을 통해 근본적 질문, Urfrage에 한 걸음 다가서려 했지만, 얻어낸 결론은 '우리는 무지하고 보잘것없는 존재'라는 것이다.

물리학자의 임무는 '자연 현상의 이종동체인 물리학 체계를 구축'하는 것이라고 했다. 기본입자와 기본힘에서 시작하여 우리가 알고 있는 가장 큰 공간이며 긴 시간의 주인인 우주에 이르는 자연의 모습을 가장 엄격한 과학, 물리학의 시각에서 조망했다. 이 과정에서 '과학은 과연 진리를 탐구하는 학문인지?'와 '과학의 실재론'에 대해 고민했다. 과학 활동 역시 인간의 지적 활동이기에 과학은 인간이 사는 사회와 서로 영향을 주고받을 수밖에 없다. 시대정신Zeitgeist은 '한 시대의 지적·정치적·사회적 동향을 지배하는 정신적 경향'으로 이해할 수 있다. 이런 맥락에서 보면 인간의 지적 활동인 과학도 시대정신을 반영하는 것이 당연하다. 고대 그리스의 대표적 지성인 아리스토텔레스는 철학, 과학, 논리학 등의 다양한 주제를 섭렵했다. 절대 시간과 절대 공간을 주장한 뉴턴과 독일 최고의 관념철학자인 칸트가 서로 겹치는 시기에 활동한 것도 우연이 아닐 것이다. 변증법의 헤겔은 마르크스에게 영향을 주었을 뿐만 아니라 상대성이론과 양자물리학을 태동시키는 시대정신을 견인했다고 할 수 있다.

과학은 인간 사회와 불가분의 관계를 유지하고 있어, 과학 활동이 과연 객관적이고 가치 중립적인지 궁금해진다. 과학은 자연의 실재reality에 기초한 학문이고 실재론realism 적 진실을 담고 있어야 하지 않는가? 하지만 절대적 정합성을 가지고 있는 것처럼 보였던 물리이론이 시대가 변하면서 새로운 이론에 의해 처참하게 무너지고 대체되는 역사가 반복되고 있다. 물리학은 인간이 경험하는 것을 객관적으로 기술하려고 한다. 관측의 이론 적재성이 지적하는 것처럼 우리의 경험은 확립된 이론에 편향적이어서, 과연 과학적 탐구가 객관적일 수 있는지 확실하지 않다. 하지만 과학은 적어도 자연 현상을 잘 이해하도록 도와주는 도구적 합리성rationality 정도는 가진다고 생각할 수 있다. 쿤이 과학혁명 구조에서 지적한 바와 같이 자연은 그대로인데(예를 들어 행성들은 예나 지금이나 꾸준히 태양의 주위를 돌고 있음), 행성의 운동을 설명하는 낡은 이론인 지구중심설보다 그것을 대체하는 새로운 우주관인 태양중심설이 더 합리적일까? 누구나 지구와 행성이 태양의 주위를 공전하고 있다는 사실을 알고 있기에 태양중심설이 더 합리적이라고 말할 것이다. 하지만 지구중심설과 태양중심설 모두 나름대로 우리가 지구에서 바라보는 행성의 움직임을 잘 설명하기 때문에 어느 이론이 더 합리적인지 판단하기 힘들다. "행성들이 태양을 중심으로 궤도운동을 하고 있어 태양중심설이 진실아닌가요?"라고 질문할 수 있다. 그저 그런 평범한 별에 불과한 태양은 미리내의 변방에서 돌고 있고, 또 미리내도 우주 공간에서 움직인다. 그런데도 왜 우리는 태양을 온 세상의 중심 인양 취급하는 태양중심설을 계속 주장해야 하는가? 21세기에 사는 우리도 '지구가 돌아 해가 보이기 시작한다'라고 하지 않고, 여전히 '해가 뜬다'라고 말한다. 태양중심설에 따르면 일출과 일몰이란 개념도 합리적이지 않기 때문에 버려야 하는 것이 아닌가? 쿤의 주장처럼 태양중심설이 단지 더 설득력 있는 패러다임에 불과한 것 같다. 이처럼 과학 분야에서 최고의 엄밀성을 자랑하는 물리학도 진리를 탐구하는 학문인지 불분명한데 많은 정치인이나 종교인들이 '과학적 진실에 비추어...'라는 말로 자신의 주장을 수용하라고 강요한다. 심지어 과학을 빙자한 창조과학을 운운하는 종교인도 있다.

이제 공간과 시간으로 주제를 바꿔보자. '아무것도 없는 텅 비어있는 공간이 우리가 생각하는 것처럼 비어있지 않다'라는 사실을 카시미르 효과로 검증했다. 제2장에서 논의한 바와 같이 가장 단단한 물질인 다이아몬드도 실제로는 속이 텅 비어있다. 반야심경의 ‘色不異空 空不異色 色卽是空 空卽是色’이 연상된다. 현대 우주론에 따르면 빅뱅과 함께 시간과 공간이 생겨났다. 상대성이론과 양자물리학은 시간과 공간의 기본 관념에 혁신적인 수정을 가했다. 강한 중력은 공간을 심각하게 왜곡시키고 시간의 흐름도 지연시킨다. 아인슈타인의 상대성이론에서는 시간의 속성을 과거에서 현재로, 그리고 현재에서 미래로 끊임없이 흐르는 강물이기보다 오히려 모든 순간은 시공간이라는 얼음에 새겨져 있는 것이라고 이해하는 것이 타당하다. 나아가 ‘지연된 선택적 양자지우개 실험’에서 살펴본 바와 같이 양자물리학은 ‘과거가 현재보다 먼저 일어났다’라는 우리의 확고한 믿음을 송두리째 흔들어 놓았다. 또 크기가 없는 기본입자로 간주하는 전자의 파동함수가 전 우주 공간에 걸쳐 분포한다는 사실도 받아들여야 한다. 나아가 아인슈타인이 ‘유령의 행동’이라고 칭한 바와 같이 쌍 생성된 광자들은 양자 얽힘으로 인해 공간을 뛰어넘어 즉각적으로 자신의 상태를 파트너와 공유한다. 인과율적 측면에서 우주의 탄생인 ‘태초 스스로’는 ‘원인을 가지고 있지 않은 원인’인 ‘움직이지 않는 움직이는 자 prime mover’이다. 우주의 태초는 인과율에 기초하는 물리학이 감히 근접하지 못하는 영역인 것처럼 보인다. 물리학의 한계가 분명해진다.

관측 가능한 우주에는 미리내와 같은 은하가 1조 개 이상 있다고 알려져 있고, 각 은하에는 은하의 크기에 따라 10억 개에서 100조 개의 별이 분포한다. 우리 우주에는 태양과 같은 별들이 셀 수 없을 만큼 많이 있다는 뜻이 된다. 우주의 어느 구석에 위치하는 별의 주위를 돌고 있는 작은 행성에 사는 생명체가 자신들이 세상의 중심에 있고 우주의 유일한 지적 존재라고 주장한다면, 이는 무지에서 비롯한 지독한 오만과 독선에 불과하다. 같은 맥락에서 광활한 우주에서 별의 신분도 갖지 못한 작은 행성인 지구에 사는 인간도 우주의 지극히 작은 일부임을 인정하는 겸손을 배워야 한다.

이제 나, 그리고 우리를 돌아볼 시간이 되었다. 시간과 공간, 그리고 시공간을 고민하면서 인간과 삶에 시선을 돌려보자. 우리가 시간에 대해 고민하는 이유는 아마도 죽음에서부터 자유로울 수 없기 때문이다. 진시황도 최고의 권력을 거머쥔 후 불로장생을 탐했다고 하니 인간은 예외 없이 영생을 갈망하고 있다. 과학자들은 21세기에 접어들며 진지하게 영생을 말하기 시작했다. 비록 영생은 보장하지 못한다손 치더라도 수명연장은 공언하고 있다. 미국의 신생기업인 암브로시아 Ambrosia[1]는 60대 노인에게 16세에서 25세 사이 청년의 피를 수혈하는 실험을 진행했다. 암브로시아사 관계자는 “젊은 피를 수혈하는 것은 성형수술과 비슷하다. 외모뿐만 아니라 신체 기능과 기억력을 향상시킨다. 또 젊은 피 수혈로 영생에 가까워질 수 있다”라고 선전한다. 유전자가위 기술의 발전도 눈부시다. 질병을 유발하는 DNA를 유전자가위로 잘라내고 새로운 DNA로 교체해 질병을 예방하는 의료기술이 개발되었다. 하지만 유전자가위 기술은 인류 우생학 시즌 2로 이어질 수 있다는 우려를 낳고 있다. 2011년 개봉된 SF 영화인 <인 타임 In Time>의 내용은 매우 흥미롭고 우리에게 시사하는 바가 크다. 인 타임은 인간의 수명을 돈으로 거래하는 미래의 모습을 그린다². 인 타임의 주제가 공상과학 영화에서나 가능한 이야기라고 단정할 수 있겠는가? 암브로시아사가 젊은 혈장을 한번 투여하고 약 900만 원을 받는다. 유전자가위로 질병을 예방하는 처치도 절대 저렴하지 않을 것이다. 우리는 이미 돈으로 수명을 연장받는 '인 타임의 세상'과 다름없는 시대에 살고 있다. 이 책을 읽고 있는 여러분이 사는 지역에서는 아니겠지만 가까운 미래에 어느 세계적인 부촌을 걷다 마주친 40세로 보이는 중년 여성의 실제 나이가 120세일지도 모른다. 그녀는 돈으로 젊어지는 각종 의료혜택을 누리고 있다. 이렇게 돈으로 시간까지 살 수 있는 세상이 실현된다면 삶의 가치는 무엇일까?

1874년 처음 합성된 살충제인 DDT Dichloro-Diphenyl-Trichloroethane는 제2차 세계대전 때 말라리아와 티푸스를 일으키는 모기의 방제와 해충으로 인해 일어나는 질병 구제에 사용되어 많은 생명을 구했다³. 하지만 1962년 미국의 해양생물학자 카슨 Rachel Carson이 『침묵의 봄』⁴에서 무분별한 DDT 사용이 미치는 환경적인 영향을 지적하며 DDT와 같은 화학물질이 생태계나 인체에 미치는 악영향을 경고했다. 이것이 환경운동의 시발점이 되어 세계적으로 대규모 항의와 시위가 일어났고, 미국에서는 1972년부터 DDT의 사용이 금지된다. DDT는 분해가 잘되지 않는 물질로 반감기가 2~15년에 달한다. DDT는 인체에 장기간 잔류하면서 치명적인 해를 끼치므로 DDT의 사용금지는 너무나 당연하다. 다행스럽게 우리나라도 2001년 DDT를 포함한 12개 잔류성 오염물질인 POP Persistent Organic Pollutants의 생산과 사용을 금지하는 국제협약에 서명했다.

불편한 진실은 여기서 시작된다. 국제적으로 DDT의 사용이 금지된 이후, 가장 가난한 나라의 국민이 매년 수백만 명씩 죽어 나간다. 2010년 통계자료에 따르면 대략 2억 2천만 명의 말라리아 환자가 발생하고, 그 중에서 약 70만 명이 사망했다⁵. DDT의 사용금지가 2,000만 명의 아프리카 어린이들을 죽음의 고통으로 내몰았다. 말라리아, 황열병, 발진티푸스 등으로 수백 년간 고통받던 부자 나라들이 엄청난 DDT 살포 덕분으로 이 전염병들을 퇴치하고 난 후에는 희망의 사다리를 걷어 차버려 아프리카, 아시아 그리고 라틴아메리카 사람들이 DDT의 혜택을 받지 못하도록 한 셈이다. 1970년대에 들어서 DDT는 대부분 국가에서 사용 금지되었는데 예기치 못한 부작용이 발생한 것이다.

말라리아나 해충에 의해 전염되는 질병이 다시 기승을 부리기 시작했다. DDT의 도입 이후 말라리아 환자 수가 10만 명으로 줄어든 인도의 경우 DDT 사용이 금지되자 환자 수가 약 300만 명으로 급증했다. 이 같은 폐해는 아프리카를 비롯한 빈곤한 국가들에서 두드러지게 나타난다. DDT의 환경 오염보다 말라리아로 인한 사망이 더 참혹한 상황을 발생시키자 결국 WHO도 손을 들고 말았다. 2006년부터 DDT를 실내 벽면이나 건물 지붕, 축사 등에 뿌리는 것을 제한적으로 허용한다고 발표했다. DDT의 사용금지 이후 인체에 덜 해로운 새로운 살충제가 개발됐지만 값이 너무 비싸 개발도상국들은 사용할 형편이 아니다. 현재까지도 다국적 제약회사들은 저렴하면서도 효과가 좋은 대체 살충제의 개발에 소극적이다. 가난한 국가를 위해 큰 비용을 들여 신약을 개발해봤자 수익이 나지 않을 게 뻔하기 때문이다. 선의에서 시작한 유해 화학품의 사용금지가 예기치 않은 부작용을 낳았다. 선의에 따르는 책임을 방기할 때, 슬픈 역사는 반복된다. 혹자는 "젊어서는 돈을 위해 건강을 버리고, 늙어지면 건강을 위해 돈을 버린다"라고 한다. 2020년 팬데믹Pandemic을 초래한 COVID-19의 치료제와 백신 개발을 위해 많은 국가의 과학자들이 노력하고 있다. 하지만 부자나라인 선진국은 치료제와 백신이 개발되기도 전에 다국적 제약회사들과 계약을 맺어 입도선매에 나섰다. 부자들이 돈과 생명을 맞바꾸려는 것이 현실화되었다. 우리나라도 코로나 백신의 확보를 위해 많은 예산을 책정했다고 하니 예외가 아니다.

맨하탄 프로젝트Manhattan project는 미국이 제2차 세계대전을 조기에 종식 시킬 목적에서 추진한 핵무기 개발 프로그램이다. 로스알라모스 국립연구소 Los Alamos National Laboratory 소장이었던 오펜하이머Julius Robert Oppenheimer가 주도해서 1945년 7월 16일 소위 트리니티 실험Trinity test이라 불리는 최초의 핵폭탄 실험을 실시했다. 당시 미국 대통령인 트루먼은 포츠담 회담에서 트리니티 실험이 성공했다고 발표하며 미국이 새로운 강력한 무기를 보유하게 되었다고 선언한다. 미국의 주도로 포츠담 회담 기간 중 일본의 항복 권고와 제2차 세계대전 이후 패전국이 되는 일본을 어떤 방식으로 처리할지를 논의했고, 그 합의 내용을 포츠담 선언에 담아 공포했다. 일본은 미국 주도의 포츠담 선언을 수용하지 않았고, 그 결과 일본에 대한 원폭은 기정사실이 되었다. 1945년 8월 6일 히로시마에 우라늄 235 원자탄인 리틀보이Little boy를 투하한다. 히로시마에 떨어진 리틀보이의 폭발로 히로시마의 12 km^2에 해당하는 면적이 초토화되었고 약 8만 명의 사망자가 발생했다. 히로시마에 원폭을 투하하고 삼일이 경과한 8월 9일, 큐슈의 관문인 고쿠라에 플로토늄 원자탄인 팻맨Fat man을 투하하기 위해 B-29 폭격기가 이륙한다. 하지만 고쿠라 상공에 짙게 낀 구름 때문에 조종사들은 시계視界를 확보할 수 없었다. 원자탄을 투하할 표적을 찾기 힘들었고, 또 원자탄의 폭발 위력을 확인할 수 없을 것을 우려해 대체 폭격지인 나가사키로 회항해서 원자탄을 투하한다. 대체 폭격 장소로 나가사키를 택한 이유는 나가사키가 전쟁 중에 폭격을 받지 않아 도시가 잘 보존되어 있어 원자탄의 위력을 확실히 알아볼 수 있어서였다. 팻맨의 폭발로 나가사키 전체 면적의 약 44%가 파괴되었고 3만5천여 명이 사망했다. 히로시마와 나가사키에 투하된 핵폭탄은 반인륜적인 일제의 패망과 제2차 세계대전을 최종적으로 종식하는 역할을 한 것은 분명했지만 이미 패색이 짙은 일본에 대량 민간인의 희생을 감수하면서까지 원자탄을 투하한 것을 정당화할 수 있을까? 히로시마와 나가사키의 원자탄 투하가 인류가 만든 최대의 살상 무기를 시험하는 목적이었다는 비판에서 자유로울 수 없다. 맨해튼 프로젝트를 지지했던 아인슈타인이 원자탄의 가공할 파괴력을 확인하고 깊이 탄식하며, "내가 만약 히로시마와 나가사키의 일을 예견했었다면 1905년에 쓴 공식을 찢어버렸을 것이다If I had foreseen Hiroshima and Nagasaki, I would have torn up my formula in 1905"라고 고백했다. 맨해튼 프로젝트의 책임자였던 오펜하이머도 나중에 "나는 이제 세계의 파괴자인 죽음이 되었다"라는 바가바드 기타6의 구절을 인용하며 미국이 추진하던 수소폭탄 프로젝트에 반대했다. 원자탄의 역사는 과학의 발전이 인류에 미치는 부정적인 측면을 극명하게 드러낸다.

과학사를 살펴보면 기존 학설을 비판적 관점으로 검증하는 과정에서 과학이 진보했다. 과학자는 항상 비판적으로 사고하는 능력을 갖추어야 한다. 자신의 연구업적이 인류와 환경에 미칠 영향에 대해 고민할 책무도 져야 한다. 평범한 인간에게도 무비판적 사고가 불러오는 몰인간성의 사례를 나치 전범 아이히만Adolf Eichmann에게서 볼 수 있다. 아이히만은 제2차 세계대전 당시 유대인 수용소인 홀로코스트에서 벌어진 유대인 학살의 실무를 책임졌던 SS 중령으로 유대인을 유럽 각지에서 폴란드 수용소로 이송하는 업무를 담당했다. 그는 제2차 세계대전이 종전된 직후, 전범으로 체포될 것이 두려워 독일을 탈출했다. 이후 남미 아르헨티나에서 신분을 위장하고 10년 동안 도피 생활을 했다. 그는 1960년 5월 이스라엘 정보기관 모사드에 체포되어 이스라엘로 압송되고 1961년 예루살렘에서 열린 공개 재판에서 사형 선고를 받는다. 유대계 정치학자인 아렌트Hannah Arendt는 세기의 전범 재판인 아이히만의 재판을 지켜보기 위해 예루살렘을 방문한다. 아렌트가 아이히만의 재판을 지켜보고 '뉴요커The New Yorker'라는 잡지에 보고서 형식으로 기고했고, 그 보고서를 바탕으로 1963년 「예루살렘의 아이히만:악의 평범성에 대한 보고서 Eichmann in Jerusalem: A Report on the Banality of Evil」라는 제목의 책자를 발간했다7. 아렌

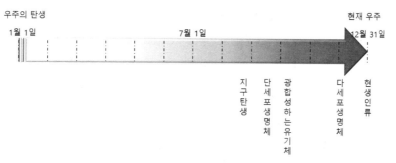

그림 5.1 우주의 나이를 1년으로 환산해서 살펴본 지구와 인간의 역사.

트는 자신의 보고서와 책자에서 "아이히만이 유대인 말살이라는 반인륜적 범죄를 저지른 것은 그의 타고난 악마적 성격 때문이 아니라 아무런 생각 없이 자신의 직무를 수행하는 '사고력의 결여' 때문이다"라고 주장한다. 또 "아이히만은 학살을 저지를 당시 법적 효력을 가지고 있었던 히틀러의 명령을 성실히 수행한 사람에 불과했다. 그는 평소엔 매우 '착한' 사람이었으며, 개인적인 인간관계에서도 매우 '도덕적'인 사람이었다. 그는 자신이 저지른 일의 수행 과정에서 어떤 잘못도 느끼지 못했고, 자신이 받은 명령을 수행하지 않았다면 아마 양심의 가책을 느꼈을 것이라고 대답했다"라고 적었다. 아이히만이 타고난 악마일 것이라고 기대했던 독자들의 기대와는 달리, 아렌트는 비판적 사고가 결여된 평범한 인간이 저지른 몰인간성을 지적했다. 비판적 사고는 과학자만 견지해야 할 자세가 아니라 인간이라면 누구에게나 필요한 최소한의 덕목임이 분명하다.

그림 5.1과 같이 우주의 나이를 1년으로 환산해서 지구와 인간의 역사를 살펴보면 재미있다. 1월 1일 0시에 우주가 탄생했고 그로부터 8개월이 지난 8월 하순이 되어 지구가 생겨났다. 지구 최초의 단핵 생명체는 9월 중순에 탄생했고 10월 초가 되면 광합성을 하는 유기체가 생기며 12월 초가 되면 다세포 생명체가 탄생한다. 인간의 역사도 같은 척도로 환산해 보면, 오스트랄로피테쿠스 Australopithecus[8]는 12월 31일에 처음 볼 수 있게 되었고, 현생 인류인 호모 사피엔스 Homo sapiens는[9] 1년의 마지막 8분이 남은 12월 31일 11시 52분경에 드디어 모습을 드러낸다. 호모 사피엔스는 불과 1만 년 전부터 역사를 남기기 시작했으니, 12월 31일 11시 59분 37초에 첫 기록물을 작성한 셈이다. 우리의 수명인 100년은 12월 31일에 마지막 남은 0.2초에 불과하다. 눈을 한 번 깜빡이는데 걸리는 시간이 대략 0.25초인데 나는 눈을 한번 깜빡이는 순간을 살아가는 존재에 불과하다.

단 한 번도 지구를 벗어난 적이 없고 아무리 발달한 최신 천문관측장비를 동원하더라도 광활한 우주의 극히 일부분만 관찰할 수 있는 인간이 시간과 공간의 무대인 우주를 이해하려고 시도하는 것은 무모해 보인다. 하지만 상상력과 호기심으로 무장한 인간은 엄청난 창의성을 발휘해 우주의 모습을 하나씩 알아가고 있다. 20세기 이후 눈부신 과학, 특별히 물리학의 발전 덕분에 시간과 공간에 대해 인류의 조상과는 그 어느때와 비교할 수 없을 만큼 많이 알게 되었다. 그러나 아직까지도 우리가 알고 있는 지식은 너무나 짧다. 온몸으로 느끼는 시간의 존재를 확신할 수도 없고 시간이 흐르고 있는지를 의심해야 하는 처지에 몰렸다. 공간의 본질과 그 공간의 모습이 어떤지 잘 알지 못한다. 모르는 것이 늘어날수록 인간의 지적 호기심은 고양된다. 인간은 코페르니쿠스 혁명을 거치며 겸손함을 배웠고, 경외심을 가지고 시간과 공간의 근원인 우주를 바라본다. 또 인간은 자아를 인식하는 동물이기에 내면의 모습에도 주목한다. 우주를 바라보며 나를 되돌아보는 이유가 거기에 있다.

하지만 나는 물리학의 놀라운 발전과 신비한 우주의 모습에 경이로움을 느끼기보다, 지금 나를 괴롭히는 치통을 더 크게 느낀다.

✱ ─────────────────

1. 그리스 신화에서 암브로시아는 비둘기가 올림푸스의 신들에게 바친 음식과 음료인데 이것은 장수나 불멸을 가져다준다고 묘사된다.

2. <인 타임>에서 커피 1잔에 4분, 권총 1정은 3년, 스포츠카 1대는 59년에 거래되고 모든 비용은 시간으로 계산된다. 25세가 되면 성장이 멈추고 왼쪽 손목에 새겨진 '카운트 바디 시계'에 1년의 유예시간을 제공 받는다. 자신에게 주어진 시간을 모두 소진하고 나면, 즉시 심장마비로 사망한다. 부자들은 풍족한 시간을 갖고 영생을 누리지만 가난한 자들은 하루를 겨우 버틸 수 있는 정도의 시간을 노동으로 벌거나, 누군가에게 빌리거나, 이도 저도 아니면 훔쳐 살아간다.

3. 스위스 화학자인 뮐러 Paul Hermann Müller(1899-1965)는 1948년 DDT의 살충력을 처음 발견한 업적을 인정받아 노벨생리의학상을 수상한다.

4. 「침묵의 봄」, 레이첼 카슨(2011); 에코리브르. 2002년에 출간된 「침묵의 봄」의 개정판

5. 인간에게 가장 치명적인 동물은 단연 모기이다. 연중 인간의 목숨을 앗아가는 순으로 살펴보면 상어 6명, 늑대 10명, 사자 22명, 코끼리 500명, 악어 1,000명, 파리 10,000명, 달팽이 20,000명, 뱀 100,000명, 인간 437,000명, 모기 750,000명이다.

6. '바가바드 기타'는 성스러운 신에 대한 노래라는 뜻이며, 약칭으로 기타라 불린다. 기원전 5~2세기 경에 쓰인 힌두교의 최고 경전이다.

7. "예루살렘의 아이히만 –악의 평범성에 대한 보고서–", 한나 아렌트(2006), 한길그레이트북스.

8. 오스트랄로피테쿠스 Australopithecus는 유인원과 인류의 중간 형태를 가진 멸종된 화석인류로 500만년 전에서 50만년 전까지 아프리카 대륙에서 살았다는 것이 밝혀졌다. 발원지는 동부 아프리카로 추정되며 남아프리카, 사하라 사막, 동부 아프리카 일대에서 생존한 것으로 밝혀져 있다.

9. 호모 사피엔스는 '현명하고 분별력있는 사람'이라는 뜻의 라틴어로 1758년 스웨덴의 식물학자 린네가 처음으로 사용했다.

찾아보기

공간 속의 시간 시간 속의 공간 그리고 우리

인쇄 | 2020년 11월 10일
발행 | 2020년 11월 15일

지은이 | 이 형 철
펴낸이 | 조 승 식
펴낸곳 | (주)도서출판 북스힐

등 록 | 1998년 7월 28일 제22-457호
주 소 | 서울시 강북구 한천로 153길 17
전 화 | (02) 994-0071
팩 스 | (02) 994-0073

홈페이지 | www.bookshill.com
이메일 | bookshill@bookshill.com

정가 15,000원

ISBN 979-11-5971-316-3